大学计算机应用基础
实验指导教程

主　编　陈　敏　邓永生
副主编　余　上　彭光彬　郑殿君
　　　　张永志　罗　迪
参　编　李　敏

重庆大学出版社

内容提要

本书是“大学计算机应用基础”课程实践教学的配套教材，旨在提高学生计算机动手操作与实践的能力。在编写本书的过程中遵循“强化基本操作能力、拓宽实用范围”的指导思想，融入了大量的实例，并且有针对性地将知识点融入实例中。书中内容包含计算机基本操作、Windows 系统操作与配置、Word 2010 文字处理、Excel 2010 电子表格制作与处理、PowerPoint 2010 幻灯片制作、Access 2010 数据库的简单应用、计算机网络应用基础、Photoshop 图形图像处理等，并在书后附有最新全国计算机等级一级、二级考试大纲及模拟题，供学生参考训练。通过使用本书，学生不仅可以巩固课程标准所规定的内容，还能根据自己的兴趣有选择性地拓展技能。

本书可作为高等院校应用型本科计算机应用基础的实践教学教材，也可作为参加全国计算机等级考试的辅导用书。

图书在版编目(CIP)数据

大学计算机应用基础实验指导教程 / 陈敏，邓永生主编. --重庆：重庆大学出版社，2020.7

ISBN 978-7-5689-2121-3

Ⅰ. ①大… Ⅱ. ①陈… ②邓… Ⅲ. ①电子计算机—高等学校—教材 Ⅳ. ①TP3

中国版本图书馆 CIP 数据核字(2020)第 067101 号

大学计算机应用基础实验指导教程

主 编 陈 敏 邓永生

副主编 余 上 彭光彬 郑殿君

张永志 罗 迪

策划编辑：王晓蓉

责任编辑：姜 凤 版式设计：王晓蓉

责任校对：关德强 责任印制：赵 晟

*

重庆大学出版社出版发行

出版人：饶帮华

社址：重庆市沙坪坝区大学城西路 21 号

邮编：401331

电话：(023) 88617190 88617185(中小学)

传真：(023) 88617186 88617166

网址：http://www.cqup.com.cn

邮箱：fxk@cqup.com.cn (营销中心)

全国新华书店经销

重庆升光电力印务有限公司印刷

*

开本：787mm×1092mm 1/16 印张：13.5 字数：322 千

2020 年 7 月第 1 版 2020 年 7 月第 1 次印刷

印数：1—5 000

ISBN 978-7-5689-2121-3 定价：42.00 元

前言

随着工业化、信息化的高速发展，高校计算机应用基础教育已登上一个新的台阶，进入一个崭新的发展阶段。同时，更加强调计算机应用与企业相结合、与本职工作相结合。计算机实际应用能力已成为考查和评测从业人员是否能够胜任本职工作的重要条件。

参加本书编写的作者都是多年从事一线教学的专业教师，具有丰富的教学经验，本着“准确定位、精选内容、理念渗透、优化呈现”的原则，本书具有以下特点：

（1）达到高等学校应用型本科层次对学生计算机能力的要求，精心选择和组织内容，并明显区别于高中阶段课程。

（2）以掌握较高水平的计算机操作技能为目标，同时兼顾其他计算机类认证考试的要求，适当选用全国计算机等级考试的有关模块内容。

（3）考虑学生专业学习和职业工作的实际需要，适当编入计算机技术的新知识、新技能、新产品及新技术。

（4）突出实验教材的特点，遵循职教规律，分类训练知识、技能，科学组织能力整合教学。本书根据实际应用需求，选择基于过程的实验任务，做到“目标先行、任务明确”。

（5）根据“计算机应用基础”课程应“着力改善大学生信息素养和应用能力培养”的要求，注重“信息处理”核心能力（指根据职业活动的需要，运用各种方式和技术，收集、开发和展示信息资源的能力，是日常生活以及从事各种职业必备的能力）的培养。

（6）突出“信息处理”观念培养，鼓励学生采用规范化、标准化的方法进行信息化的数据处理。重视对操作技能做规范性、程序性的总结归纳，提供同类问题的“解决范本”。

本书是“大学计算机应用基础”课程实践教学的配套教材，可作为学生自学练习的参考用书。

本书由重庆机电职业技术大学信息工程学院计算机应用教研室编写，全书共9个项目，其中项目一、项目二、项目七由余上编写，项目三由邓永生编写，项目四由陈敏编写，项目五和附录由张永志编写，项目六由郑殿君编写，项目八由彭光彬编写，项目九由罗迪编写。本书由陈敏负责审阅，余上、邓永生负责策划和统稿。感谢信息工程学院院长张旭东教授、教务处处长江信鸿给予的悉心指导和大力支持。

由于编者水平有限，加之信息技术更新快，书中难免有疏漏之处，恳请读者批评指正。

编　者

2020年2月

目录

项目一　计算机基础知识

实验 1.1　计算机的启动与关闭

1. 实验目的

(1)熟悉机房环境。
(2)了解计算机的外部组成。
(3)掌握计算机开关机的正确操作方法。

2. 实验内容

进行正确的开关机训练。

3. 实验要求

(1)冷启动一次。
(2)热启动一次。
(3)关闭计算机。

4. 实验步骤

(1)进入机房,熟悉机房环境,然后对号入座,查看主电源开关的位置。
(2)观察主机、显示器、键盘和鼠标之间的连接情况,了解计算机的外部组成。

温馨提示

可以在老师的指导下了解计算机的内部组成。

(3)打开显示器开关,查看显示器电源指示灯是否已亮。若电源指示灯已亮,则表示显示器已通电;否则,打开主电源开关。

(4)按下主机电源开关,给主机加电。

(5)等待数秒后,即可出现 Windows 7 界面,表示启动成功。

温馨提示

如果是网络化机房(无盘工作站),启动后会出现登录界面,此时根据机房管理员或老师的要求输入账号和密码,单击“确认”即可。

知识拓展

开机的过程即给主机加电的过程。在一般情况下,计算机硬件设备中需加电的设备有显示器和主机。由于电器设备在通电的瞬间会产生电磁干扰,这对相邻的正在运行的电器设备会产生副作用,因此开机顺序是先开显示器开关,后开主机电源开关。

(6)启动计算机后,在带电的情况下再重新启动,称为热启动。在桌面上单击“开始”按钮,在打开的“开始”菜单中指向“关机”右侧的三角箭头,在弹出的菜单中选择“重新启动”命令即可,如图 1-1 所示。

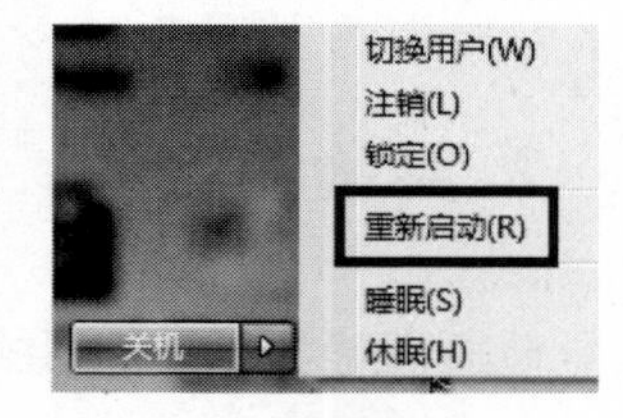

图 1-1 “重新启动”按钮

知识拓展

如果计算机处于死机状态,键盘、鼠标都无法操作时,可按下主机上的“Reset”按钮(又称复位按钮),这时计算机将会重新启动。

(7)待计算机重新启动后,再练习关机操作。

(8)关机前要关闭所有应用程序,然后在桌面上单击“开始”按钮,在打开的“开始”菜单中单击“关机”按钮。这时系统将自动关闭,然后关闭显示器开关。

(9)切断主电源开关。

实验 1.2　熟悉键盘与鼠标

1. 实验目的

(1)认识键盘分区及键盘上的各个键位。

(2)练习鼠标的操作及使用方法。

(3)掌握正确的操作姿势及指法。

(4)熟练掌握英文大小写、数字、标点的输入方法。

2. 实验内容

熟悉键盘与鼠标的基本操作。

3. 实验要求

(1)输入 26 个小写英文字母:a b c d e f g h … z。

(2)输入 26 个大写英文字母:A B C D E F G H … Z。

(3)输入大、小写组合字母:Chongqing Vocational College of Mechanical and Electrical Engineering。

(4)输入数字与符号:0 1 2 3 4 5 6 7 8 9! * …… $ # @ % ( )/? =+{ } 【 ‘ :“ ”,><\ ‘ ~。

(5)输入一段英文。

Computer is developing very fast, we have entered the Internet era, on the Internet can visit the website to get valuable information, can enjoy the audio and video, online shopping, payment of a fee. In a word, Internet era will bring us a different life, learning and work experience and editing. Young we should by<Computer>course learning lay a good foundation.

温馨提示

正确的姿势和指法是保证打字速度和准确率的前提。

1. 正确的打字姿势:

(1)上身挺直,双肩平放,肌肉放松,两脚平放地上。

(2)两臂自然下垂，手腕要平直，手指弯曲自然适度，轻放于基本键位上，手臂不要张太开。

(3)眼睛看屏幕，切勿经常看键盘或手指，身体离键盘 20 厘米左右。

(4)击键时，按照指法的规定，由手指引导手的运动，手指尖垂直对准键位轻轻击打。

(5)击完键后，双手手指应立即回到基本键位，不可停留在已击键上。

2. 正确的指法：

指法是对每一个键所用手指击键分工的规定。其示意图如图 1-2 所示。

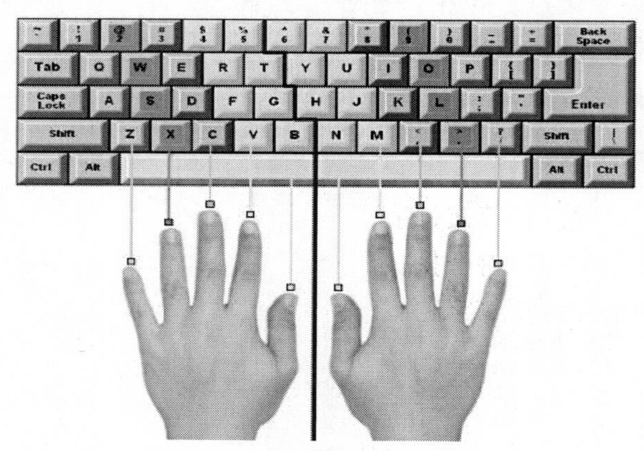

图 1-2　手指击键分工示意图

4. 实验步骤

(1)启动计算机。

(2)用鼠标单击桌面左下角的“开始”按钮，在打开的“开始”菜单中单击“所有程序”选项，展开下一级子菜单；然后单击“附件”选项，在展开的子菜单中单击“记事本”选项，打开“记事本”窗口。

(3)按照字母顺序，逐一按键盘上的每个字母键，输入小写英文字母，每按一个字母键后，敲击一次空格键。

(4)按下键盘上的“Caps Lock”键，这时 Caps Lock 指示灯亮，然后再按照字母顺序逐一按键盘上的每个字母键，则输入大写英文字母。

(5)再次按下“Caps Lock”键，关闭 Caps Lock 指示灯，然后输入“Chongqing Vocational College of Mechanical and Electrical Engineering”。

(6)依次按下每个数字键输入数字，然后按住“Shift”键的同时按下每个数字键，这时会输入符号。用同样的方法输入标点符号。

(7)熟悉了键盘以后，输入“实验要求(5)”中的英文。

(8)关闭“记事本”窗口，不需保存。

实验 1.3 利用金山打字通软件练习指法

1. 实验目的

(1)通过练习,培养正确的打字姿势与指法。

(2)进一步熟悉各个键的位置。

2. 实验内容

(1)用金山打字软件练习“英文打字”。

(2)用金山打字软件练习“拼音打字”。

(3)用金山打字软件进行“打字测试”。

3. 实验要求

(1)确保良好的坐姿与正确的指法。

(2)逐步熟悉键位,有耐心地反复练习,逐渐提高输入速度。

(3)本实验可在二分之一学期的上机课时训练 5 ~ 10 分钟。

4. 实验步骤

(1)金山打字通软件主界面如图 1-3 所示,如果计算机上没有安装该软件,需要自行下载并安装。

图 1-3 金山打字通软件主界面

(2)在主界面中,单击“英文打字”按钮,进入下一级界面,如图 1-4 所示。单击“英文打字”按钮,在弹出的对话框中选择打字模式,当选择“自由模式”时,则可实现“单词练习”“语句练习”和“文章练习”之间的自由切换。当选择“关卡模式”时,要求必须从第一关“单词练习”开始,通过第一关后,后面两项训练才可以逐步使用。

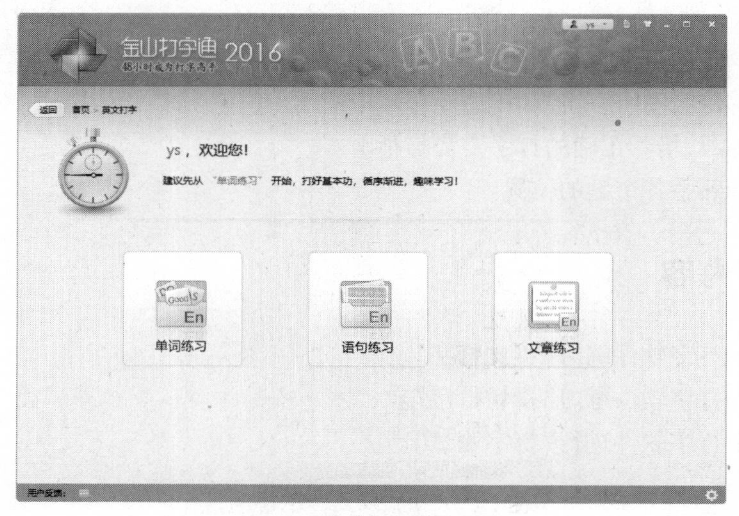

图 1-4 “英文打字”界面

(3)单击“单词练习”按钮,进入“单词训练”界面,如图 1-5 所示,该界面上方是随机给出的英文单词;中间是键盘图形,以不同的颜色提示用户按哪一个键,当输入错误时,输错的字母会以红色显示;界面下方有时间、速度、进度、正确率提示。

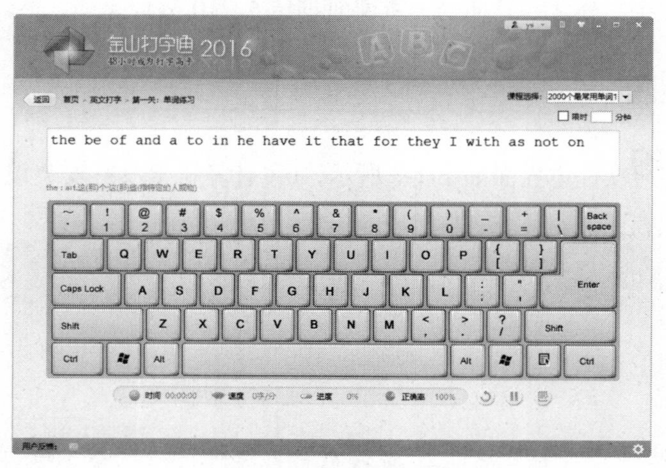

图 1-5 “单词训练”界面

输入英文单词时要注重指法的正确性。首先,十指的分工要明确。双手各指严格按照明确的分工轻放在键盘上,大拇指自然弯曲放于空格键处,用大拇指击空格键;其次,手指稍微弯曲拱起,指尖后的第一关节微微成弧形,轻放键位中央,击键要短促、轻快、有弹性、节奏均匀。

(4)如果要练习中文,在界面左上角单击“首页”,返回到主界面,然后单击“拼音打字”按钮,进入下一级界面。

(5)在界面中单击“音节练习”按钮,进入“中文输入训练”界面,如图 1-6 所示,按同样的方法进行指法训练即可。

图 1-6　“中文输入训练”界面

(6)如果要进行测试,可以在主界面单击右下方的“打字测试”按钮。另外,这里还有“打字教程”和“打字游戏”,可以进行阅读或娱乐。

实验 1.4　配置一台个人计算机

1. 实验目的

(1)了解微型计算机硬件系统的组成及其常用的外部设备。

(2)了解市场行情,进一步掌握个人计算机的各种资源配置。

2. 实验内容

去数码市场进行调研,多问多看,多搜集资料,进行模拟配置,为后期实际配置个人计算机打下基础。

3. 实验要求

(1)需求分析及定位。了解个人需求,选购符合个人需求的计算机配件,并考虑将来的扩充性与价格。

(2)为个人计算机配置硬件与相应的软件。

硬件:中央处理器、主板、内存、显示器、硬盘、显卡、声卡、通信设备等。

软件:系统软件(操作系统)、应用软件。

(3)书写个人计算机配置报告单。

4. 实验报告

根据市场调研结果,填写以下实验报告单。

个人计算机配置报告单

<table>
<tr><td>姓名</td><td></td><td>学号</td><td></td><td>班级</td><td></td><td colspan="2">调研日期</td><td></td></tr>
<tr><td>需求分析</td><td colspan="8"></td></tr>
<tr><td colspan="2">软、硬件</td><td colspan="4">型号、规格</td><td>价格</td><td colspan="2">性价比</td></tr>
<tr><td colspan="2">中央处理器</td><td colspan="4"></td><td></td><td colspan="2"></td></tr>
<tr><td colspan="2">主板</td><td colspan="4"></td><td></td><td colspan="2"></td></tr>
<tr><td colspan="2">内存</td><td colspan="4"></td><td></td><td colspan="2"></td></tr>
<tr><td colspan="2">显示器</td><td colspan="4"></td><td></td><td colspan="2"></td></tr>
<tr><td colspan="2">硬盘</td><td colspan="4"></td><td></td><td colspan="2"></td></tr>
<tr><td colspan="2">显卡</td><td colspan="4"></td><td></td><td colspan="2"></td></tr>
<tr><td colspan="2">光驱</td><td colspan="4"></td><td></td><td colspan="2"></td></tr>
<tr><td colspan="2">电源</td><td colspan="4"></td><td></td><td colspan="2"></td></tr>
<tr><td colspan="2">⋮</td><td colspan="4"></td><td></td><td colspan="2"></td></tr>
<tr><td colspan="2">系统软件</td><td colspan="7"></td></tr>
<tr><td colspan="2">应用软件</td><td colspan="7"></td></tr>
<tr><td colspan="2">总体评价</td><td colspan="7"></td></tr>
</table>

项目二　Windows 7 操作系统

实验 2.1　Windows 7 基本操作

1. 实验目的

(1)熟练掌握 Windows 7 的基本知识。

(2)熟练掌握 Windows 7 的基本操作。

2. 实验内容

(1)对桌面元素进行各种设置。

(2)对任务栏进行更改与恢复。

(3)对计算机窗口进行各种操作。

3. 实验要求

(1)设置桌面为 Aero 风景主题。

(2)设置桌面背景为幻灯片式动态变换桌面,如设置桌面按系统自带的风景照片每隔1 分钟变换一次,图片位置设置成“适应”模式。

(3)添加“计算机”“用户的文档”和“控制面板”3 个桌面图标。

(4)添加“时钟”和“CPU 仪表盘”两个桌面小工具。

(5)设置任务栏为自动隐藏,位置置于顶端。

(6)设置 Aero Peek 预览桌面。

(7)设置按下电源按钮的操作为“睡眠”模式。

(8)为“计算器”程序在桌面上创建一个快捷图标。

(9)添加“微软拼音 ABC 输入风格”输入法,并设置为默认输入法。

4. 实验步骤

(1)设置 Aero 风景主题。在桌面空白处单击鼠标右键,在弹出的快捷菜单中选择“个性化”命令,打开如图 2-1 所示的“个性化”窗口,在该窗口的主题列表框中用鼠标拖动滚动条,单击“风景”图标项就可设置成 Aero 风景主题,关闭“个性化”窗口即可。

图 2-1 “个性化”窗口

(2)设置幻灯片式动态变换桌面背景。用同样的方式,打开图 2-1 的窗口,单击窗口底部的“桌面背景”图标,打开“桌面背景”窗口,如图 2-2 所示。在窗口上部,确认图片位置为“桌面背景”;在图片列表框中,用鼠标拖动滚动条,勾选相应图片;在窗口底部,确认已经选择“图片位置”为“适应”,将“更改图片时间间隔”选项设置为 1 分钟;最后单击“保存修改”按钮,关闭“个性化”窗口即可。

图 2-2　设置幻灯片式动态桌面背景

(3)添加桌面图标。用同样的方式,打开如图 2-1 所示的窗口,在窗口左窗格靠上位置,单击“更改桌面图标”选项,将打开如图 2-3 所示的“桌面图标设置”对话框;在该对话框的“桌面图标”组合框中勾选“计算机”“用户的文件”和“控制面板”3 个复选框,单击“确定”按钮,即可关闭“个性化窗口”。

图 2-3　“桌面图标设置”对话框

(4)添加桌面小工具。在桌面空白处单击鼠标右键,在弹出的快捷菜单中选择“小工具”命令,打开如图 2-4 所示的窗口,在该窗口中,分别双击“CPU 仪表盘”和“时钟”图标,即可添加到桌面上。

图 2-4 添加桌面小工具

(5)设置任务栏为自动隐藏，将位置置于顶端。在任务栏的空白处，单击鼠标右键，在弹出的快捷菜单中选择“属性”命令，打开“任务栏和『开始』菜单属性”对话框；在该对话框中，单击“任务栏”选项卡，在该选项卡中的“任务栏外观”组合框中勾选“自动隐藏任务栏”复选框，将同一组合框中的“屏幕上的任务栏位置”设置成“顶部”。

(6)设置 Aero Peek 预览桌面。在如图 2-5 所示的对话框的底部“使用 Aero Peek 预览桌面”组合框中，勾选“使用 Aero Peek 预览桌面”复选框。

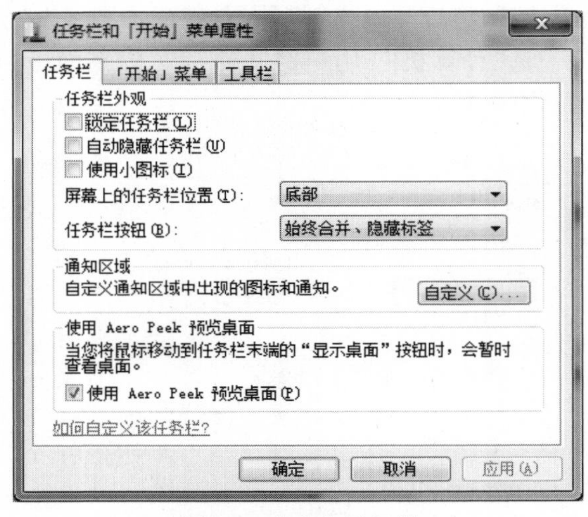

图 2-5 自定义任务栏

(7)设置按下电源按钮的操作为“睡眠”模式。在如图 2-5 所示的对话框中，单击“『开始』菜单”选项卡，在该选项卡中，设置“电源按钮操作”为“睡眠”模式，然后单击“确定”按钮即可。

(8)为“计算器”程序在桌面上创建一个快捷图标。依次单击任务栏左侧的“开始”按钮、“所有程序”、“附件”、移动鼠标到“计算器”命令项，单击鼠标右键，在弹出的快捷菜单中选择“发送到”命令，在弹出的下级子菜单中选择“桌面快捷方式”命令，这样就会在桌面上创建“计算器”的快捷图标。试着双击该图标，可打开“计算器”程序。

(9)添加“微软拼音 ABC 输入风格”输入法,并设置为默认输入法。移动鼠标到任务栏上的键盘状按钮 上,单击鼠标右键,在弹出的快捷菜单中选择“设置”命令,弹出“文本服务和输入语言”对话框,如图 2-6 所示;单击图中的“添加”按钮,将弹出如图 2-7 所示的“添加输入语言”对话框,用鼠标拖动垂直滚动条,直到看见“中文(简体,中国)”,勾选“中文(简体)-微软拼音 ABC 输入风格”复选框,单击“确定”按钮;然后单击图 2-6 中的“应用”按钮,在图 2-6 的窗口中,单击“中文(简体)-微软拼音 ABC 输入风格”(即选中该项),单击“上移”按钮,直到该项为第一项,这样即可设置该项为默认输入法。

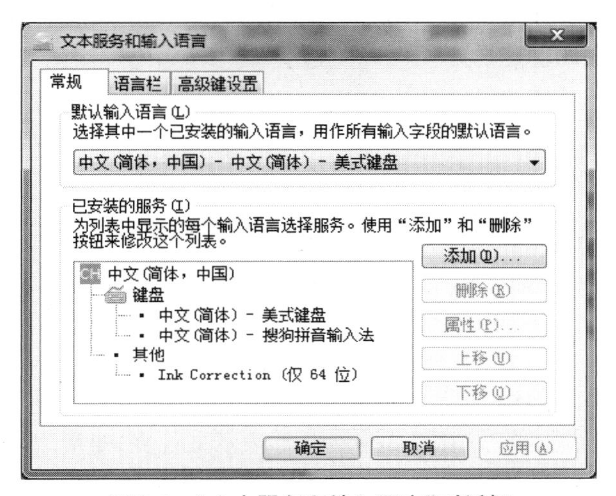

图 2-6　“文本服务和输入语言”对话框

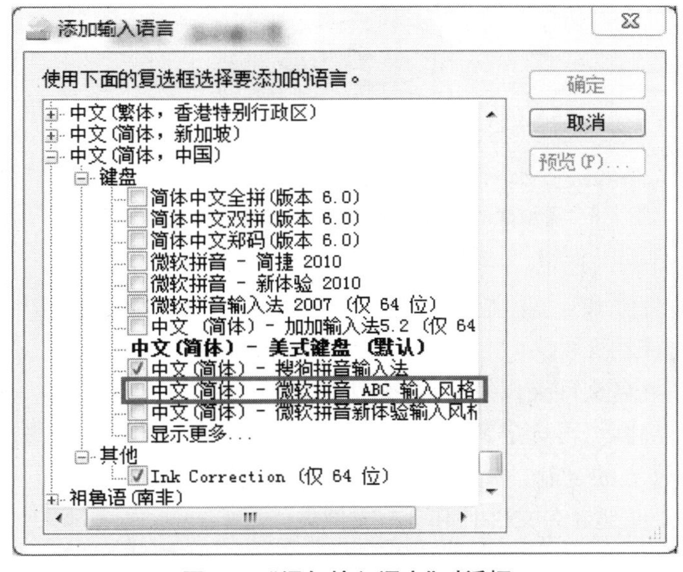

图 2-7　“添加输入语言”对话框

实验 2.2　文件及文件夹管理

1. 实验目的

(1)掌握文件及文件夹的常见操作。
(2)掌握快捷方式的创建操作。

2. 实验内容

进行文件及文件夹的创建、移动、复制、删除等管理操作。

3. 实验要求

(1)文件及文件夹的创建、命名。以学号 126079023566、姓名王同军为例,在桌面上创建如下结构的文件夹和文件(注:图 2-8 中椭圆形表示文件夹,矩形表示文件)。

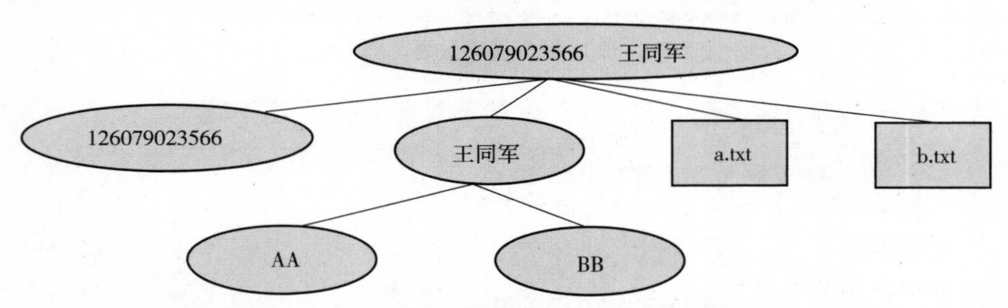

图 2-8　需创建的文件夹结构(请用自己的真实学号、姓名)

(2)文件或文件夹的选定。
①选定学号文件夹和 a. txt 文件。
②选定所有文件和文件夹。
③选定学号和姓名文件夹以及 a. txt 文件。
④选定 a. txt 文件后,再选定其余文件和文件夹,同时 a. txt 将不被选定(即反向选择)。
(3)文件及文件夹的复制、移动。
①复制 a. txt 文件到姓名文件夹和 AA 文件夹。
②复制 b. txt 文件到 BB 文件夹。
③重命名姓名文件夹下的 a. txt 文件为 aa. txt。
④移动 aa. txt 文件到学号文件夹。

⑤在 AA 文件夹下，把 a. txt 文件复制 5 份到当前文件夹下，然后把 AA 文件夹下的所有文件重命名为 bb(1). txt、bb(2). txt、bb(3). txt、bb(4). txt、bb(5). txt、bb(6). txt。

⑥删除 bb(3). txt、bb(4). txt、bb(5). txt 这 3 个文件。

⑦从回收站恢复 bb(4). txt 文件。

(4)隐藏 bb(6). txt 文件。

(5)搜索并复制文件。把"c:\windows\system32"文件夹下的所有以 system 开头的可执行文件(文件扩展名为. exe)复制到 BB 文件夹下。

(6)创建快捷方式。在 BB 文件夹下应该有一个名为 systeminfo. exe 的文件，请为该文件在 AA 文件夹下创建一个名为"系统信息"的快捷方式。

4. 实验步骤

(1)文件及文件夹的创建、命名。在计算机 D 盘建立一个以学号、姓名命名的文件夹。

(2)文件或文件夹的选定。用"Ctrl"键配合鼠标实现不连续对象的选定，用"Shift"键配合鼠标实现连续对象的选定。

(3)文件及文件夹的复制、移动。

①选定 a. txt，单击鼠标右键在弹出的快捷菜单中选择"复制"或使用"Ctrl+C"快捷键实现文件的复制，选中目标文件夹(姓名文件夹、AA 文件夹)单击鼠标右键，在弹出的快捷菜单中选择"粘贴"或使用"Ctrl+V"实现文件的粘贴。

②同①，略。

③选定 a. txt，单击鼠标右键，在弹出的快捷菜单中选择"重命名"。

④使用鼠标拖动方式实现文件位置的移动或使用"Ctrl+X""Ctrl+V"组合键。

⑤打开 AA 文件夹，先复制 a. txt，再连续复制 5 份到当前文件夹；使用"Ctrl+A"选中所有文件夹，单击鼠标右键，在弹出的快捷菜单中选择"重命名"命令，输入文件名 bb；最后按"Enter"键即可把所有的文件重新命名为 bb(1). txt、bb(2). txt、bb(3). txt、bb(4). txt、bb(5). txt、bb(6). txt。

⑥依次选中各个文件，单击鼠标右键在弹出的快捷菜单中选择"删除"或使用键盘上的"Delete"键实现文件的删除。

⑦打开"回收站"，选中 bb(4). txt，单击鼠标右键，在弹出的快捷菜单中选择"还原"。

(4)隐藏 bb(6). txt 文件。首先查看隐藏文件是否被隐藏，步骤为：打开 AA 文件夹，单击工具菜单并选择"文件夹选项"命令，在打开的"文件夹选项"对话框中，单击"查看"选项卡，如图 2-9 所示，在中间部分的"高级设置"列表框里，使用鼠标拖动滚动条找到"不显示隐藏的文件、文件夹或驱动器"项，若为图中所示状态，则表示为将不显示隐藏文件；反之，则表示为显示隐藏文件。在这里，我们需要隐藏"隐藏文件"(另外，请注意"隐藏已知文件类型的扩展名"复选框的作用)。

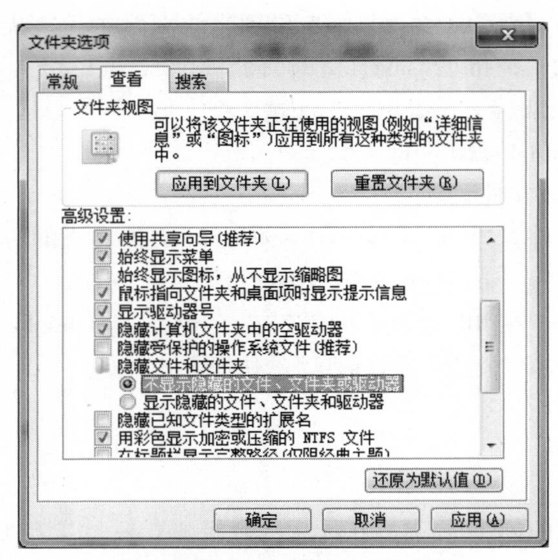

图 2-9　文件、文件夹的隐藏设置

其次选中 AA 文件夹中的 bb(6).txt 文件，单击鼠标右键，在弹出的快捷菜单中选择“属性”命令，在弹出的“bb(6).txt 属性”对话框中，勾选“隐藏”复选框，如图 2-10 所示。

最后单击“确定”按钮即可隐藏 bb(6).txt 文件。

图 2-10　文件的隐藏属性的设置

(5)搜索并复制文件。在任意一个文件夹地址栏(标题栏下的输入框)中输入 c:\windows\system32，按“Enter”键即可打开 c:\windows\system32 文件夹。在地址栏左边的搜索框中输入 system*.exe，按“Enter”键即可搜索到所有以 system 开头的可执行文件，选中所有搜索出来的文件，将这些文件复制到 BB 文件夹中。

(6)创建快捷方式。首先打开 AA 文件夹(在 AA 文件夹中创建快捷方式),在内容窗格(即右边窗格)的空白处单击鼠标右键;在弹出的快捷菜单中选择“新建”命令;在弹出的下级子菜单中,选择“快捷方式”命令会弹出如图 2-11 所示的“创建快捷方式”对话框。可直接在图中的文本框里输入要创建快捷方式的文件即 systeminfo. exe 的位置。也可通过文本框旁边的“浏览”按钮来输入其位置,单击“下一步”按钮,输入快捷方式的名字“系统信息”,单击“完成”按钮即可为 systeminfo. exe 文件在 AA 文件夹下创建一个名为“系统信息”的快捷方式。

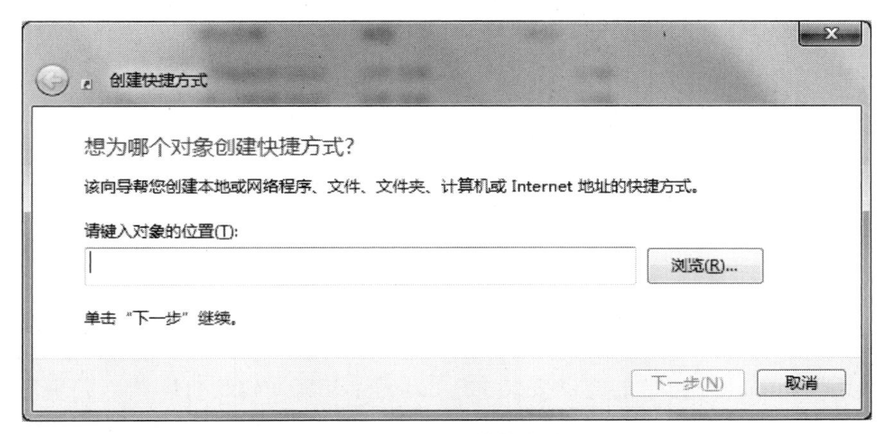

图 2-11　创建快捷方式

实验 2.3　控制面板及工具的使用

1. 实验目的

(1)掌握利用控制面板对各种硬件、软件进行管理和设置的方法。
(2)掌握几种常用工具的使用。

2. 实验内容

(1)软件的安装、卸载。
(2)打印机的安装。
(3)查看当前计算机的 IP 和 MAC 地址信息。
(4)任务管理器的简单使用。
(5)磁盘工具的使用。

3. 实验要求

(1)安装 QQ 软件。
(2)卸载 QQ 软件。
(3)使用 Windows 7 自带的驱动安装 HP LaserJet 3055 PCL5 打印机。
(4)查看当前计算机的 IP 地址和 MAC 地址。
(5)打开 Office Word 程序,通过任务管理器中的进程来结束 Word 程序。
(6)对 C 盘进行磁盘清理。
(7)磁盘碎片整理程序的使用。

4. 实验步骤

(1)安装 QQ 软件。
(2)卸载 QQ 软件。
(3)使用 Windows 7 自带的驱动安装 HP LaserJet 3055 PCL5 打印机。打开控制面板,单击“设备和打印机”图标或链接(或单击任务栏左边的“开始”按钮,选择“设备和打印机”)。在打开的“设备和打印机”窗口中单击工具栏上的“添加打印机”按钮。在打开的“添加打印机”对话框中单击“添加本地打印机”。在“选择打印机端口”的对话框中选择“使用现有端口”单选框,同时选择 LPT1 端口,单击“下一步”按钮,弹出如图 2-12 所示

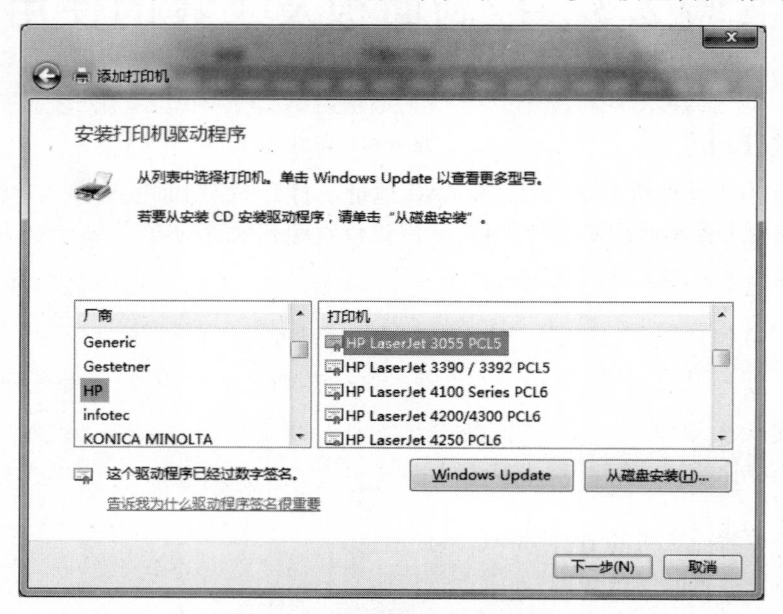

图 2-12　安装打印机驱动程序

的“安装打印机驱动程序”对话框，用鼠标分别拖动“厂商”和“打印机”列表框，分别找到并选中“HP”和“HP LaserJet 3055 PCL5”，单击“下一步”按钮输入打印机名称，一般默认这个名称即可，单击“下一步”按钮，此时系统就会安装打印机驱动并设置好打印机。最后选择“不共享打印机”单选框，单击“下一步”按钮，在弹出的对话框中单击“完成”按钮。这时在“设备和打印机”窗口中就会多出一个打印机，如图 2-13 所示。

图 2-13　“设备和打印机”窗口

（4）查看当前计算机的 IP 地址和 MAC 地址。打开“控制面板”，单击“网络和共享中心”图标或链接（用鼠标右键单击桌面上的“网络”图标，在弹出的快捷菜单中选择“属性”命令，或通过单击任务栏上的通知区中的“网络”图标也可打开“网络和共享中心”窗口）。在打开的“网络和共享中心”窗口中，单击左侧窗格中的“更改适配器设置”项。在打开的“网络连接”窗口里双击“本地连接”（一般网络连接的默认名称为“本地连接”）。在弹出的“本地连接状态”对话框中单击“详细信息”按钮，打开“网络连接详细信息”对话框，记录下物理地址和 IPv4 地址的值，分别代表 MAC 地址和 IPv4 地址，另外还可以看到 IPv6 地址的值，如图 2-14 所示。

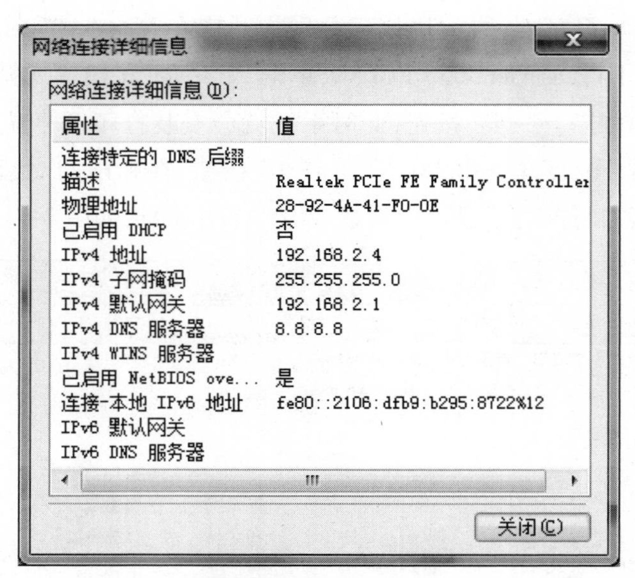

图 2-14　查看计算机的 MAC 地址和 IPv4 地址

(5)打开 Office Word 程序,通过任务管理器中的进程来结束 Word 程序。依次单击“开始”→“所有程序”→“Microsoft Office”→“Microsoft Word 2010”,即可打开 Word 程序。接下来将用任务管理器来结束 Word 进程。

在任务栏空白处,单击鼠标右键,在弹出的快捷菜单中选择“启动任务管理器”命令,单击“进程”选项卡,用鼠标拖动滚动条并选中映像名称为“WINWORD. EXE”的进程,单击“结束进程”按钮,即可结束 Word 程序。这种结束程序的方法对于那些“没有响应”的程序非常有效,如图 2-15 所示。

图 2-15　使用任务管理器来结束“没有响应”的程序

磁盘清理、磁盘碎片整理程序的步骤：依次单击“开始”按钮→“所有程序”→“附件”→“系统工具”，可打开“磁盘清理”或“磁盘碎片整理程序”（或者双击桌面上的“计算机”图标，选中C盘或其他分区，单击鼠标右键，在弹出的菜单中单击“属性”命令，单击“工具”选项卡选择“立即进行碎片整理”，也可打开磁盘碎片整理程序；单击在“常规”选项卡中的“磁盘清理”按钮可打开“磁盘清理”程序）。

（6）对C盘进行磁盘清理。打开磁盘清理程序，选择C盘进行清理，单击“确定”按钮，如图2-16所示。接下来会计算磁盘清理后释放的空间量，可能需要花几分钟时间。计算好后会弹出如图2-17所示的对话框，在要删除的文件列表框中，拖动滚动条勾选需要删除的文件（一般来说，这里的文件都可以删除，但也可以根据自己的需要来选择），单击“确定”按钮即可一键删除不需要的文件。单击“清理系统文件”按钮需要管理员权限。

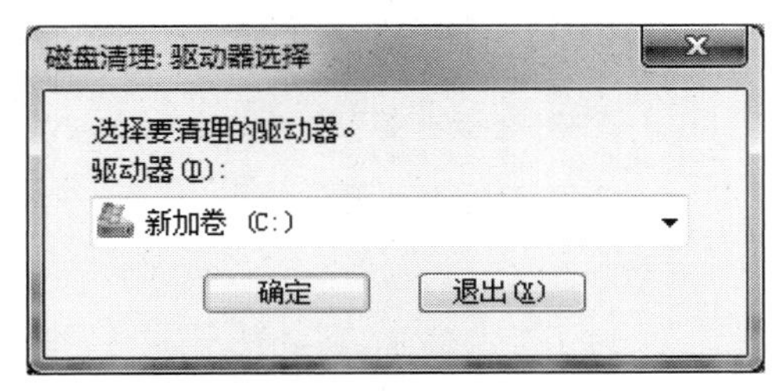

图2-16 磁盘清理：选择驱动器

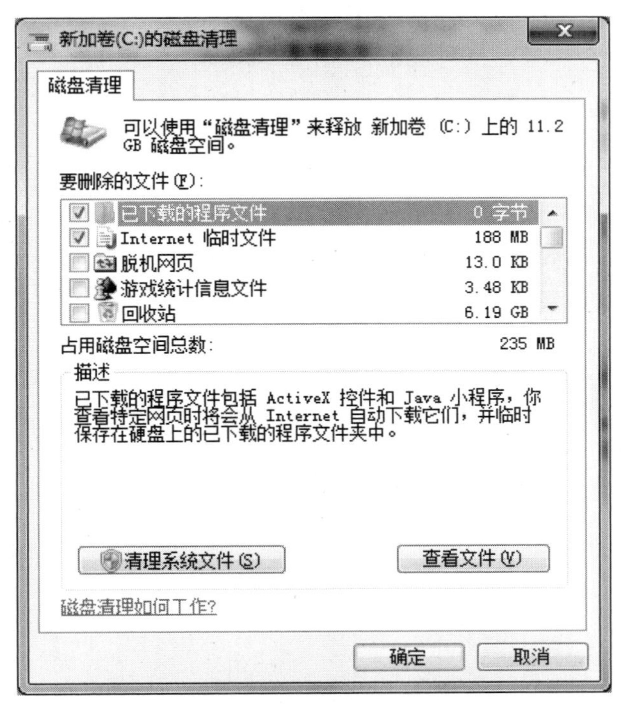

图2-17 磁盘清理：选择要删除的文件

(7)磁盘碎片整理程序的使用。打开“磁盘碎片整理程序”,如图 2-18 所示。在该窗口中可以看到当前默认的碎片整理计划是每星期日晚上 1:00 运行(计算机没运行不会执行该计划)。可单击“配置计划”按钮更改该计划(需要管理员权限);也可单击右下角的“磁盘碎片整理”按钮,手动执行碎片整理(也需要管理员权限)。在进行碎片整理之前会分析磁盘碎片状况,看是否有必要进行碎片整理(如果找到碎片,可能会整理多遍)。

图 2-18　磁盘碎片整理程序

项目三　文字处理软件 Word 2010 的应用

实验 3.1　Word 2010 基本操作

1. 实验目的

(1)复习 Word 的基本知识。
(2)掌握 Word 的基本功能、运行环境、启动和退出。
(3)掌握 Word 文档的新建、打开、保存和关闭。
(4)掌握 Word 文档内容的输入、查找与替换操作。
(5)掌握项目符号与编号的设置。

2. 实验内容

利用 Word 创建简单的文档并进行编辑,请依次完成下面的实验内容。最终效果如图 3-1 所示。

3. 实验要求

(1)启动 Word 应用程序,新建一个空的文档。
(2)在文档中录入正确的文字与标点符号。
(3)将全文中的"互联网"一词替换为"Internet"。
(4)将全文中的"IPv6"更改格式为二号字体并加粗显示。
(5)对文档中的正文部分添加圆形项目符号。
(6)保存文档,文件名为 IPv6. doc。

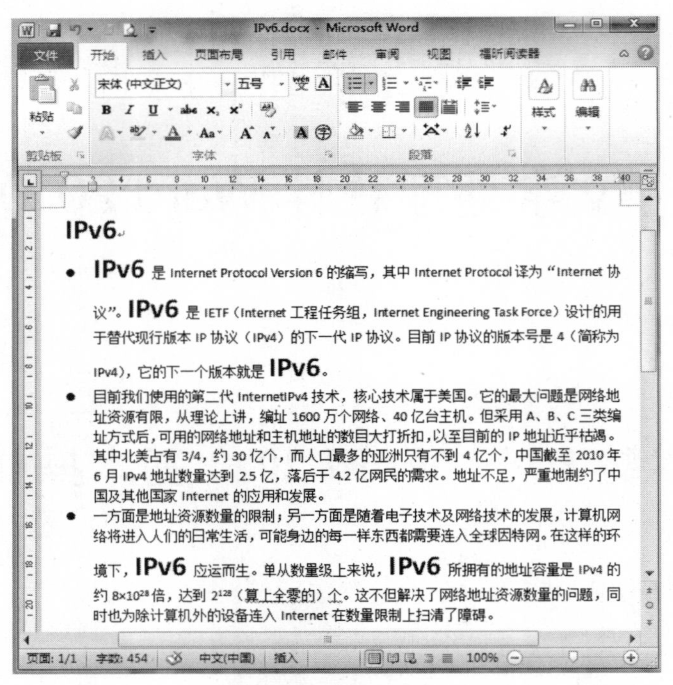

图 3-1　最终效果图

4. 实验步骤

(1) 如图 3-2 所示，依次单击“开始”选项卡→“所有程序”→“Microsoft Office”→“Microsoft Word 2010”，进入 Word 程序，系统将自动创建一个空白文档。另外，当在“计算机”中选择任意一个后缀名“. doc”或“. docx”的文档回车时，计算机也会启动 Word 文档，并打开选中的文档。也可以在进入 Word 程序后使用快捷键“Ctrl+N”来创建一个新的文档。

图 3-2　打开 Word 程序

(2)选择合适的输入法输入如图 3-3 所示的“样文 1”中的文字、标点符号等内容。

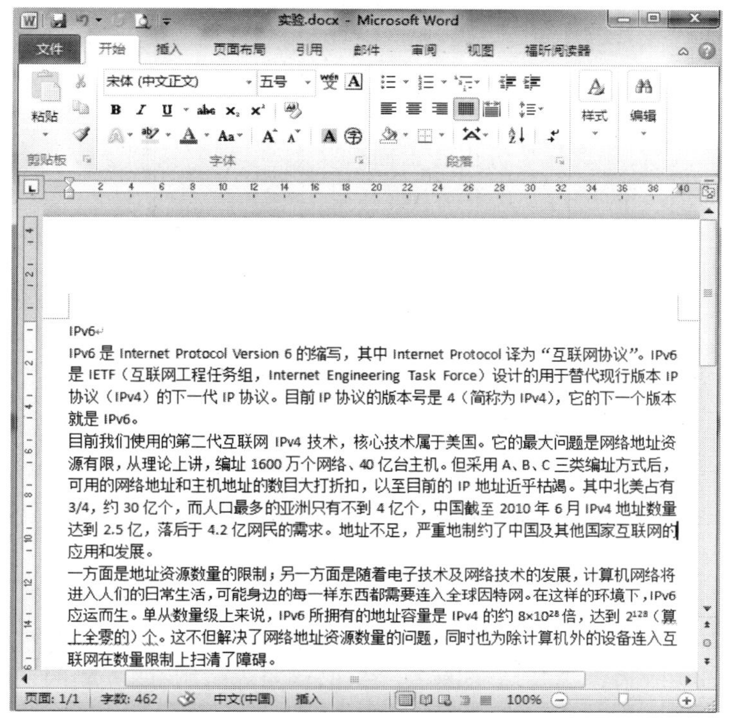

图 3-3　样文 1

插入特殊符号的方法：单击“插入”→“符号”→“其他符号”，打开“符号”对话框，如图 3-4 所示。

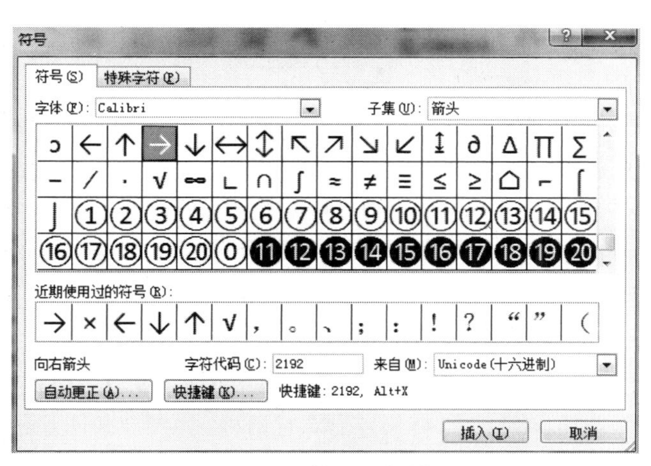

图 3-4　“符号”对话框

保存文件的方法：在文档窗口中，单击“文件”→“保存”，在弹出的“另存为”对话框中，在“文件名”中输入文件名 IPv6，在“保存类型”中选择 Word 文档“. docx”；或者单击“快速访问工具栏”上的“保存”按钮。也可使用快捷键“Ctrl+S”来保存 Word 文档。

视图切换的方法：在 Word 窗口右下角附近，分别单击如图 3-5 所示的视图切换按钮，可以切换不同的视图方式。

图 3-5　视图切换按钮

(3)在进行插入前，要确认是否正处于插入状态，可观察文档下方状态栏中“插入”区域。插入与改写状态下的插入方式不同。

插入与改写的转换：在状态栏中的左下角，如图 3-6 所示的插入改写状态区域看是“插入”还是“改写”。单击该按钮或按“Insert”键可切换插入改写状态。

图 3-6　“插入”“改写”按钮

文字的插入：用鼠标单击，将插入点移至想进行插入的位置，然后输入内容即可。

文本移动的方法：选定文本，将鼠标指向该文本块的任意位置，当光标变成一个空心的箭头时，按下鼠标左键拖动鼠标到新位置后再松开鼠标。或者选定文本，选取剪切(Ctrl+X)；将插入点定位到新位置，选取粘贴(Ctrl+V)。

(4)查找与替换。单击“开始”选项卡，选择“替换”，或者使用快捷键“Ctrl+H”，打开“查找和替换”对话框，在“查找内容”文本框中输入“互联网”，在“替换为”文本框中输入“Internet”，如图 3-7 所示。单击“全部替换”按钮，将录入的所有“互联网”快速地全部替换为“Internet”。

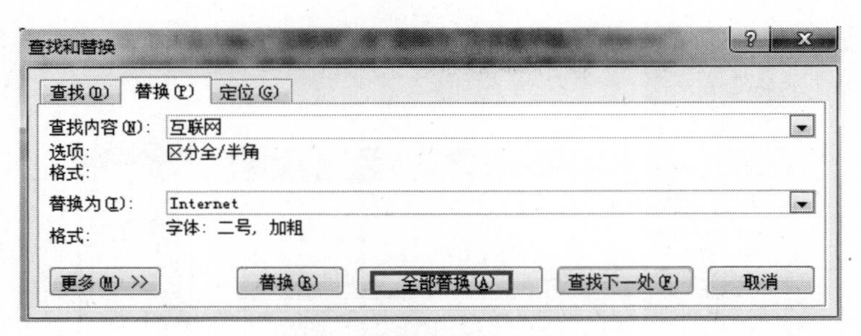

图 3-7　“查找和替换”对话框

(5)格式替换。如果需要突出文档中的某些特定字符，可通过格式替换的方法将那些字符设置成不同字体格式(如字号：二号，加粗)。单击“开始”功能区，选择“替换”，打开“查找和替换”对话框，在“查找内容”和“替换为”的文本框中输入精确的字符；然后将光标定在“替换为”的文本框，单击“更多”按钮，在展开的面板中单击“格式”按钮，在弹出的快捷菜单中单击“字体”选项，将打开“替换字体”对话框，如图 3-8 所示，可以对文字进行设置，设置好后单击“确定”按钮。

如果要将全文中的“IPv6”更改格式为二号字体并加粗显示，就可在“替换字体”对话框中把“字形”设置为“加粗”，“字号”设置为“二号”，单击“确定”按钮后回到“查找和替换”对话框，然后单击“全部替换”按钮，全文中的“IPv6”都变更格式为二号字体并加粗显示。

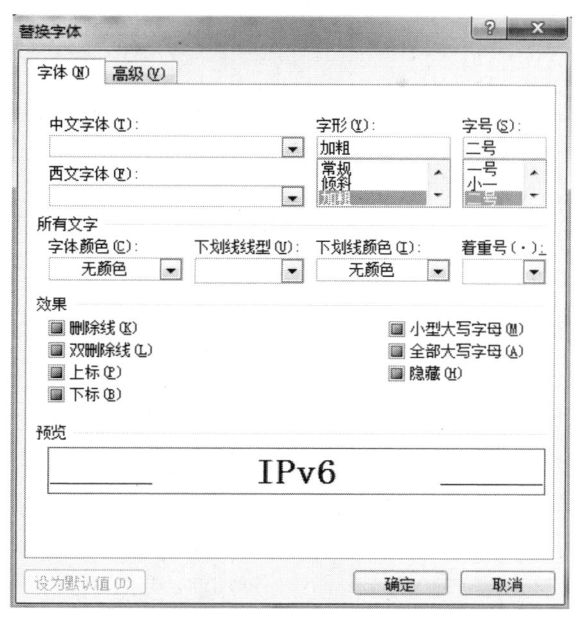

图 3-8　“替换字体”对话框

(6)对文档中的正文部分进行项目符号设置。用鼠标选中文档中的正文部分,单击“开始”选项卡下的“项目符号”按钮,单击“项目符号”右侧的 ▾ ,选择合适的项目符号即可完成项目符号的设置,如图 3-9 所示。

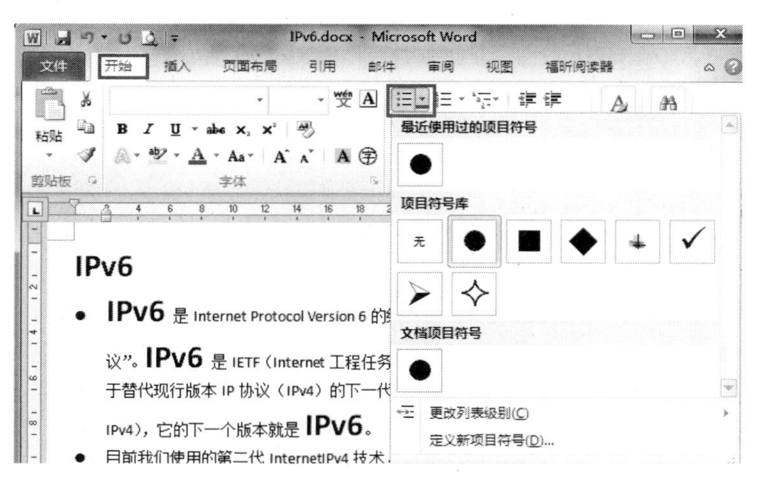

图 3-9　项目符号

实验 3.2　Word 2010 文档的排版操作

1. 实验目的

(1)掌握字符格式的设置。
(2)掌握段落格式的设置。
(3)掌握页面格式的设置。
(4)掌握页眉页脚的设置。

2. 实验内容

利用 Word 对现有文档进行编辑与美化,请依次完成下面的实验内容。最终效果如图 3-10 所示。

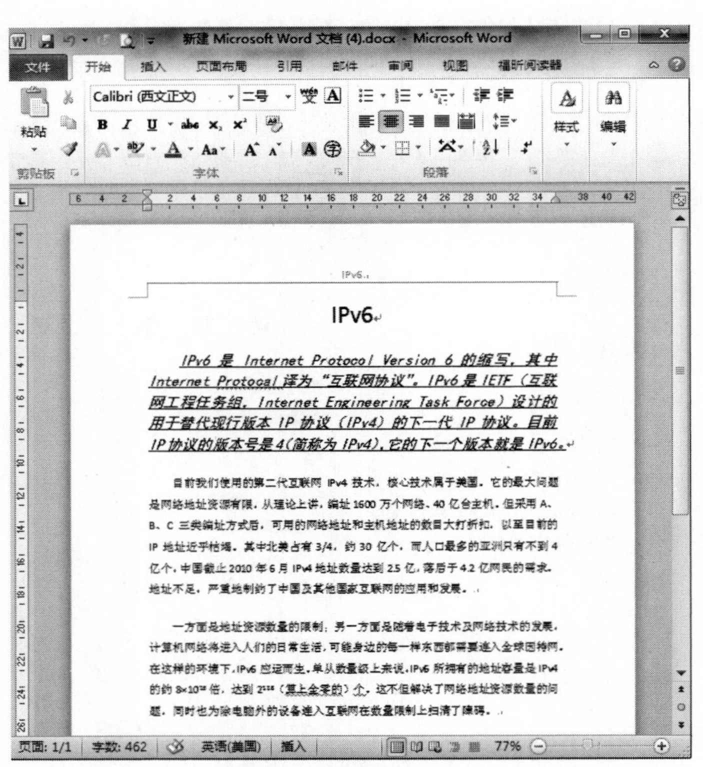

图 3-10　最终效果图

3. 实验要求

(1)将标题设置为二号字,位置居中。

(2)将正文第一段字体设置为黑体、四号、倾斜、下画线。

(3)将正文第一段对齐方式设置为两端对齐。

(4)将全文段落设置为首行缩进 2 字符。

(5)将正文间距设置为段前、段后 1 行,行距为固定值 20 磅。

(6)纸张:B5,边距:上下左右页边距均为 2.5 厘米。

(7)将正文标题 IPv6 设置为页眉,宋体五号,位置居中。

4. 实验步骤

(1)设置字符的格式。通常设置字符的格式有两种方法:可通过工具栏上的按钮对字符进行设置,也可通过鼠标右键的快捷菜单命令进行设置。

①通过“开始”选项卡“字体”分组和“段落”分组对字符格式进行设置,打开文档“IPv6. docx”,利用鼠标选中标题“IPv6”,单击“开始”选项卡的“字体”组中的字号大小设置框,选择字号大小为“二号”,保存文档。

②选中正文部分的第一段,然后鼠标右键单击该段文字,在弹出的快捷菜单中选中“字体”命令,打开“字体”对话框,将字体设置为黑体、倾斜、四号、下画线,然后单击“确定”按钮,如图 3-11 所示。

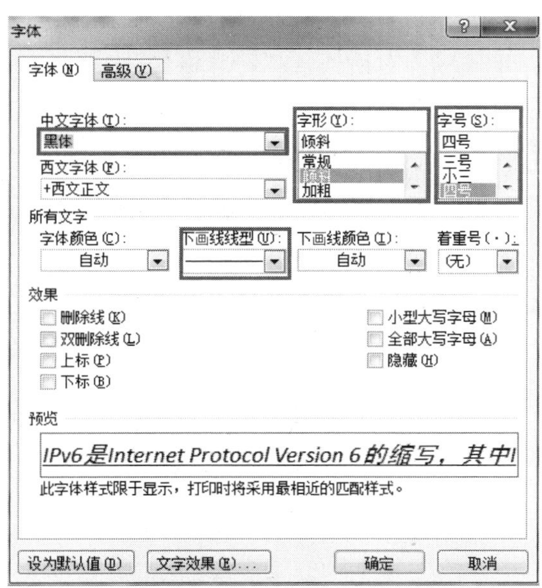

图 3-11　“字体”对话框

(2)设置对齐方式。首先用鼠标选中需要设置的段落,右键单击该段落,在弹出的快捷菜单中选择"段落"命令,打开"段落"对话框,在"对齐方式"下拉列表框中选择"两端对齐",如图 3-12 所示。

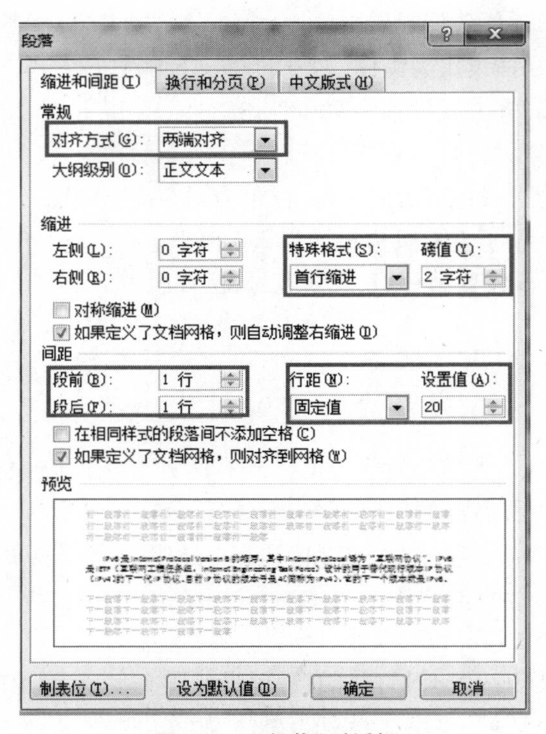

图 3-12 "段落"对话框

首行缩进的设置:首先用鼠标选中需要设置的段落,右键单击该段落,在弹出的快捷菜单中选择"段落"命令,打开"段落"对话框,在"特殊格式"中选择"首行缩进",在"度量值"中输入"2 字符",单击"确定"按钮。

段内行距的设置:先用鼠标选中需要设置的段落,右键单击该段落,在弹出的快捷菜单中选择"段落"命令,打开"段落"对话框,单击"行距"下拉按钮,在下拉列表框中可以选择行距倍数或者在设置文本框中键入准确的固定值。

(3)设置页面。单击"页面布局"选项卡,在"页面设置"组中单击右下角按钮,打开"页面设置"对话框。在"页边距"选项卡中,页边距的上下左右 4 个文本中键入准确的固定值,单击"纸张"页面中的"纸张大小"下拉按钮,在下拉列表中选择纸张规格或者自定义大小,如图 3-13 所示。

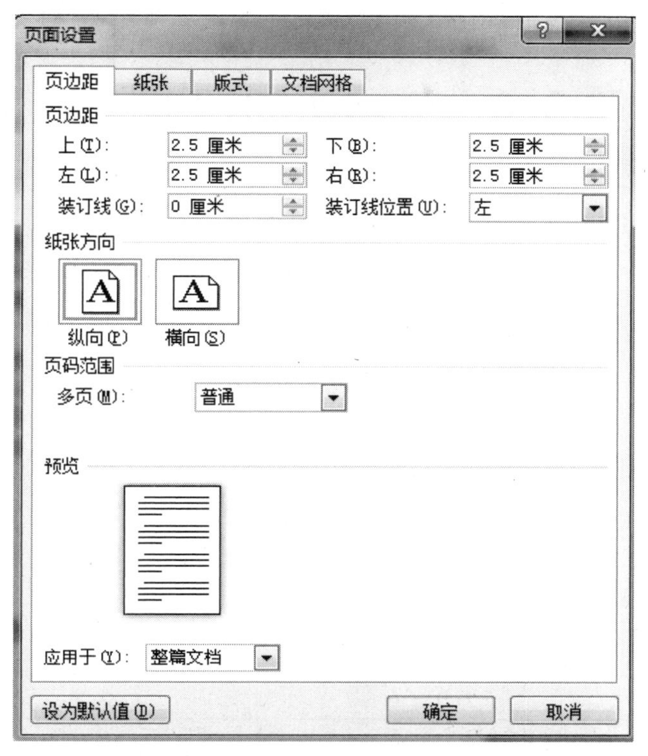

图 3-13　“页面设置”对话框

(4)设置页眉和页脚。单击“插入”选项卡,选择“页眉和页脚”组中的“页眉”按钮,在展开的菜单中选择“编辑页眉”,进入页眉和页脚编辑状态,同时自动打开“页眉和页脚工具”的“设计”选项卡,如图 3-14 所示。

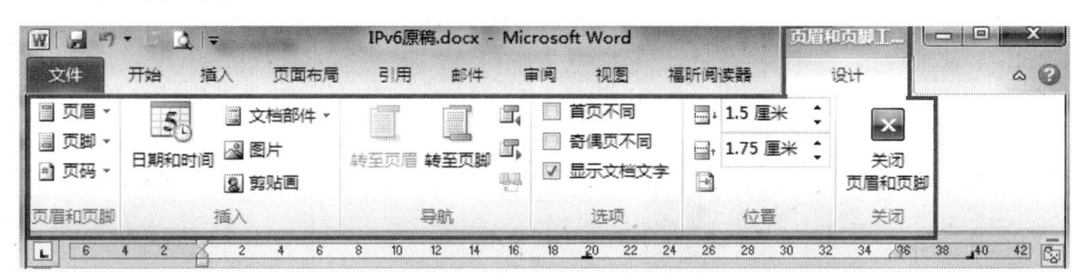

图 3-14　页眉的设置

页眉和页脚通常显示文档的附加信息,常用来插入时间、日期、页码、单位名称、徽标等。页眉在页面的顶部,页脚在页面的底部,通常页眉也可以添加文档注释等内容。

删除页眉和页脚内容的方法:双击页眉和页脚,删除里面的内容即可。

实验 3.3　Word 2010 图文混排

1. 实验目的

(1)掌握格式的设置。

(2)掌握图文混排的方法。

2. 实验内容

利用 Word 创建文档,录入正确的文字并进行格式设置与图文混排,请依次完成下面的实验内容。最终效果如图 3-15 所示。

姚明

姚明(1980 年 9 月 12 日出生),上海人,毕业于上海交通大学,前中国篮球运动员。姚明 17 岁入选国家青年队,18 岁穿上了中国队服。曾效力于中国篮球职业联赛(CBA)上海大鲨鱼篮球俱乐部和美国国家篮球协会(NBA)休斯敦火箭。是美国 NBA 及世界篮球巨星,中国篮球史上里程碑式人物。

姚明曾 7 次获得 NBA“全明星”,被美国《时代周刊》列入“世界最具影响力100人”,被中国体育总局授予“体育运动荣誉奖章”“中国篮球杰出贡献奖”。2009 年,姚明收购上海男篮,成为上海大鲨鱼篮球俱乐部老板。2011 年,姚明宣布退役。2013 年姚明当选为第十二届全国政协委员。2014 年,姚明携手 VIPABC、VIPABCJr 助力西部教育事业,协助提高西部地区英语教育整体水平。

姚明的主要获奖:NBA 全明星赛(7次)、ESPN 全球最有潜力运动员奖(2000)、劳伦斯世界最佳新秀奖(2003)、中国篮球杰出贡献奖、世界最具影响力 100 人之一、六届福布斯中国名人榜第一名

图 3-15　最终效果图

3. 实验要求

(1)第 1 自然段首字下沉两行。

(2)第 2,3 自然段分为两栏,中间加分栏线。

(3)在标题上添加艺术字“姚明”(要求:宋体,36 号)。

(4)在正文后面插入一张合适的图片。

(5)在正文第 1 段添加边框(要求:方框,黑色,实线,宽度 1 磅)。

(6)在正文第 2,3 段添加蓝色底纹。

(7)在正文内容右下方绘制“云状标注”图形,图形正中添加文字“姚明真棒”。

(8)将编辑好的文件保存为“姚明. docx”。

4. 实验步骤

(1)设置首字下沉。首先选定需要设置首字下沉的段落;然后单击“插入”选项卡→“文本”组→“首字下沉”,单击“首字下沉”附近的 ▾ ,在下拉菜单中,选择“下沉”,就会将首字下沉 3 行。如果要进行详细的设置,应选择下拉菜单中的“首字下沉”选项,就会弹出“首字下沉”对话框,在“位置”栏选中“下沉”,在“下沉行数”选择自己所需要设置的下沉行数(如 2 行);最后单击“确定”按钮。首字下沉及效果如图 3-16 所示。

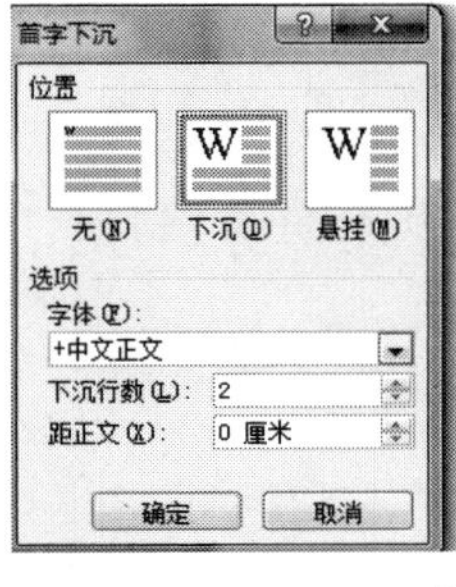

姚明(1980 年 9 月 12 日出生),上海人,毕业于上海交通大学,前中国篮球运动员。姚明 17 岁入选国家青年队,18 岁穿上了中国队服。曾效力于中国篮球职业联赛(CBA)上海大鲨鱼篮球俱乐部和美国国家篮球协会(NBA)休斯敦火箭。是美国 NBA 及世界篮球巨星,中国篮球史上里程碑式人物。
姚明曾 7 次获得 NBA“全明星”,被美国《时代周刊》列入“世界最具影响力 100 人”。被中国体育总局授予“体育运动荣誉奖章”“中国篮球杰出贡献奖”。2009 年,姚明收购上海男篮,成为上海大鲨鱼篮球俱乐部老板。2011 年,姚明宣布退役。2013 年姚明当选为第十二届全国政协委员。2014 年,姚明携手 VIPABC、VIPABCJr 助力西部教育事业,协助提高西部地区英语教育整体水平。
姚明的主要获奖:NBA 全明星赛(7 次)、ESPN 全球最有潜力运动员奖(2000)、劳伦斯世界最佳新秀奖(2003)、中国篮球杰出贡献奖、世界最具影响力 100 人之一、六届福布斯中国名人榜第一名

图 3-16　“首字下沉”对话框及效果

(2)设置分栏。首先选定需要设置分栏的段落;然后单击“页面布局”选项卡下的“分栏”,单击“分栏”附近的 ▾ ,在下拉菜单中,选择“更多分栏”,即可弹出“分栏”对话框。在“分栏”对话框中,在“栏数”文本框中设置栏数,如 2 栏,并选中右侧的分隔线;最后单击“确定”按钮。“分栏”对话框及效果如图 3-17 所示。

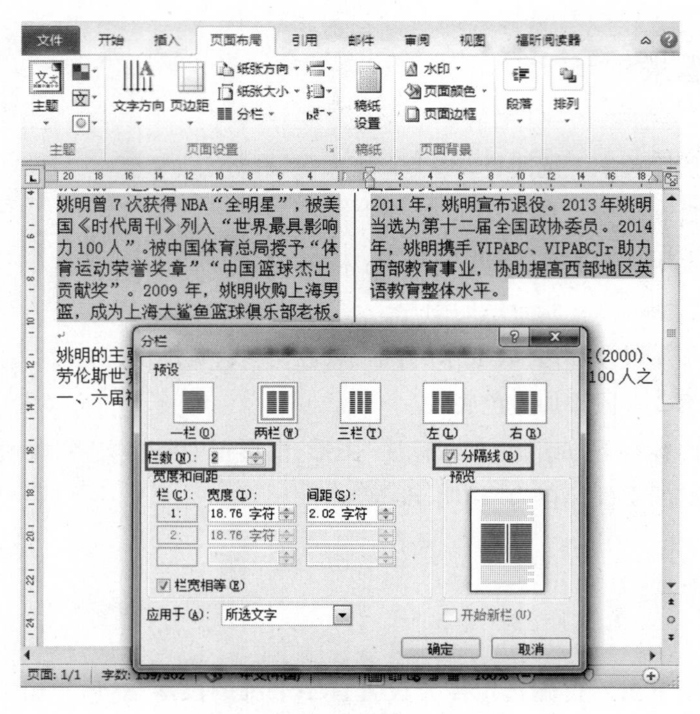

图 3-17 “分栏”对话框及效果

图 3-18 艺术字效果

(3)插入艺术字。单击“插入”选项卡下的“艺术字”，在下拉菜单中，选择一种艺术字样式，打开“编辑艺术字文字”的文本框；在文本框中输入文字，并设置文字的字体、字号等格式；最后单击“确定”按钮。艺术字效果如图 3-18 所示。

(4)插入图片。单击“插入”选项卡下的“图片”，打开“插入图片”对话框，选择图片路径后单击“插入”即可，如图 3-19 所示。

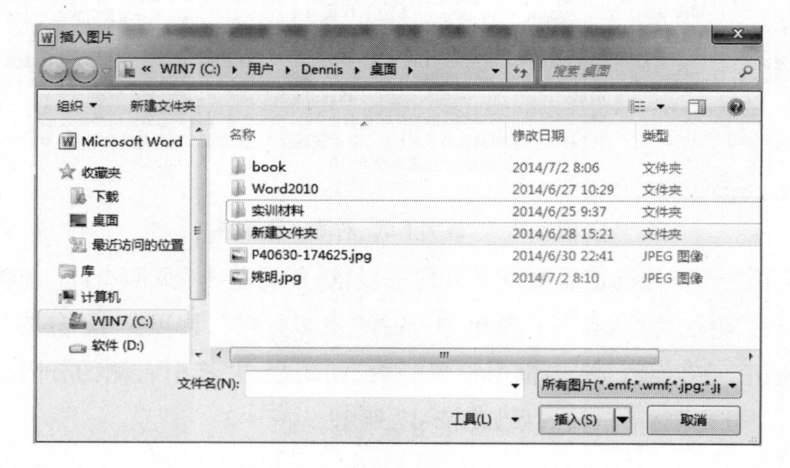

图 3-19 “插入图片”对话框

（5）设置边框。首先选定需要设置边框和底纹的段落；然后单击“页面布局”选项卡下的“页面边框”，打开“边框和底纹”对话框，选择“边框”选项卡，在“设置”中选择“方框”，在“样式”中选择“实线”，在“颜色”中选择“黑色”，在“宽度”中选择“1.0 磅”；最后在“应用于”下拉列表框中选择“段落”，单击“确定”按钮，如图 3-20 所示。

图 3-20　“边框和底纹”对话框中的“边框”选项卡

（6）设置底纹。首先选定需要设置边框和底纹的段落；然后单击“页面布局”选项卡下的“页面边框”，打开“边框和底纹”对话框，选择“底纹”选项卡，在“填充”中选择颜色“蓝色”，在“样式”下拉列表框中选择“清除”；最后在“应用于”下拉列表框中选择“段落”，单击“确定”按钮，如图 3-21 所示。

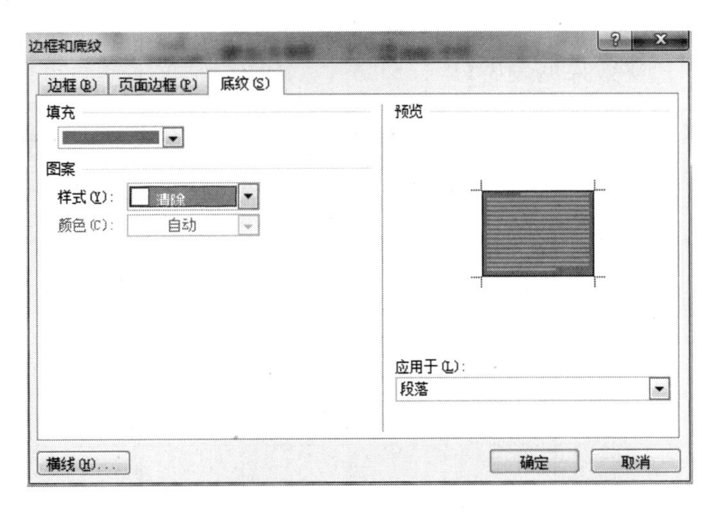

图 3-21　“边框和底纹”对话框中的“底纹”选项卡

(7)“绘制图形”操作。单击“插入”选项卡下的“形状”,在下拉菜单中选择“标注”,单击云状标注,拖动鼠标左键调整图形大小,在图形中间输入文字“姚明真棒”。

实验 3.4　Word 2010 表格操作

1. 实验目的

(1)掌握表格的建立方法。
(2)掌握在表格中增加/删除行和列的方法。
(3)掌握表格行高和列宽的设置方法。
(4)掌握合并单元格的方法。
(5)掌握表格文字对齐方式的设置方法。
(6)掌握表格的居中设置方法。
(7)掌握内框线和外框线的设置方法。
(8)掌握表格底纹的设置方法。

2. 实验内容

利用 Word 创建文档和创建正确的表格,录入正确的文字并进行格式设置,请依次完成下面的实验内容。最终效果见表 3-1。

表 3-1　最终效果

学生成绩表				
姓　名	语文	数学	英语	平均成绩
李　宁	85	90	84	
丁　杨	88	85	85	
王　磊	78	82	85	
郑恬姗	75	86	83	
孙正刚	65	78	82	

3. 实验要求

(1)编排表格,见表 3-2。

表 3-2　原始表

姓　名	语文	数学	英语
李　宁	85	90	84
丁　杨	88	85	85
王　磊	78	82	85
郑恬姗	75	86	83
孙正刚	65	78	82

(2)给表格的最右侧增加一列,列标题为“平均成绩”。

(3)给表格的最上面增加一行,合并单元格后,输入行标题“学生成绩表”。

(4)将表格列宽设置为 2.0 厘米,行高第一行设置为 1.3 厘米,其余各行设置为 0.7 厘米。

(5)表格居中。

(6)将表格内框线设置成 1.5 磅红色单实线,外框线设置成 0.5 磅蓝色双实线。

(7)将第一行标题行设置成灰色-25% 的底纹。

4. 实验步骤

(1)建立表格。

①单击“插入”选项卡下的“表格”按钮,在弹出的下拉菜单中选择“插入表格”,弹出“插入表格”对话框。在“插入表格”对话框中的“列数”和“行数”文本框中分别输入“4”和“6”,然后单击“确定”按钮。

②按表 3-2 所示的表格输入数据,并调整表格的大小。

(2)增加列。

①将光标定位到表格最后一列的任意位置。

②选择“表格工具”→“布局”→“在右侧插入”,如图 3-22 所示。

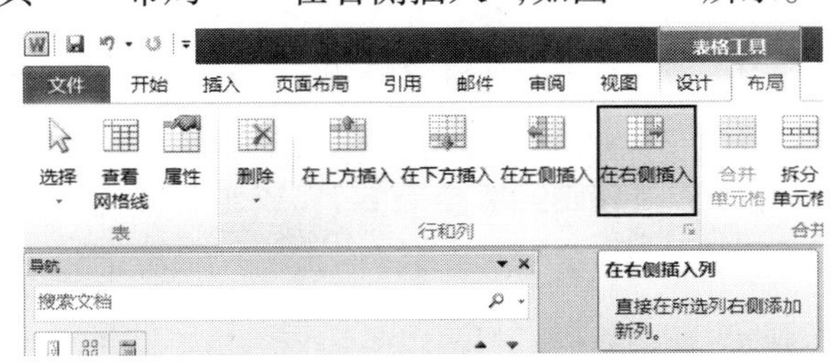

图 3-22　“在右侧插入”按钮

③输入列标题"平均成绩",得到的新表格,见表 3-3。

表 3-3 增加一列后的新表

姓　名	语文	数学	英语	平均成绩
李　宁	85	90	84	
丁　杨	88	85	85	
王　磊	78	82	85	
郑恬姗	75	86	83	
孙正刚	65	78	82	

(3)增加行,合并第 1 行的 5 个单元格。

①将光标定位到表格最上面一行的任意位置。

②选择"表格工具"选项卡→"布局"→"在上方插入"。

③选中第 1 行 5 个单元格,单击"表格工具"选项卡→"布局"→"合并单元格",输入"学生成绩表",得到的新表格,见表 3-4。

表 3-4 新增一行后的新表

学生成绩表				
姓　名	语文	数学	英语	平均成绩
李　宁	85	90	84	
丁　杨	88	85	85	
王　磊	78	82	85	
郑恬姗	75	86	83	
孙正刚	65	78	82	

(4)行高列宽设置操作方法。

①选定整个表格。

②选择"表格工具"选项卡→"布局"→"属性",弹出"表格属性"对话框。

③设置列宽。选择"表格属性"对话框中的"列"选项卡,在"指定宽度"文本框中输入列宽的数值为"2 厘米",然后单击"后一列",设置完每一列的列宽。

④设置行高。选择"表格属性"对话框中的"行"选项卡,选定"指定高度"选项,在右侧的文本框内输入行高的数值,第一行设为"1. 3 厘米",然后单击"下一行",其余各行设为"0. 7 厘米"。

⑤退出设置。单击"确定"按钮退出表格设置,完成对表格行高和列宽的修改。

(5)设置表格内的文字对齐方式。

①选定整个表格。

②单击鼠标右键,在弹出的快捷菜单中选择"单元格对齐方式"选项下的"水平居中"

子选项，如图 3-23 所示。

(6)设置表格居中。

①选中要设置属性的表格。

②选择“表格工具”选项卡→“布局”→“属性”，弹出“表格属性”对话框。

③在“表格属性”对话框中选择“表格”选项卡，设置表格的对齐方式为居中，单击“确定”按钮，即可使该表格在页面内水平居中。

(7)设置边框。

①选中整个表格。

②单击鼠标右键，在弹出的快捷菜单中选择“边框和底纹”命令，即可弹出“边框和底纹”对话框。

③选择“边框”选项卡，单击“自定义”图标。

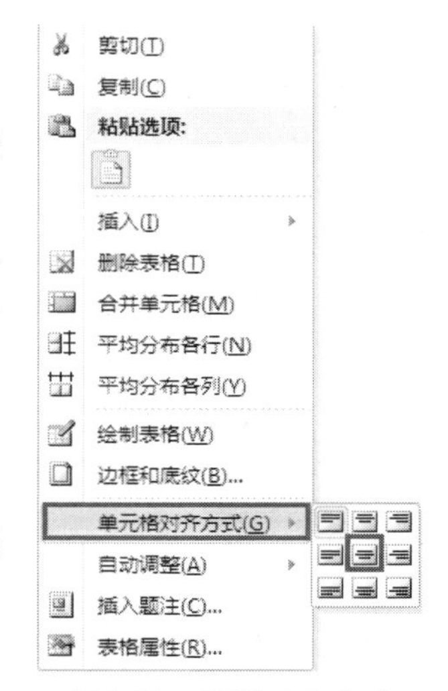

图 3-23　设置对齐方式

④设置外框线。选择线型为双实线，颜色设置为蓝色，宽度设置为 0.5 磅，应用于表格，如图 3-24 所示。

⑤用同样的方法设置内框线。选择线型为单实线，颜色设置为红色，宽度设置为 1.5 磅，应用于内框线。

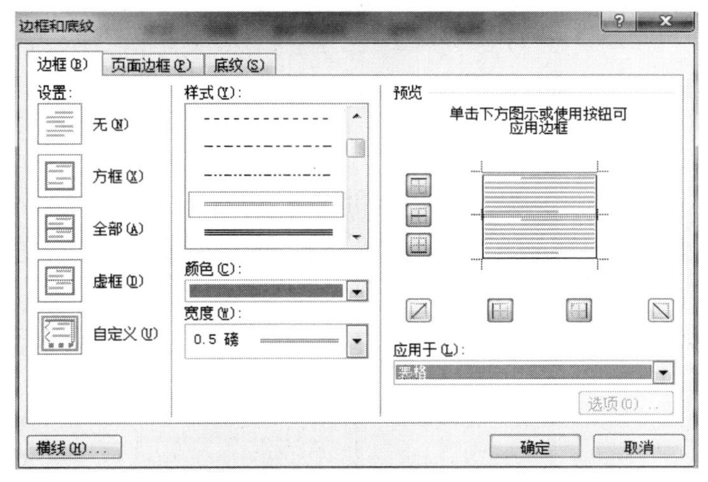

图 3-24　“边框和底纹”对话框的“边框”选项卡

(8)设置底纹。

①选定单元格，选中要设置底纹的第一行。

②单击鼠标右键，在弹出的快捷菜单中选择“边框和底纹”命令，弹出“边框和底纹”对话框。

③选择“底纹”，在“填充”栏中选择填充颜色为灰色-25%，如图 3-25 所示。

④单击“确定”按钮，退出设置。

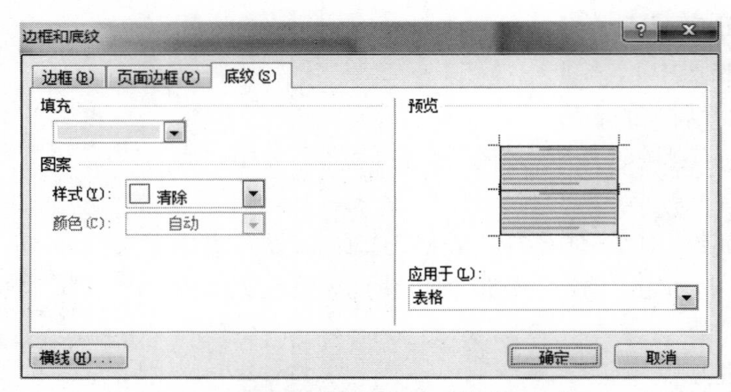

图 3-25 “边框和底纹”对话框的“底纹”选项卡

实验 3.5 Word 2010 邮件合并

1. 实验目的

掌握邮件合并的方法。

2. 实验内容

某高校学生会计划举办一场“大学生演讲比赛”的活动，拟邀请部分专家和老师给选手打分。因此，该校学生外联部需制作一批邀请函，并分别递送给相关的专家和教师。最终效果如图 3-26 所示。

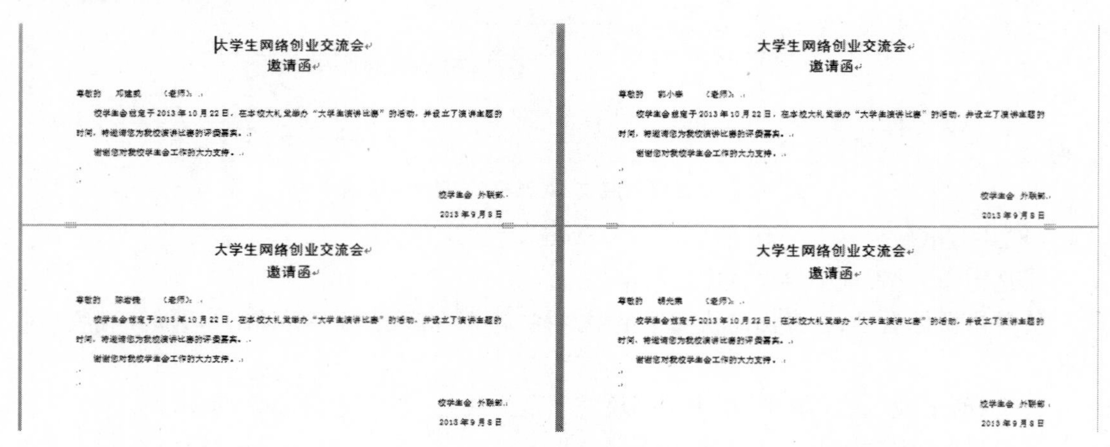

图 3-26 最终效果图

3. 实验要求

(1)调整文档版面,要求页面高度为 18 厘米,宽度为 30 厘米,页边距(上、下)为 2 厘米,页边距(左、右)为 3 厘米。

(2)将“背景图片. jpg”设置为邀请函,添加背景图片。

(3)调整邀请函的文字段落格式:将标题设置为“黑体,二号,段前段后间距 1 行,单倍行距,居中对齐”;将首行设置为“宋体,四号,加粗,单倍行距,左对齐”;将正文内容设置为“宋体,四号,单倍行距,首行缩进 2 字符”;将落款空两行,设置为“宋体,四号,单倍行距,右对齐”。

(4)在“尊敬的”和“(老师)”文字之间,插入拟邀请的专家和老师姓名,拟邀请的专家和老师姓名在“通讯录. xlsx”文件中。每页邀请函中只能包含一位专家或老师的姓名,所有的邀请函页面请另外保存在一个名为“Word-邀请函. docx”文件中。

(5)邀请函文档制作完成后,保存为“Word. docx”文件。

4. 实验步骤

(1)版面设置。利用前面所学知识,在“页面布局”选项卡中,按要求设置纸张大小、页边距等信息。

(2)页面背景图片设置。

①单击“页面布局”选项卡,在“页面背景”组中单击“页面颜色”,在展开的菜单中选择“填充效果”,弹出“填充效果”对话框,如图 3-27 所示。

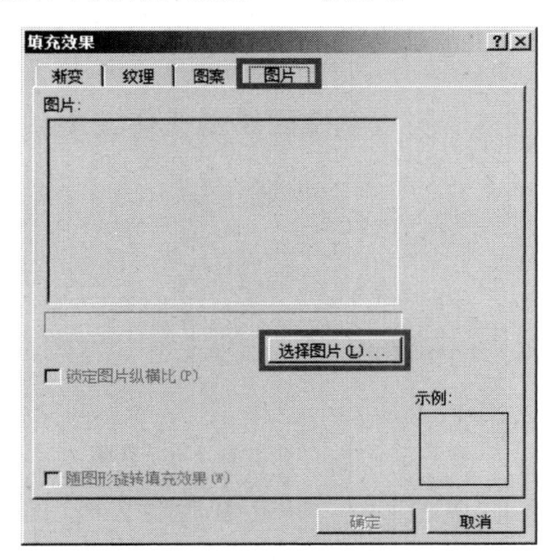

图 3-27　“填充效果”对话框

②在“填充效果”对话框中选择“图片”选项卡，单击“选择图片”按钮，在弹出的“选择图片”对话框中找到“图片背景. jpg”文件，先后单击“插入”和“确定”按钮，完成页面背景的设置。

③利用前面所学知识，在“开始”选项卡的“字体”组和“段落”组中，按要求设置字体、字形、字号、段间距、行距、首行缩进和对齐方式。

(3)邮件合并。

①单击“邮件”选项卡→“开始邮件合并”→“邮件合并分步向导”，如图3-28所示，在编辑区右侧出现“邮件合并”向导条，如图3-29所示。

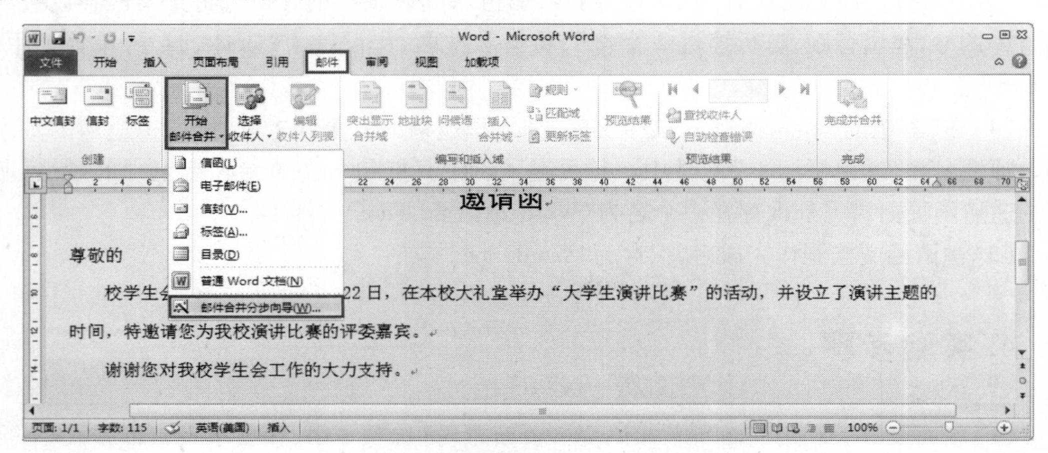

图3-28 “邮件合并分步向导”选择路径

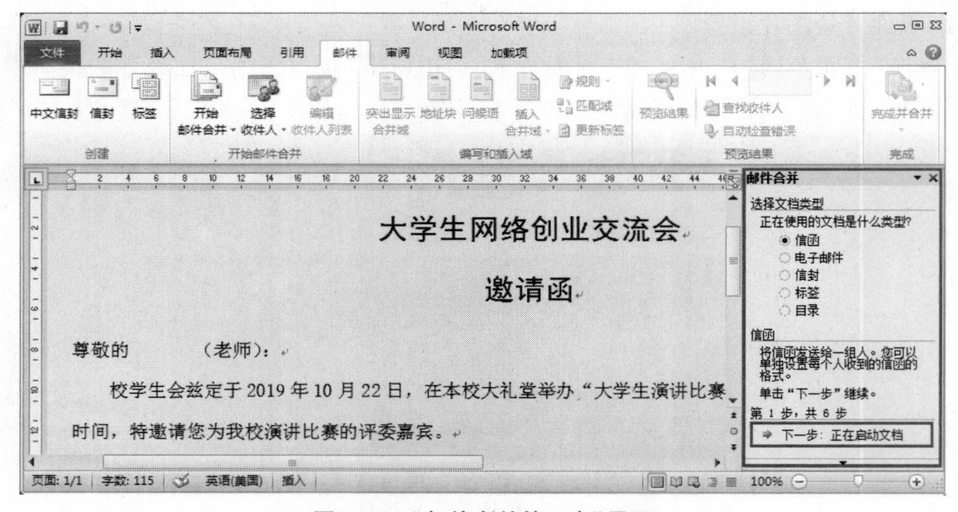

图3-29 “邮件合并第1步”界面

②在图3-29中，选择信函，单击“下一步：正在启动文档”，进入“邮件合并第2步”界面，如图3-30所示。

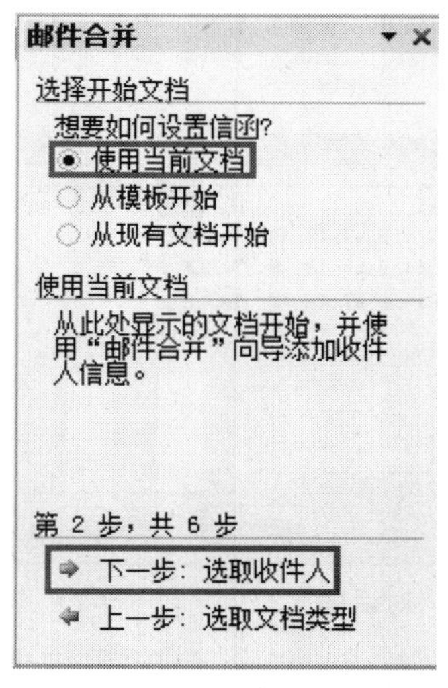

图 3-30　“邮件合并第 2 步”界面

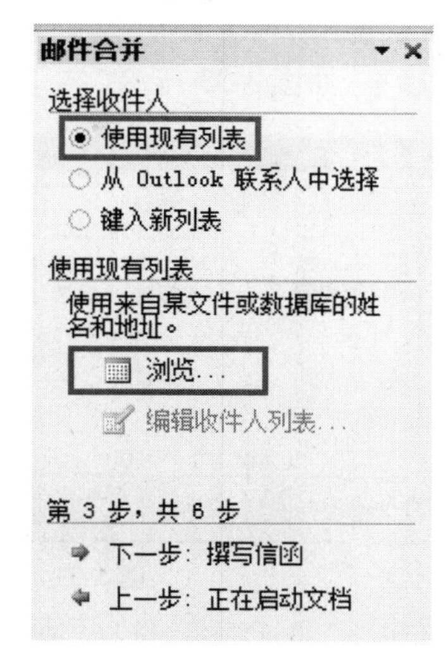

图 3-31　“邮件合并第 3 步”界面

③在图 3-30 中，先选择“使用当前文档”，再单击“下一步：选取收件人”，进入“邮件合并第 3 步”界面，如图 3-31 所示。

④在图 3-31 中，先选择“使用现有列表”，再单击“浏览”按钮，弹出“选取数据源”对话框，如图 3-32 所示。

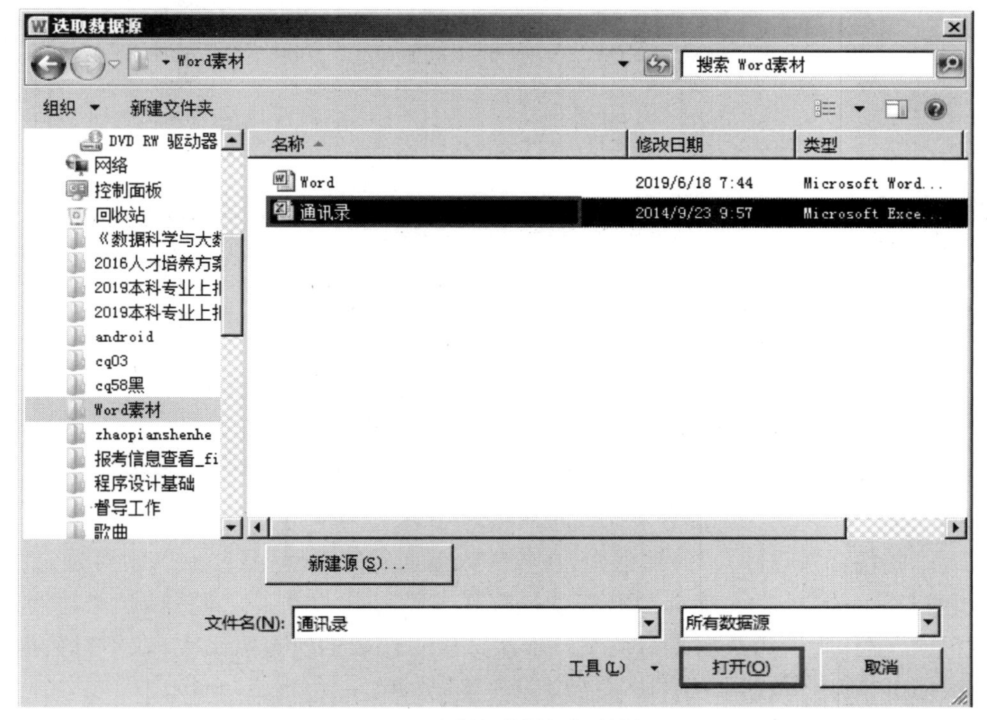

图 3-32　“选取数据源”对话框

⑤在“选取数据源”对话框中，找到需要的“通讯录＄”数据源，单击“打开”按钮，弹出“选择表格”对话框，如图3-33所示。

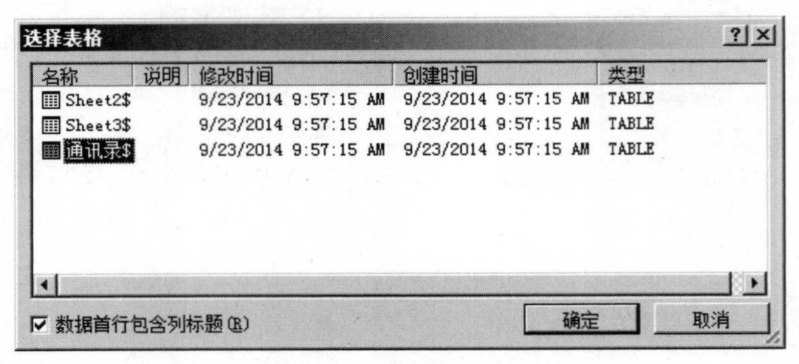

图3-33 “选择表格”对话框

⑥在“选择表格”对话框中，选择“通讯录”工作表，单击“确定”按钮，弹出“邮件合并收件人”对话框，如图3-34所示。

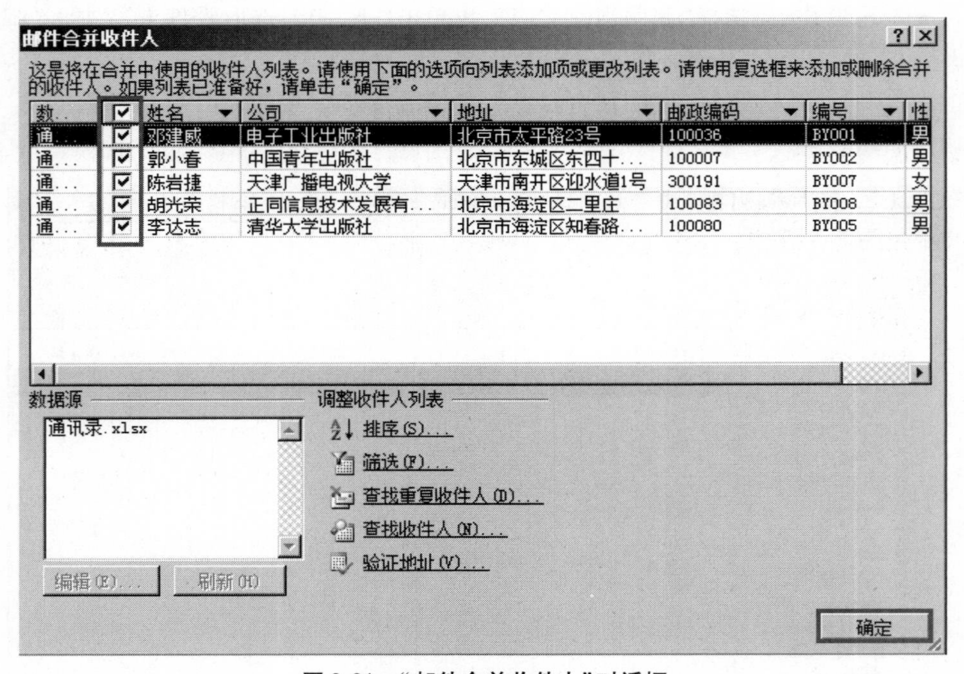

图3-34 “邮件合并收件人”对话框

⑦在“邮件合并收件人”对话框中，在收件人前面的复选框中打“√”，也可通过“调整收件人列表”下的“排序”“筛选”“查找重复收件人”“查找收件人”“验证地址”功能选项，对“通讯录”工作表中的数据进行调整。本次选中工作表的所有联系人，就不对数据作调整，直接单击“确定”按钮，回到“邮件合并第3步”界面。

⑧单击图3-31中的“撰写信函”，进入“邮件合并第4步”界面，如图3-35所示。

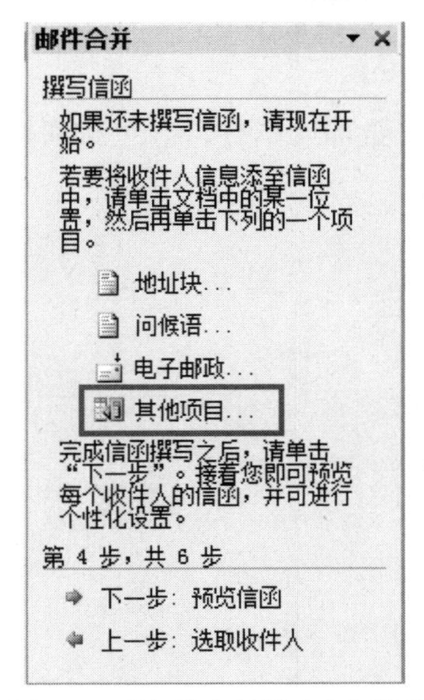

图 3-35　“邮件合并第 4 步”界面

图 3-36　“插入合并域”对话框

⑨首先将光标定位在文档编辑区中“尊敬的”和“(老师)”文字之间的空白处；然后单击图 3-35 中的“其他项目”，弹出“插入合并域”对话框，如图 3-36 所示。

⑩在图 3-36 中，选择“数据库域”，在域中选择“姓名”，单击“插入”按钮；然后单击“关闭”按钮，关闭“插入合并域”对话框，回到“邮件合并第 4 步”界面。

⑪单击图 3-35 中的“预览信函”，进入“邮件合并第 5 步”界面，如图 3-37 所示。

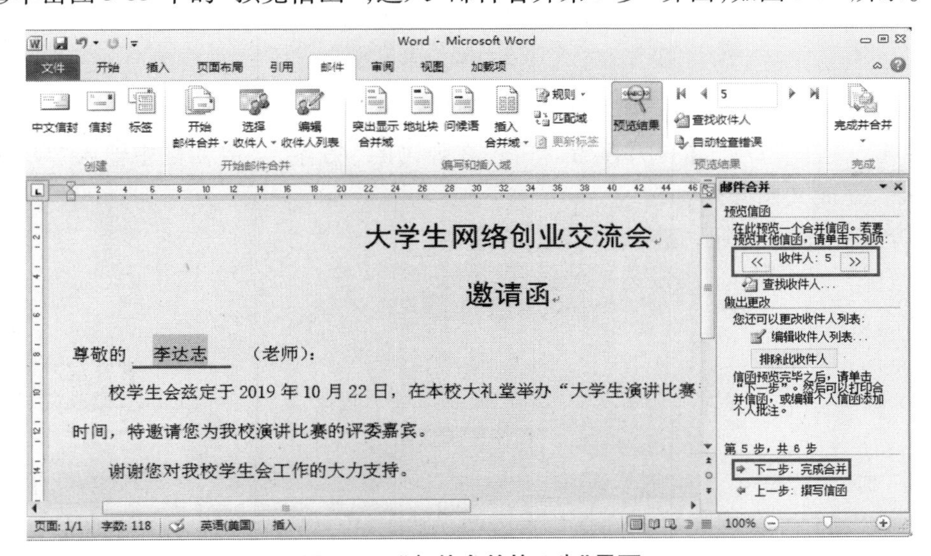

图 3-37　“邮件合并第 5 步”界面

⑫在图 3-37 中，单击预览信函下的“<<（向前）”和“>>（向后）”按钮，在红线处查看收件人的姓名。如果姓名有误，可单击“撰写信函”重新编辑；如果姓名无误，则单击“完成合并”进入“邮件合并第 6 步”界面，也可返回上一步进行编辑。

⑬依次单击“邮件”选项卡→“完成并合并”按钮→“编辑单个文档”,如图 3-38 所示,弹出“合并到新文档”对话框,如图 3-39 所示。

⑭在“合并到新文档”对话框的“合并记录”中选择“全部”,单击“确定”按钮即可完成邮件合并。

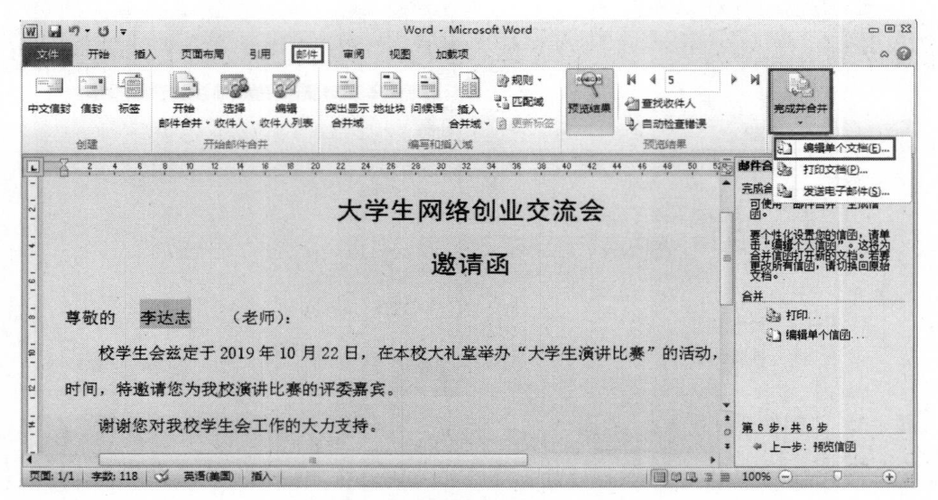

图 3-38 “完成邮件合并”导向路径

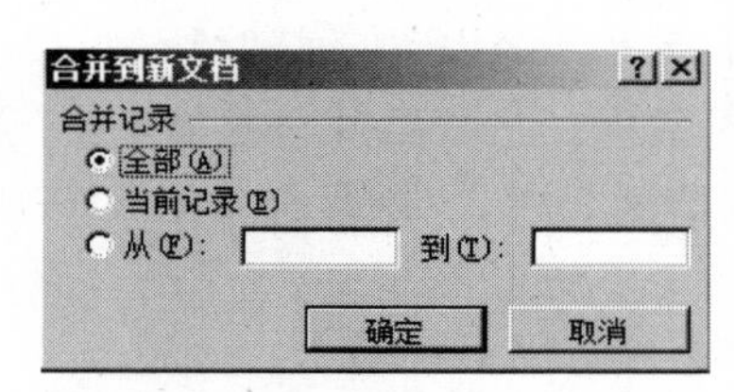

图 3-39 “合并到新文档”对话框

⑮单击“文件”选项卡的“另存为”按钮,在弹出的“另存为”对话框中输入“Word-邀请函”文件名,完成文档保存。

(4)单击“保存”按钮,完成编辑文档的保存。

项目四　电子表格软件 Excel 2010 的应用

实验 4.1　制作产品销售表

1. 实验目的

(1)掌握启动和退出 Excel 的操作方法。
(2)熟练掌握 Excel 工作簿的建立和保存。
(3)理解工作簿、工作表和单元格的概念。
(4)熟练掌握表格中的数据录入方法。

2. 实验内容

制作一个产品销售表,练习数据的录入。最终效果如图 4-1 所示。

	A	B	C	D	E	F	G	H
1	重庆电器公司下半年产品销售表(单位:元)							
2	制表日期	2019/6/17						
3	产品编号	类别	七月	八月	九月	十月	十一月	十二月
4	001	平板电视	64791	26543	67860	26480	36985	57690
5	002	洗衣机	86700	45664	86340	47650	69365	37895
6	003	电冰箱	76345	56897	78500	67800	25698	87560
7	004	笔记本电脑	26541	24860	46560	45560	57489	25000
8	005	数码相机	90123	210001	97580	39480	56300	65000
9	006	空调	112031	32546	67530	86750	28910	79500
10	007	手机	689754	256412	901800	98650	99960	126000
11								

图 4-1　“产品销售”表

3. 实验要求

（1）新建一个工作簿文件，并保存在“F:\学号-姓名”文件夹中，命名为“实验一：产品销售表.xlsx”，关闭该文件。

（2）重新打开创建的“实验一：产品销售表.xlsx”文件，在 Sheet1 工作表中输入如图 4-1 所示的内容。

①在 A1 单元格中输入表格标题。

②在 A2 单元格中输入“制表日期”，在 B2 单元格中输入系统当前日期。

③在第三行中使用自动填充功能输入月份。

④在 A4 ~ A10 单元格中使用自动填充功能输入产品编号（该编号是数字字符串）。

⑤参照效果图输入产品及销售额。

（3）将 Sheet1 中的表格内容复制到 Sheet2 的相同区域，并将 Sheet2 重命名为“销售表”。

4. 实验步骤

（1）启动 Excel 2010。

（2）按“Ctrl+S”键，将工作簿保存在“F:\学号-姓名”文件夹中，命名为“实验一：产品销售表.xlsx”；然后单击标题栏右侧的“关闭”按钮，退出 Excel。

（3）重新启动 Excel 2010，在“文件”选项卡中将光标指向“最近使用文件”命令，在其子菜单中选择“实验一：产品销售表.xlsx”命令，打开刚才创建的新文件。

知识拓展

打开文件的方法有很多，常规的打开方法是执行“文件”选项卡中的“打开”命令，而使用以上的方法更快捷，但这只适合最近操作过的文件。另外，还可以在“计算机”窗口中直接双击要打开的 Excel 文件。

（4）在 A1 单元格中单击鼠标，输入表格标题。

（5）在 A2 单元格中输入文字“制表日期”，然后按下键盘中的“Tab”键，进入 B2 单元格，按“Ctrl+;”键输入系统当前日期。

（6）在第三行的前三个单元格中分别输入“产品编号”“类别”和“一月”，然后将光标指向“一月”所在的 C3 单元格右下角的填充柄，拖动鼠标至 H3 单元格处，则自动填充月份。

（7）在 A4 单元格中输入“’001”，则输入的数字为数字字符串，并在单元格中居左显示。用同样的方法,在 A5 单元格中输入“’002”。

温馨提示

在输入编号时需要特别注意,如果直接输入编号,Excel 会默认为数字,如输入 001,最终会显示 1,且居右显示。所以在输入时要先输入一个半角符号“’”,然后再输入编号,这样输入的编号才可以被认为是字符。

(8)拖动鼠标同时选择 A4 和 A5 单元格,然后拖动填充柄至 A10 单元格处,自动填充其他产品编号。

(9)参照效果图输入产品及销售额,输入时通过按键盘中“Tab”键或方向键跳转到相应的单元格中。

(10)单击工作表左上角的“全选”按钮,选择工作表中的所有内容,按“Ctrl+C”键复制选择的内容。

(11)单击工作簿左下方的“Sheet2”工作表标签,切换到该工作表中,这时 A1 单元格自动处于选择状态,按“Ctrl+V”键粘贴复制的内容。

(12)在 Sheet2 名称上双击鼠标,激活工作表名称,输入新名称“销售表”,然后按“Enter”键确认。

(13)按“Ctrl+S”键保存对工作簿所作的修改。

实验 4.2　格式化员工工资统计表

1. 实验目的

(1)掌握单元格的合并操作。
(2)掌握单元格格式的设置方法。
(3)学会设置行高与列宽。
(4)掌握单元格边框与填充的设置。

2. 实验内容

制作员工工资统计表,并对表格进行格式化设置,效果如图 4-2 所示。

员工工资统计表							
编号	姓名	工作时间	基本工资	奖金	加班工资	通信补贴	应发工资
001	何环	2000年8月29日	¥3,600.00	¥800.00	¥150.00	¥260.00	
002	敬铭立	2006年7月6日	¥2,800.00	¥1,100.00	¥200.00	¥100.00	
003	蒲旅	2002年8月4日	¥3,200.00	¥1,800.00	¥0.00	¥100.00	
004	郭蕾	2004年7月9日	¥3,100.00	¥1,500.00	¥0.00	¥100.00	
005	巫则至	2009年6月13日	¥2,800.00	¥1,400.00	¥300.00	¥100.00	
006	黄双	2016年2月21日	¥3,000.00	¥2,000.00	¥200.00	¥100.00	
007	余云	1999年5月22日	¥4,000.00	¥2,300.00	¥100.00	¥200.00	
008	杨钧	2004年7月19日	¥3,500.00	¥2,800.00	¥0.00	¥100.00	
009	梁河	2003年8月24日	¥3,800.00	¥1,600.00	¥0.00	¥100.00	
010	陈量	2007年10月15日	¥2,800.00	¥2,300.00	¥350.00	¥100.00	

图 4-2　员工工资统计表

3. 实验要求

(1)新建一个工作簿文件。将当前的工作簿文件保存在“F:\学号-姓名”文件夹中，命名为“实验二:员工工资统计表. xlsx”。

(2)参照效果图，在 Sheet1 工作表中输入文字内容。

(3)设置行高与列宽。

①行高:第 1 行为 35，第 2～12 行为 22。

②列宽:第 1 列为 6，第 2 列为 10，第 3 列为 18，第 4～8 列为 12。

③将单元格区域 A1:H1 合并成一个。

(4)设置单元格内容格式。

①第 1 行:黑体、20 磅、加粗。

②第 2 行:黑体、12 磅、居中显示。

③其他文字:华文细黑、12 磅。

④参照效果图设置日期格式和数字格式。

(5)设置单元格边框和底纹。

①外边框与第 1 行下边框:粗线。

②内边框:细线。

③填充设置:第 1 行淡蓝色、第 2 行淡紫色、其他行橄榄色。

4. 实验步骤

(1)启动 Excel 2010。

(2)按“Ctrl+S”键，将工作簿保存在“F:\学号-姓名”文件夹中，名称为“实验二:员工工资统计表. xlsx”。

(3)在 Sheet1 工作表中输入表格内容,如图 4-3 所示。

员工工资统计表							
编号	姓名	工作时间	基本工资	奖金	加班工资	通信补贴	应发工资
001	何环	2000/8/29	3600	800	150	260	
002	敬铭立	2006/7/6	2800	1100	200	100	
003	蒲旅	2002/8/4	3200	1800	0	100	
004	郭蕾	2004/7/9	3100	1500	0	100	
005	巫则至	2009/6/13	2800	1400	300	100	
006	黄双	2006/2/21	3000	2000	200	100	
007	余云	1999/5/22	4000	2300	100	200	
008	杨钧	2004/7/19	3500	2800	0	100	
009	梁河	2003/8/24	3800	1600	0	100	
010	陈量	2007/10/15	2800	2300	350	100	

图 4-3　输入表格内容

(4)在行号 1 上单击鼠标右键,在弹出的快捷菜单中选择“行高”命令,在打开的“行高”对话框中设置行高为 35,如图 4-4 所示。

图 4-4　“行高”对话框

(5)在行号 2 ~ 12 上拖动鼠标选择多行,参照步骤(4)中的方法,设置行高为 22。

(6)在列标 A 上单击鼠标右键,在弹出的快捷菜单中选择“列宽”命令,在打开的“列宽”对话框中设置列宽为 6;用同样的方法,设置 B 列为 10,C 列为 18,D ~ H 列为 12。

(7)拖动鼠标同时选择 A1:H1 单元格,在“开始”选项卡的“对齐方式”组中单击“合并后居中”按钮,将其合并为一个单元格,并使内容居中显示。

(8)选择 A1 单元格,在“开始”选项卡的“字体”组中设置字体为黑体、字号为 20 磅,然后单击 **B** 按钮将其加粗,如图 4-5 所示。

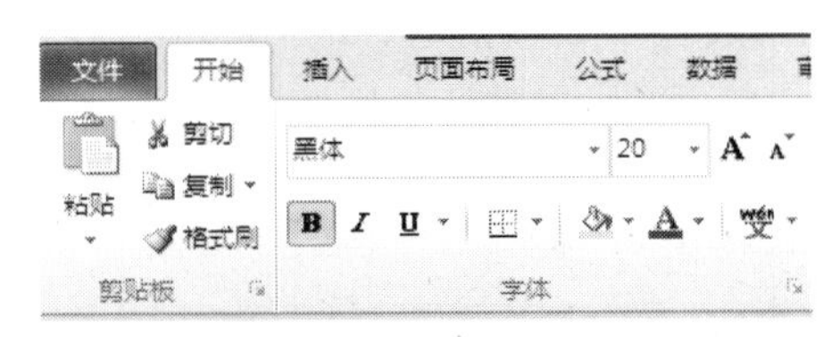

图 4-5　设置字体属性

(9)选择第 2 行,在“字体”组中设置字体为黑体、字号为 12 磅;然后在“对齐方式”组中单击☰按钮,将文字居中显示。

(10)同时选择表格中的 A3:H12 单元格,设置字体为华文细黑、字号为 12 磅,此时的表格效果如图 4-6 所示。

(11)同时选择表格中的 C3:C12 单元格,在“开始”选项卡中的“数字”组中打开“日期”下拉列表,选择“长日期”选项。

	A	B	C	D	E	F	G	H
1	员工工资统计表							
2	编号	姓名	工作时间	基本工资	奖金	加班工资	通信补贴	应发工资
3	001	何环	2000/8/29	3600	800	150	260	
4	002	歆铭立	2006/7/6	2800	1100	200	100	
5	003	蒲旅	2002/8/4	3200	1800	0	100	
6	004	郭蕾	2004/7/9	3100	1500	0	100	
7	005	巫则至	2009/6/13	2800	1400	300	100	
8	006	黄双	2006/2/21	3000	2000	200	100	
9	007	余云	1999/5/22	4000	2300	100	200	
10	008	杨钧	2004/7/19	3500	2800	0	100	
11	009	梁河	2003/8/24	3800	1600	0	100	
12	010	陈量	2007/10/15	2800	2300	350	100	

图 4-6　设置字体格式后的表格效果

(12)同时选择表格中的 D3:H12 单元格,单击鼠标右键,在弹出的快捷菜单中选择"设置单元格格式"命令,在打开的"设置单元格格式"对话框中设置格式,如图 4-7 所示。

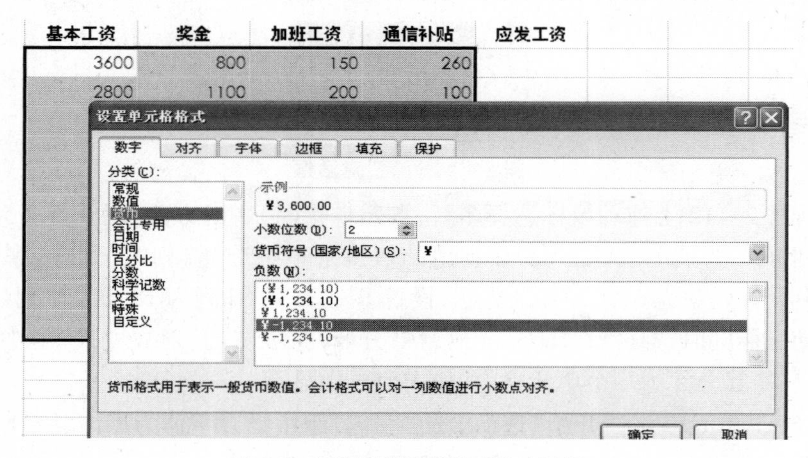

图 4-7　"设置单元格格式"对话框

(13)单击"确定"按钮,则设置了数字格式,如图 4-8 所示。

	A	B	C	D	E	F	G	H
1	员工工资统计表							
2	编号	姓名	工作时间	基本工资	奖金	加班工资	通信补贴	应发工资
3	001	何环	2000年8月29日	¥3,600.00	¥800.00	¥150.00	¥260.00	
4	002	歆铭立	2006年7月6日	¥2,800.00	¥1,100.00	¥200.00	¥100.00	
5	003	蒲旅	2002年8月4日	¥3,200.00	¥1,800.00	¥0.00	¥100.00	
6	004	郭蕾	2004年7月9日	¥3,100.00	¥1,500.00	¥0.00	¥100.00	
7	005	巫则至	2009年6月13日	¥2,800.00	¥1,400.00	¥300.00	¥100.00	
8	006	黄双	2016年2月21日	¥3,000.00	¥2,000.00	¥200.00	¥100.00	
9	007	余云	1999年5月22日	¥4,000.00	¥2,300.00	¥100.00	¥200.00	
10	008	杨钧	2004年7月19日	¥3,500.00	¥2,800.00	¥0.00	¥100.00	
11	009	梁河	2003年8月24日	¥3,800.00	¥1,600.00	¥0.00	¥100.00	
12	010	陈量	2007年10月15日	¥2,800.00	¥2,300.00	¥350.00	¥100.00	

图 4-8　设置数字格式后的表格效果

(14)选择 A1 单元格，在“开始”选项卡的“字体”组中单击 按钮，在打开的下拉列表中选择“粗匣框线”选项，如图 4-9 所示。单击 按钮，在下拉列表中选择淡蓝色作为填充色。

(15)选择 A2:H12 单元格，在“开始”选项卡的“字体”组中单击 按钮，在打开的下拉列表中选择“所有框线”选项；然后再次单击 按钮，在打开的下拉列表中选择“粗匣框线”选项。

(16)继续在“开始”选项卡的“字体”组中单击 按钮，在下拉列表中选择橄榄色作为填充色。

(17)同时选择 A2:H2 单元格，在“开始”选项卡的“字体”组中单击 按钮，更改填充色为淡紫色，此时的表格效果如图 4-2 所示。

(18)按“Ctrl+S”键保存修改后的文件。

图 4-9　设置边框

实验 4.3　制作考试成绩表

1. 实验目的

(1)学习单元格的引用方法。
(2)掌握公式的表达方法。
(3)熟练使用常用的函数。
(4)了解图表的制作。

2. 实验内容

制作一个学生成绩表，并对其中的数据进行计算，效果如图 4-10 所示。

学生成绩表											
学　号	姓名	性别	大学语文	高等数学	大学英语	思修法律	计算机基础	程序设计	总成绩	平均分	总评
1260720206011	杨家	女	90	88	91	95	77	84	525	87.5	良好
1260720206020	何小芹	女	84	89	96	98	82	86	535	89.167	良好
1260720206031	谭晶	男	80	88	89	83	81	95	516	86	良好
1260720206036	米佳	女	63	86	73	89	85	70	466	77.667	及格
1260720206025	游慧	女	87	84	87	70	78	81	487	81.167	良好
1260720206041	王小强	男	77	82	92	93	76	88	508	84.667	良好
1260720206038	张新	男	83	87	90	93	100	82	535	89.167	良好
1260720206075	牟聊	男	93	60	85	60	88	90	476	79.333	及格
1260720206068	刘言之	女	86	87	83	82.5	75	91	504.5	84.083	良好
1260720206071	蒋量	男	75	50	93	81	87	92	478	79.667	及格
1260720206010	李倩	女	65	87	90	89	86	67	484	80.667	良好
1260720206089	薛志号	男	55	45	57	72	62	83	374	62.333	及格
	平均分		78.16667	77.75	85.5	83.79167	81.4166667	84.083333			
	最高分		93	89	96	98	100	95			
	最低分		55	45	57	60	62	67			
	总人数		12								
	不及格人数		1	2	1	0	0	0			

图 4-10　“学生成绩表”效果图表

3. 实验要求

(1)打开“学生成绩表.xlsx”,计算出每人的总成绩、平均分和总评。

①总成绩=大学语文+高等数学+大学英语+思修法律+计算机基础+程序设计。

②平均分=总成绩÷6。

③总评:平均分≥90,优秀;平均分≥80,良好;平均分≥60,及格;否则,为不及格。

(2)对整体成绩进行分析。

①计算每科的平均分、最高分及最低分。

②计算参与考试的总人数以及各科的不及格人数。

(3)根据“学生成绩表”制作图表,放置在 Sheet2 工作表中,图表布局使用“布局 5”,图表标题为“学生成绩图表”,纵坐标轴题为“分数”,如图 4-11 所示。

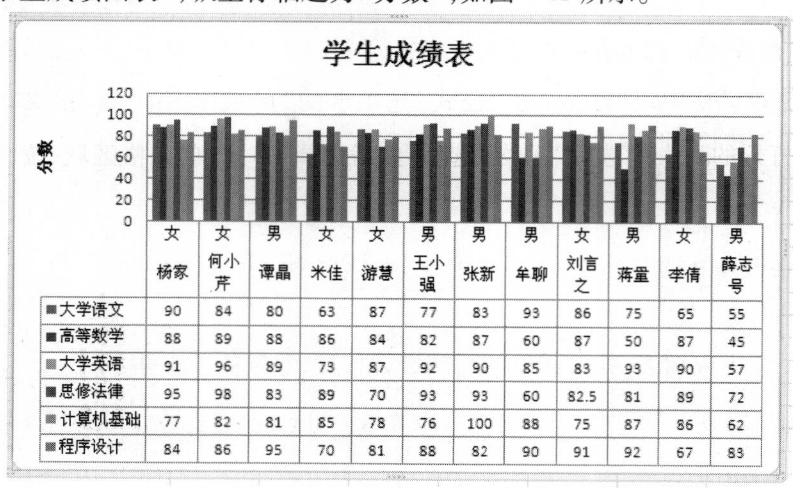

图 4-11　“学生成绩表”效果图

4. 实验步骤

(1)启动 Excel 2010,按“Ctrl+O”键,打开“素材”文件夹中的“学生成绩表. xlsx”,如图 4-12 所示。

	A	B	C	D	E	F	G	H	I	J	K	L
1	学生成绩表											
2	学　号	姓名	性别	大学语文	高等数学	大学英语	思修法律	计算机基础	程序设计	总成绩	平均分	总评
3	1260720206011	杨家	女	90	88	91	95	77	84			
4	1260720206020	何小芹	女	84	89	96	98	82	86			
5	1260720206031	谭晶	男	80	88	89	83	81	95			
6	1260720206036	米佳	女	63	86	73	89	85	70			
7	1260720206025	游慧	女	87	84	87	70	78	81			
8	1260720206041	王小强	男	77	82	92	93	76	88			
9	1260720206038	张新	男	83	87	90	93	100	82			
10	1260720206075	牟聊	男	93	60	85	60	88	90			
11	1260720206068	刘言之	女	86	87	83	82.5	75	91			
12	1260720206071	蒋量	男	75	50	93	81	87	92			
13	1260720206010	李倩	女	65	87	90	89	86	67			
14	1260720206089	薛志号	男	55	45	57	72	62	83			
15												
16		平均分										
17		最高分										
18		最低分										
19		总人数										
20		不及格人数										

图 4-12　打开“学生成绩表”

(2)在 J3 单元格中定位光标,输入“=”,然后输入“D3+E3+F3+G3+H3+I3”,按“Enter”键可得到求和结果。

知识拓展

使用公式对总成绩进行求和运算,实际上更简单的方法是使用“自动求和”函数 Σ▾。使用该函数时,Excel 将自动对其左侧或上方的数据区域进行求和。

(3)拖动 J3 单元格的填充柄至 J14 单元格处,则自动复制公式并出现计算结果。

(4)在 K3 单元格中定位光标,在“公式”选项卡的“函数库”组中单击 Σ▾ 按钮下方的小箭头,在打开的列表中选择“平均”选项,然后选择 D3:I3 单元格区域,按“Enter”键得到求平均结果。

温馨提示

选择“平均”选项后,系统会将 K3 单元格左侧的所有数据区域进行自动求平均计算,但这里面包括了 J3 单元格中的总成绩,因此不能直接按“Enter”键确认计算,需要重新选择数据区域为 D3:I3。另外,也可以在 K3 单元格中直接输入公式“=J3/6”。

(5)拖动 K3 单元格的填充柄至 K14 单元格处,自动复制函数并出现计算结果。

(6)在 L3 单元格中单击鼠标,输入公式内容“=IF(K3>=90,"优秀", IF(K3>=80,"良好", IF(K3>=60,"及格","不及格")))”,按“Enter”键,单元格中将直接显示总评结果,而编辑框中显示的是公式,如图 4-13 所示。

L3 　=IF(K3>=90,"优秀",IF(K3>=80,"良好",IF(K3>=60,"及格","不及格")))

4-3.xlsx　2013顶岗实习指导教师安排.xlsx　学生成绩表.xlsx

	A	B	C	D	E	F	G	H	I	J	K	L
1	学生成绩表											
2	学号	姓名	性别	大学语文	高等数学	大学英语	思修法律	计算机基础	程序设计	总成绩	平均分	总评
3	1260720206011	杨家	女	90	88	91	95	77	84	525	87.5	良好
4	1260720206020	何小芹	女	84	89	96	98	82	86	535	89.167	
5	1260720206031	谭晶	男	80	88	89	83	81	95	516	86	
6	1260720206036	米佳	女	63	86	73	89	85	70	466	77.667	
7	1260720206025	游慧	女	87	84	87	70	78	81	487	81.167	
8	1260720206041	王小强	男	77	82	92	93	76	88	508	84.667	
9	1260720206038	张新	男	83	87	90	93	100	82	535	89.167	
10	1260720206075	牟聊	男	93	60	85	60	88	90	476	79.333	
11	1260720206068	刘言之	女	86	87	83	82.5	75	91	504.5	84.083	
12	1260720206071	蒋量	男	75	50	93	81	87	92	478	79.667	
13	1260720206010	李倩	女	65	87	90	89	86	67	484	80.667	
14	1260720206089	薛志号	男	55	45	57	72	62	83	374	62.333	
15												

图 4-13　输入总评公式

温馨提示

公式中所用的双引号、大于号、小于号对输入状态有一定要求,如在公式引用中使用“及格”,会被认为不符合公式运算的语法。

(7)拖动 L3 单元格的填充柄至 L14 单元格处,则复制公式并出现总评结果。

接下来对表格中的整体成绩进行分析,将分析结果放置在成绩表的下方,如图 4-14 所示。

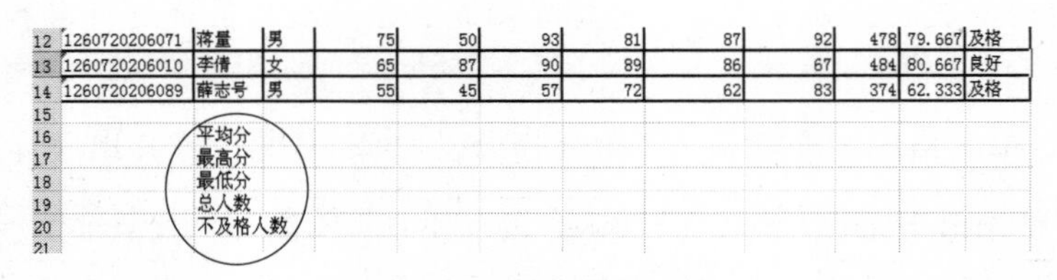

12	1260720206071	蒋量	男	75	50	93	81	87	92	478	79.667	及格
13	1260720206010	李倩	女	65	87	90	89	86	67	484	80.667	良好
14	1260720206089	薛志号	男	55	45	57	72	62	83	374	62.333	及格
15												
16		平均分										
17		最高分										
18		最低分										
19		总人数										
20		不及格人数										
21												

图 4-14　待分析的项目

(8)将光标定位在 D16 单元格中,单击 Σ ▾ 按钮右边的小箭头,在打开的列表中选择“平均”选项,则对其上方的数据区域进行求平均,按“Enter”键得到大学语文学科的平均分。

(9)拖动 D16 单元格的填充柄至 I16 单元格处,复制函数则出现各学科的平均分。

(10)将光标定位在 D17 单元格中,单击 Σ ▾ 按钮右边的小箭头,在打开的列表中选择“最大值”选项,然后选择 D3:D14 单元格区域,按“Enter”键则显示大学语文学科的最高分。

(11)拖动 D17 单元格的填充柄至 I17 单元格处，复制函数则出现各学科的最高分。

(12)将光标定位在 D18 单元格中，单击 **Σ** ▾ 按钮右边的小箭头，在打开的列表中选择“最小值”选项，然后选择 D3:D14 单元格区域，按“Enter”键则显示大学语文学科的最低分。

(13)拖动 D18 单元格的填充柄至 I18 单元格处，复制函数则出现各学科的最低分。

(14)将光标定位在 D19 单元格中，单击 **Σ** ▾ 按钮右边的小箭头，在打开的列表中选择“计数”选项，然后选择 D3:D14 单元格区域，按“Enter”键则显示学生的总人数。

(15)将光标定位在 D20 单元格中，输入公式“=COUNTIF(D3:D14,"<60")”，按“Enter”键，则单元格中将直接显示大学语文学科的不及格人数。

(16)拖动 D20 单元格的填充柄至 I20 单元格处，自动复制函数并出现各学科的不及格人数，如图 4-15 所示。

15							
16	平均分	78.16667	77.75	85.5	83.79167	81.4166667	84.083333
17	最高分	93	89	96	98	100	95
18	最低分	55	45	57	60	62	67
19	总人数	12					
20	不及格人数	1	2	1	0	0	0

图 4-15　成绩分析结果

(17)在成绩表中同时选择 B2:I14 区域，在“插入”选项卡的“图表”组中单击 柱形图 按钮，在打开的下拉列表中选择一种柱形图，生成一个图标，如图 4-16、图 4-17 所示。

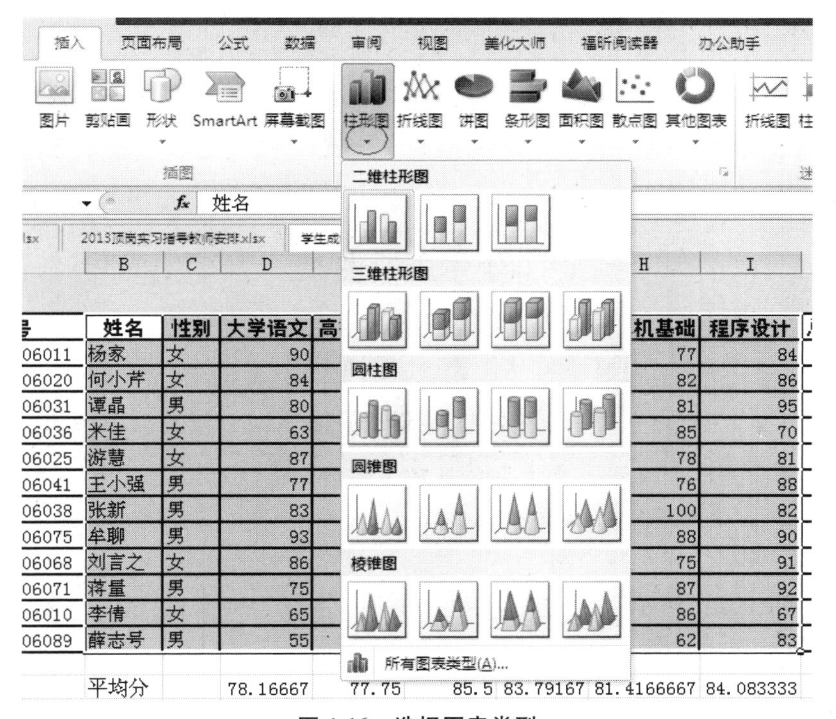

图 4-16　选择图表类型

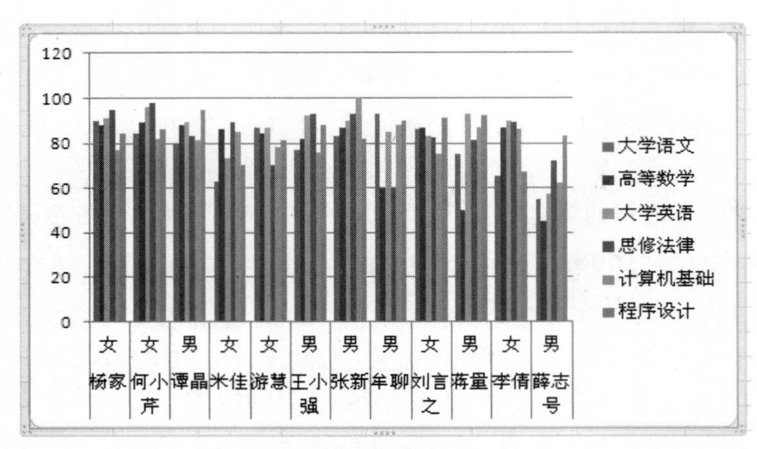

图 4-17　生成的图表

(18)在“设计”选项卡的“图表布局”组中单击右下角的按钮,在打开的下拉列表中选择“布局 5”,如图 4-18 所示。

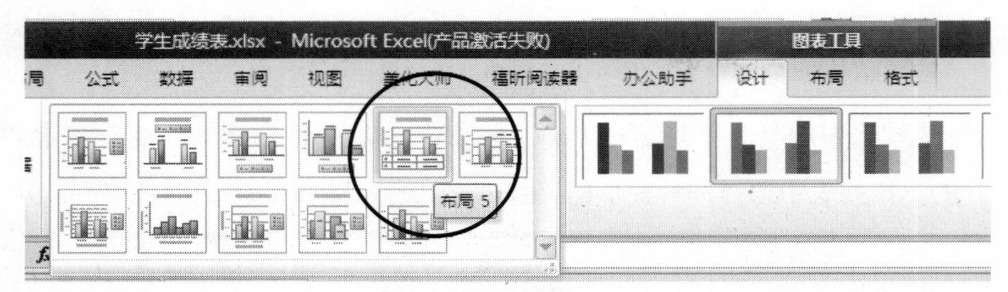

图 4-18　选择布局

(19)在图表中输入图表标题“学生成绩表”,再输入纵坐标标题为“分数”,然后将图表适当放大,如图 4-19 所示。

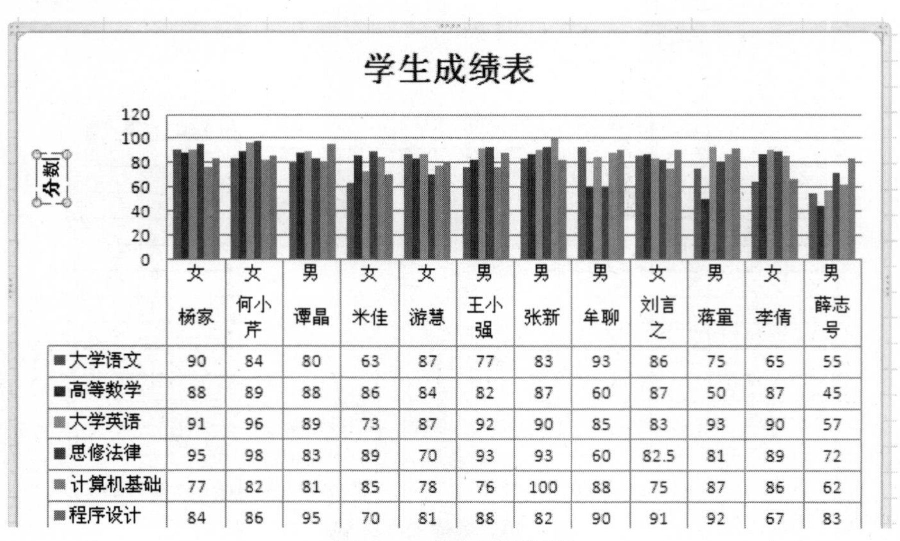

	女 杨家	女 何小芹	男 谭晶	女 米佳	女 游慧	男 王小强	男 张新	男 牟聊	女 刘言之	男 蒋量	女 李倩	男 薛志号
大学语文	90	84	80	63	87	77	83	93	86	75	65	55
高等数学	88	89	88	86	84	82	87	60	87	50	87	45
大学英语	91	96	89	73	87	92	90	85	83	93	90	57
思修法律	95	98	83	89	70	93	93	60	82.5	81	89	72
计算机基础	77	82	81	85	78	76	100	88	75	87	86	62
程序设计	84	86	95	70	81	88	82	90	91	92	67	83

图 4-19　输入图表标题

(20)在“设计”选项卡的“位置”组中单击“移动图表”按钮,弹出“移动图表”对话框,在“对象位于”下拉列表中选择“Sheet2”,然后单击“确定”按钮,将图表移动到 Sheet2 工作表中,如图 4-20、图 4-21 所示。

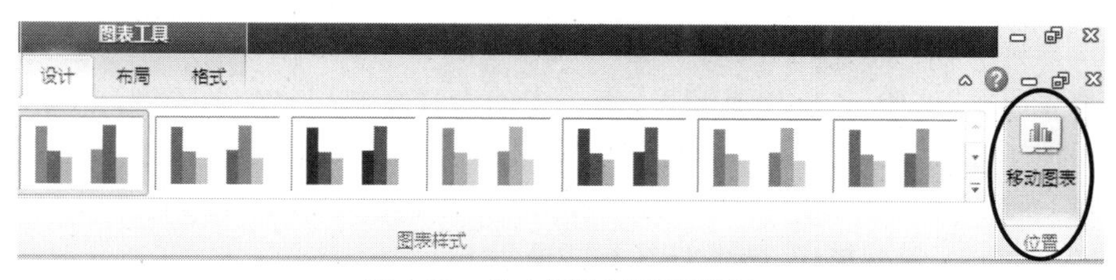

图 4-20　单击“移动图表”按钮

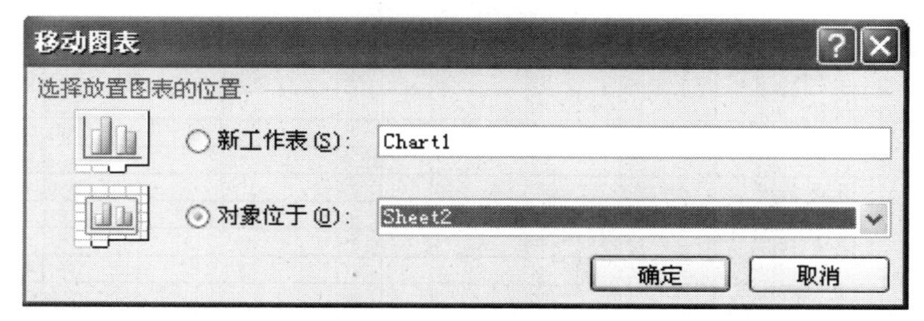

图 4-21　“移动图表”对话框

想一想

移动图片操作后,Sheet1 工作表中还有图表吗?

(21)按“Ctrl+S”键保存对文件所做的修改。

实验 4.4　成绩表的排序和筛选

1. 实验目的

(1)了解 Excel 的数据库管理功能。
(2)掌握数据记录的排序操作。
(3)掌握数据记录的筛选(自动筛选和高级筛选)操作。

2. 实验内容

(1)在“实验三:学生成绩表. xlsx”的基础上完成排序操作。

(2)在“实验三:学生成绩表. xlsx”的基础上完成筛选操作。

3. 实验要求

(1)将完成的“实验三:学生成绩表. xlsx”中的内容复制到4个新表中,并将复制所得的新表分别重命名为“排序”“自动筛选”“自定义筛选”和“高级筛选”。

(2)在“排序”工作表中,以“高等数学”为关键字按递减方式排序,若高等数学成绩相同,则按“大学语文”递减排序,结果如图4-22所示。

学生成绩表

	A	B	C	D	E	F	G	H	I	J	K	L
2	学号	姓名	性别	大学语文	高等数学	大学英语	思修法律	计算机基础	程序设计	总成绩	平均分	总评
3	1260720206020	何小芹	女	84	89	96	98	82	86	535	89.167	良好
4	1260720206011	杨家	女	90	88	91	95	77	84	525	87.5	良好
5	1260720206031	谭晶	男	80	88	89	83	81	95	516	86	良好
6	1260720206068	刘言之	女	86	87	83	82.5	75	91	504.5	84.083	良好
7	1260720206038	张新	男	83	87	90	93	100	82	535	89.167	良好
8	1260720206010	李倩	女	65	87	90	89	86	67	484	80.667	良好
9	1260720206036	米佳	女	63	86	73	89	85	70	466	77.667	及格
10	1260720206025	游慧	女	87	84	87	70	78	81	487	81.167	良好
11	1260720206041	王小强	男	77	82	92	93	76	88	508	84.667	良好
12	1260720206075	牟聊	男	93	60	85	60	88	90	476	79.333	及格
13	1260720206071	蒋量	男	75	50	93	81	87	92	478	79.667	及格
14	1260720206089	薛志号	男	55	45	57	72	62	83	374	62.333	及格

图4-22 排序效果

(3)在“自动筛选”工作表中,筛选出“大学英语”排在前3名的学生,结果如图4-23所示。

学生成绩表

	A	B	C	D	E	F	G	H	I	J	K	L
2	学号	姓名	性别	大学语	高等数	大学英	思修法	计算机基	程序设	总成	平均	总评
4	1260720206020	何小芹	女	84	89	96	98	82	86	535	89.167	良好
8	1260720206041	王小强	男	77	82	92	93	76	88	508	84.667	良好
12	1260720206071	蒋量	男	75	50	93	81	87	92	478	79.667	及格

图4-23 自动筛选效果

(4)在“自定义筛选”工作表中,筛选出“平均分”在80~90分的学生,结果如图4-24所示。

学生成绩表

	A	B	C	D	E	F	G	H	I	J	K	L
2	学号	姓名	性别	大学语	高等数	大学英	思修法	计算机基	程序设	总成	平均	总评
3	1260720206011	杨家	女	90	88	91	95	77	84	525	87.5	良好
4	1260720206020	何小芹	女	84	89	96	98	82	86	535	89.167	良好
5	1260720206031	谭晶	男	80	88	89	83	81	95	516	86	良好
7	1260720206025	游慧	女	87	84	87	70	78	81	487	81.167	良好
8	1260720206041	王小强	男	77	82	92	93	76	88	508	84.667	良好
9	1260720206038	张新	男	83	87	90	93	100	82	535	89.167	良好
11	1260720206068	刘言之	女	86	87	83	82.5	75	91	504.5	84.083	良好
13	1260720206010	李倩	女	65	87	90	89	86	67	484	80.667	良好

图4-24 自定义筛选效果

(5)在"高级筛选"工作表中,筛选出至少有一门课程不及格的学生(在输入筛选条件时,输入同一行中表示"且"的关系,输入不同行中表示"或"的关系),如图 4-25 所示。

	A	B	C	D	E	F	G	H	I	J	K	L
1	学生成绩表											
2	学号	姓名	性别	大学语文	高等数学	大学英语	思修法律	计算机基础	程序设计	总成绩	平均分	总评
3	1260720206011	杨家	女	90	88	91	95	77	84	525	87.5	良好
4	1260720206020	何小芹	女	84	89	96	98	82	86	535	89.167	良好
5	1260720206031	谭晶	男	80	88	89	83	81	95	516	86	良好
6	1260720206036	米佳	女	63	86	73	89	85	70	466	77.667	及格
7	1260720206025	游慧	女	87	84	87	70	78	81	487	81.167	良好
8	1260720206041	王小强	男	77	82	92	93	76	88	508	84.667	良好
9	1260720206038	张新	男	83	87	90	93	100	82	535	89.167	良好
10	1260720206075	牟聊	男	93	60	85	60	88	90	476	79.333	及格
11	1260720206068	刘言之	女	86	87	83	82.5	75	91	504.5	84.083	良好
12	1260720206071	蒋量	男	75	50	93	81	87	92	478	79.667	及格
13	1260720206010	李倩	女	65	87	90	89	86	67	484	80.667	良好
14	1260720206089	薛志号	男	55	45	57	72	62	83	374	62.333	及格
15												
16				大学语文	高等数学	大学英语	思修法律	计算机基础	程序设计			
17				<60								
18					<60							
19						<60						
20							<60					
21								<60				
22									<60			
23												
24	学号	姓名	性别	大学语文	高等数学	大学英语	思修法律	计算机基础	程序设计	总成绩	平均分	总评
25	1260720206071	蒋量	男	75	50	93	81	87	92	478	79.667	及格
26	1260720206089	薛志号	男	55	45	57	72	62	83	374	62.333	及格
27												

图 4-25　高级筛选效果

4. 实验步骤

(1)启动 Excel 2010,按"Ctrl+O"键,打开实验三中完成的"学生成绩表.xlsx",然后删除表格下方的内容(只保留表格),如图 4-26 所示。

学生成绩表											
学号	姓名	性别	大学语文	高等数学	大学英语	思修法律	计算机基础	程序设计	总成绩	平均分	总评
1260720206011	杨家	女	90	88	91	95	77	84	525	87.5	良好
1260720206020	何小芹	女	84	89	96	98	82	86	535	89.167	良好
1260720206031	谭晶	男	80	88	89	83	81	95	516	86	良好
1260720206036	米佳	女	63	86	73	89	85	70	466	77.667	及格
1260720206025	游慧	女	87	84	87	70	78	81	487	81.167	良好
1260720206041	王小强	男	77	82	92	93	76	88	508	84.667	良好
1260720206038	张新	男	83	87	90	93	100	82	535	89.167	良好
1260720206075	牟聊	男	93	60	85	60	88	90	476	79.333	及格
1260720206068	刘言之	女	86	87	83	82.5	75	91	504.5	84.083	良好
1260720206071	蒋量	男	75	50	93	81	87	92	478	79.667	及格
1260720206010	李倩	女	65	87	90	89	86	67	484	80.667	良好
1260720206089	薛志号	男	55	45	57	72	62	83	374	62.333	及格

图 4-26　删除后的学生成绩表

(2)在 Sheet1 工作表标签上单击鼠标右键,在弹出的快捷菜单中选择“移动或复制”命令,在打开的“移动或复制工作表”对话框中勾选“建立副本”选项,然后设置其他选项,如图 4-27 所示。

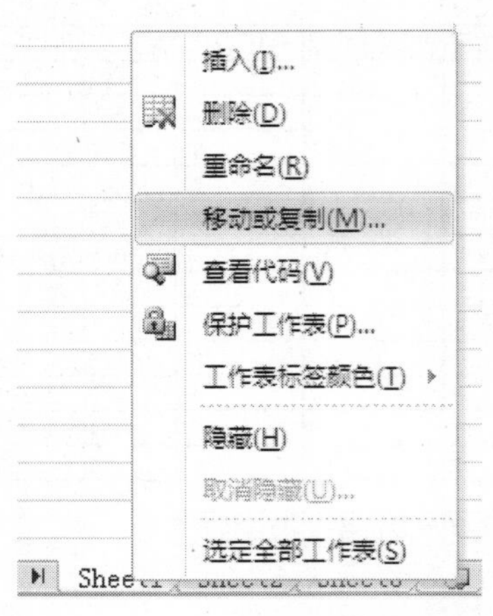

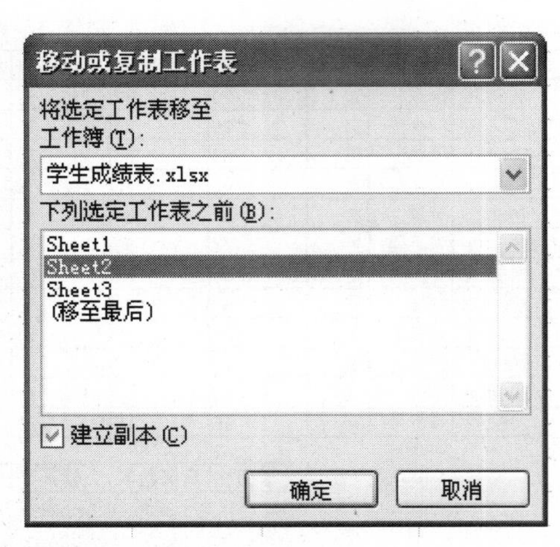

图 4-27 “移动或复制工作表”对话框

(3)单击“确定”按钮,则 Sheet2 的左侧复制了一个工作表,然后将其重新命名为“排序”。

(4)用同样的方法,再将 Sheet1 工作表复制 3 次,将复制得到的 3 个工作表分别命名为“自动筛选”“自定义筛选”和“高级筛选”。

(5)切换到“排序”工作表,在数据表中定位光标,在“数据”选项卡的“排序和筛选”组中单击“排序”按钮,打开“排序”对话框;然后单击“添加条件”按钮,再分别设置主要关键字为“高等数学”、次要关键字为“大学语文”,且都以降序排列,如图 4-28 所示。

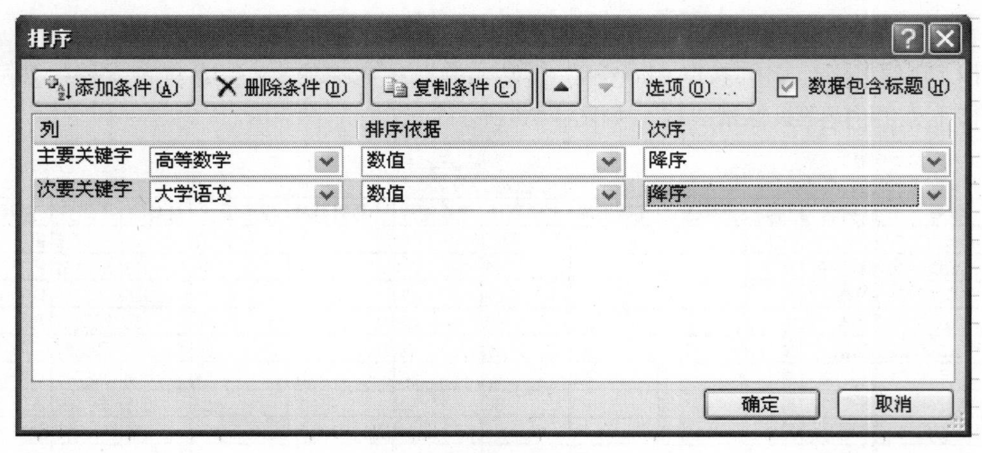

图 4-28 “排序”对话框

(6)单击“确定”按钮,则以“高等数学”为关键字按递减方式排序,当高等数学成绩相同时,则按“大学语文”递减排序。

知识拓展

数据排序的规则：数值数据依数值大小排序；英文字符采用 ASCII 码值比较大小；汉字按拼音首字母的先后顺序比较大小，先小后大；日期时间采用先小后大进行比较。

如果要对单列数据进行排序，可直接在“数据”选项卡的“排序和筛选”组中单击 A↓Z 按钮或 Z↓A 按钮。

(7)切换到“自动筛选”工作表，在数据表中定位光标，在“数据”选项卡的“排序和筛选”组中单击“筛选”按钮，则每个字段右侧都出现了筛选按钮。

(8)单击“英语”字段右侧的筛选按钮，在下拉列表中选择“数字筛选”→“10 个最大的值”选项，在弹出的“自动筛选前 10 个”对话框中设置选项，如图 4-29 所示。单击“确定”按钮，则自动筛选出英语成绩的前 3 名。

图 4-29　“自动筛选前 10 个”对话框

(9)切换到“自定义筛选”工作表，在数据表中定位光标，在“数据”选项卡的“排序和筛选”组中单击“筛选”按钮，然后单击“平均分”字段右侧的筛选按钮，选择“数字筛选”→“自定义筛选”选项，在弹出的“自定义自动筛选方式”对话框中设置选项，如图 4-30 所示。

图 4-30　“自定义自动筛选方式”对话框

(10)单击“确定”按钮，则筛选出“平均分”在 80 ~ 90 分的学生。

(11)切换到“高级筛选”工作表，在数据表的下方输入筛选条件，创建条件区域，如图 4-31 所示。由于条件不在同一行中，因此它们之间是“或”的关系，即可筛选出至少有一门课程不及格的学生。

13	1260720206010	李倩	女	65	87	90	89	86	67	484	80.667	良好
14	1260720206089	薛志号	男	55	45	57	72	62	83	374	62.333	及格
15												
16				大学语文	高等数学	大学英语	思修法律	计算机基础	程序设计			
17				<60								
18					<60							
19						<60						
20							<60					
21								<60				
22									<60			

图 4-31　创建条件区域

(12)在“数据”选项卡的“排序和筛选”组中单击“高级”按钮,在打开的“高级筛选”对话框中设置选项如图 4-32 所示。单击“确定”按钮,筛选出至少有一门课程不及格的学生。

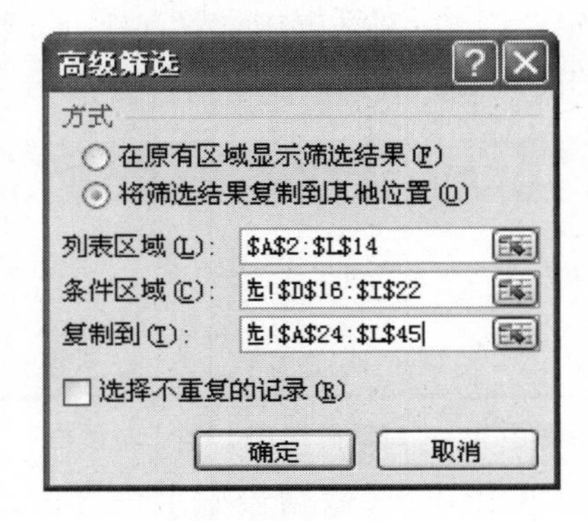

图 4-32　“高级筛选”对话框

(13)按“Ctrl+S”键,保存对文件所做的修改。

温馨提示

条件区域与数据区域之间至少间隔一空行;“复制到”区域的宽度与数据区域的宽度要一样,而且行数尽量多一些。

实验 4.5　函数的应用

1. 实验目的

(1)掌握套用表格格式的方法及单元格引用的方法。

(2)掌握公式的使用方法。

(3)掌握 VLOOKUP 函数的使用方法。

2. 实验内容

制作一个图书销售情况表,根据图书编号,使用 VLOOKUP 函数完成“图书名称”和“单价”的自动填充,利用公式计算“小计”,如图 4-33 所示。

	A	B	C	D	E	F
1	图书销售情况表					
2	书店名称	图书编号	图书名称	单价	销量	小计
3	上新书店	BK-65021			50	
4	钉钉书店	BK-65023			37	
5	盛达书店	BK-65022			42	
6	盛达书店	BK-65021			39	
7	钉钉书店	BK-65020			27	
8	上新书店	BK-65023			19	
9	盛达书店	BK-65020			43	
10	钉钉书店	BK-65021			52	
11	钉钉书店	BK-65022			38	
12	上新书店	BK-65020			29	
13						
14	图书编号	图书名称				
15	BK-65020	《C语言程序设计》				
16	BK-65021	《大学计算机基础》				
17	BK-65022	《网络技术》				
18	BK-65023	《信息安全技术》				

图 4-33　“图书销售情况表”

3. 实验要求

(1)新建一个 Excel 文件,文件名为“图书销售统计. xslx”。

(2)在“图书销售统计”工作簿中新建工作表“图书销售情况表”。

(3)对“图书销售情况表”工作表进行格式调整,通过套用表格格式方法将所有的销售记录调整为统一的外观格式,同时将“单价”和“小计”列的单元格格式设置为“会计专用”(人民币)数字格式,如图 4-34 所示。

(4)根据图书编号,在“图书销售情况表”工作表的“图书名称”列中,利用 VLOOKUP 函数完成图书名称的自动填充。“图书编号”和“图书名称”的对应关系在“图书销售情况表”工作表中。

(5)根据图书编号,在“图书销售情况表”工作表的“单价”列中,利用 VLOOKUP 函数完成图书单价的自动填充。“图书编号”和“单价”的对应关系在“图书单价”工作表中。

(6)根据“图书销售情况表”中的数据利用公式计算“小计”列(保留 2 位小数)。

	A	B	C	D	E	F
1	图书销售情况表					
2	书店名称	图书编号	图书名称	单价	销量	小计
3	上新书店	BK-65021	《大学计算机基础》	¥37.00	50	¥1,850.00
4	钉钉书店	BK-65023	《信息安全技术》	¥34.00	37	¥1,258.00
5	盛达书店	BK-65022	《计算机网络技术》	¥40.00	42	¥1,680.00
6	盛达书店	BK-65021	《大学计算机基础》	¥37.00	39	¥1,443.00
7	钉钉书店	BK-65020	《C语言程序设计》	¥45.00	27	¥1,215.00
8	上新书店	BK-65023	《信息安全技术》	¥34.00	19	¥646.00
9	盛达书店	BK-65020	《C语言程序设计》	¥45.00	43	¥1,935.00
10	钉钉书店	BK-65021	《大学计算机基础》	¥37.00	52	¥1,924.00
11	钉钉书店	BK-65022	《计算机网络技术》	¥40.00	38	¥1,520.00
12	上新书店	BK-65020	《C语言程序设计》	¥45.00	29	¥1,305.00
13						
14	图书编号	图书名称				
15	BK-65020	《C语言程序设计》				
16	BK-65021	《大学计算机基础》				
17	BK-65022	《计算机网络技术》				
18	BK-65023	《信息安全技术》				

图书销售情况表 / 图书单价 / Sheet3

图 4-34　修改"单价"和"小计"列单元格格式

4. 实验步骤

(1)新建一个 Excel 文件,文件名为"图书销售统计. xslx"。

(2)在"图书销售统计"工作簿中将"Sheet1"工作表重名为"图书销售情况表",如图 4-34 所示。

(3)选中 A2:F12 区域,在"开始"选项卡的"样式"组中选择"套用表格格式"中的"表　样式中度深浅 9",在弹出的"套用表格格式"对话框中勾选"表包含标题",如图 4-35 所示。

(4)将"单价"和"小计"列的单元格格式设置为"会计专用"(人民币)数字格式。

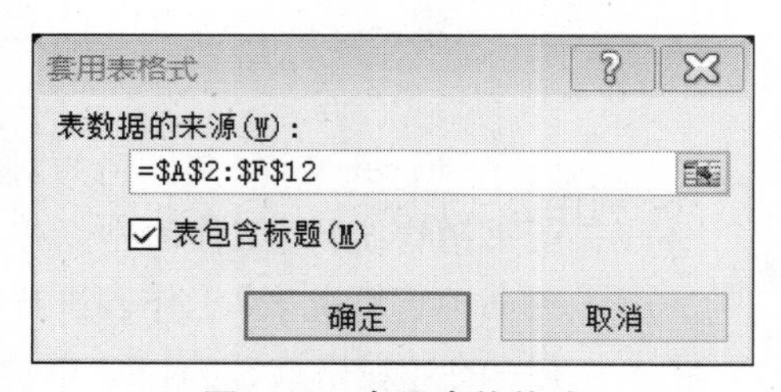

图 4-35　套用表格格式

(5)利用 VLOOKUP 函数完成图书名称的自动填充。

①利用 VLOOKUP 函数自动填充"图书名称"。选中 C3 单元格,单击编辑栏中的"插入函数"按钮,在弹出的"插入函数"对话框中找到 VLOOKUP 函数并设置各个参数,如图 4-36 所示。

- Lookup_value:该参数用于设置要在表区域中搜索的值,此处为工作表中 C3 单元格对应的图书编号,即"BK-65021"。
- Table_array:该参数用于设置要查找数据所在的单元格区域,该区域为"图书销售情况表"的 A15:B18 区域,由于在公式复制过程中查找数据所在的单元格区域不会发生变化,因此在设置此参数时需在数据区域的行号和列号前添加绝对应用符号"$",即 $A$15:$B$18。
- Col_index_num:该参数用于设置最终返回数据所在的列号,即 $A$15:$B$18 区域中的第 2 列(图书名称)。

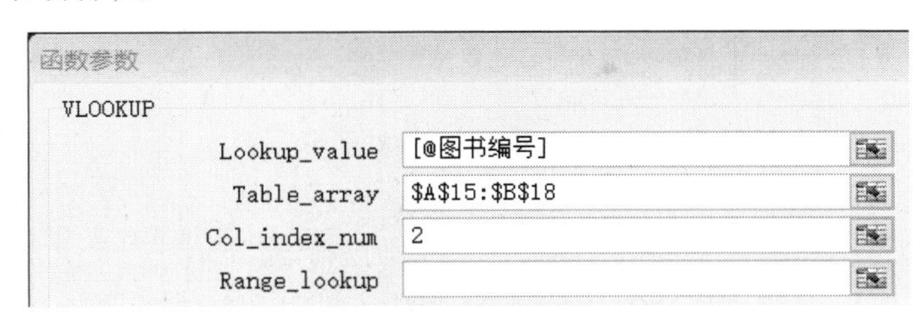

图 4-36　设置 VLOOKUP 函数的参数(1)

②利用 VLOOKUP 函数自动填充“单价”。选中 D3 单元格,单击编辑栏中的“插入函数”按钮,在弹出的“插入函数”对话框中找到 VLOOKUP 函数并设置各个参数,如图 4-37 所示。

- Lookup_value:该参数用于设置要在表区域中搜索的值,此处为工作表中 C3 单元格对应的图书编号,即“BK-65021”。
- Table_array:该参数用于设置要查找数据所在的单元格区域,该区域为“图书单价”工作表的 A2:B5 区域,由于在公式复制过程中查找数据所在的单元格区域不会发生变化,因此在设置此参数时需在数据区域的行号和列号前添加绝对应用符号“ $ ”,即 $A $2:$B $5。
- Col_index_num:该参数用于设置最终返回数据所在的列号,即 $A $2:$B $5 区域中的第 2 列(单价)。

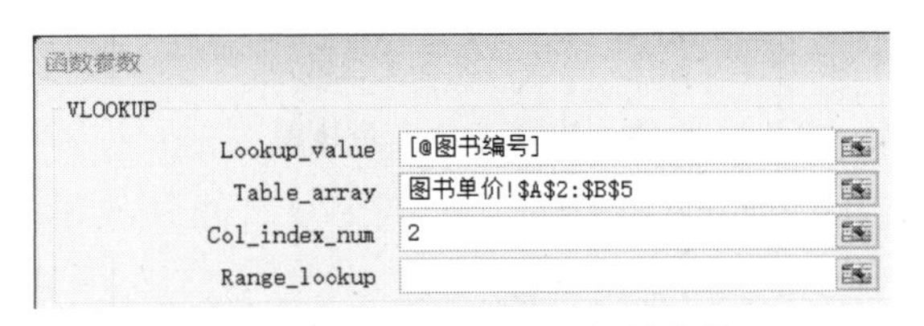

图 4-37　设置 VLOOKUP 函数的参数(2)

(6)利用公式计算“小计”列,选中 F3 单元格,在编辑栏中输入公式“=[@单价]*[@销量]”。

实验 4.6　数据分类汇总

1. 实验目的

(1)掌握数据表的排序操作。

(2)学会数据表的分类汇总方法。

(3)掌握图表的创建与编辑方法。

2. 实验内容

(1)按要求对销售数据进行分类汇总,结果如图 4-38 所示。

	A	B	C	D
1	重庆科技公司销售值统计表（万元）			
2	订单号	订单金额	销售人员	部门
3	20181101	6670.7	占小飞	销售1部
4	20181102	6090.4	占小飞	销售1部
5	20181103	712.9	董萌	销售1部
6	20181105	609.58	占小飞	销售1部
7	20181108	734.1	董萌	销售1部
8	20181110	845.34	占小飞	销售1部
9	20181111	795	董萌	销售1部
10	20181114	689.73	董萌	销售1部
11	20181115	489.62	董萌	销售1部
12	20181116	201.25	占小飞	销售1部
13		17838.62		销售1部 汇总
14	20181104	719.4	张良	销售2部
15	20181106	674.98	郝元	销售2部
16	20181107	713.2	郝元	销售2部
17	20181109	762.5	张良	销售2部
18	20181112	804.4	郝元	销售2部
19	20181113	594.6	张良	销售2部
20	20181117	369.4	张良	销售2部
21	20181118	590.4	郝元	销售2部
22	20181119	561.6	张良	销售2部
23	20181120	1060.5	郝元	销售2部
24		6850.98		销售2部 汇总
25		24689.6		总计

	A	B	C	D
1	重庆科技公司销售值统计表（万元）			
2	订单号	订单金额	销售人员	部门
3	20181106	674.98	郝元	销售2部
4	20181107	713.2	郝元	销售2部
5	20181112	804.4	郝元	销售2部
6	20181118	590.4	郝元	销售2部
7	20181120	1060.5	郝元	销售2部
8		3843.48	郝元 汇总	
9	20181103	712.9	董萌	销售1部
10	20181108	734.1	董萌	销售1部
11	20181111	795	董萌	销售1部
12	20181114	689.73	董萌	销售1部
13	20181115	489.62	董萌	销售1部
14		3421.35	董萌 汇总	
15	20181101	6670.7	占小飞	销售1部
16	20181102	6090.4	占小飞	销售1部
17	20181105	609.58	占小飞	销售1部
18	20181110	845.34	占小飞	销售1部
19	20181116	201.25	占小飞	销售1部
20		14417.27	占小飞 汇总	
21	20181104	719.4	张良	销售2部
22	20181109	762.5	张良	销售2部
23	20181113	594.6	张良	销售2部
24	20181117	369.4	张良	销售2部
25	20181119	561.6	张良	销售2部
26		3007.5	张良 汇总	
27		24689.6	总计	

图 4-38　分类汇总效果

(2)根据分类汇总后的数据创建图表。

3. 实验要求

(1)打开“销售数据. xlsx”文件,将 Sheet1 工作表中的内容复制到 Sheet2 工作表中备用。

(2)以“部门”为分类字段,对“订单金额”进行求和汇总。

(3)根据分类汇总后的数据创建饼形图表并进行编辑,效果如图 4-39 所示。

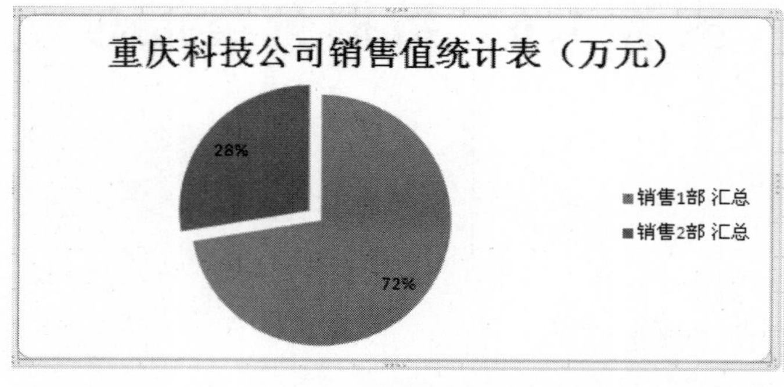

图 4-39　饼形图表效果

(4)以“销售人员”为分类字段，对“订单金额”进行求和汇总。

(5)根据分类汇总后的数据创建条形图表并进行编辑，效果如图 4-40 所示。

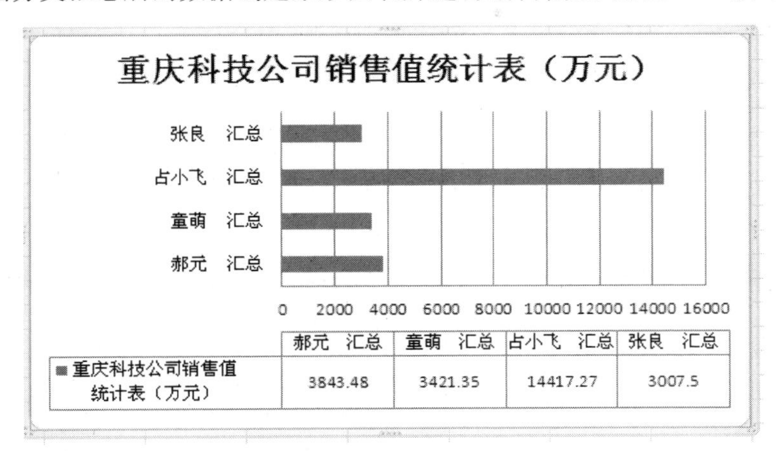

图 4-40　条形图表效果

4. 实验步骤

(1)启动 Excel 2010，按“Ctrl+O”键，打开“素材”文件夹中的“销售数据. xlsx”，如图 4-41 所示。

	A	B	C	D
1	重庆科技公司销售值统计表（万元）			
2	订单号	订单金额	销售人员	部门
3	20181101	6670.7	占小飞	销售1部
4	20181102	6090.4	占小飞	销售1部
5	20181103	712.9	童萌	销售1部
6	20181104	719.4	张良	销售2部
7	20181105	609.58	占小飞	销售1部
8	20181106	674.98	郝元	销售2部
9	20181107	713.2	郝元	销售2部
10	20181108	734.1	童萌	销售1部
11	20181109	762.5	张良	销售2部
12	20181110	845.34	占小飞	销售1部
13	20181111	795	童萌	销售1部
14	20181112	804.4	郝元	销售2部
15	20181113	594.6	张良	销售2部
16	20181114	689.73	童萌	销售1部
17	20181115	489.62	童萌	销售1部
18	20181116	201.25	占小飞	销售1部
19	20181117	369.4	张良	销售2部
20	20181118	590.4	郝元	销售2部
21	20181119	561.6	张良	销售2部
22	20181120	1060.5	郝元	销售2部

图 4-41　打开的销售统计表

	A	B	C	D
1	重庆科技公司销售值统计表（万元）			
2	订单号	订单金额	销售人员	部门
3	20181101	6670.7	占小飞	销售1部
4	20181102	6090.4	占小飞	销售1部
5	20181103	712.9	童萌	销售1部
6	20181105	609.58	占小飞	销售1部
7	20181108	734.1	童萌	销售1部
8	20181110	845.34	占小飞	销售1部
9	20181111	795	童萌	销售1部
10	20181114	689.73	童萌	销售1部
11	20181115	489.62	童萌	销售1部
12	20181116	201.25	占小飞	销售1部
13	20181104	719.4	张良	销售2部
14	20181106	674.98	郝元	销售2部
15	20181107	713.2	郝元	销售2部
16	20181109	762.5	张良	销售2部
17	20181112	804.4	郝元	销售2部
18	20181113	594.6	张良	销售2部
19	20181117	369.4	张良	销售2部
20	20181118	590.4	郝元	销售2部
21	20181119	561.6	张良	销售2部
22	20181120	1060.5	郝元	销售2部

图 4-42　排序结果

(2)按“Ctrl+A”键,全选 Sheet1 中的数据,再按“Ctrl+C”键复制数据;切换到 Sheet2 工作表中,按“Ctrl+V”键粘贴复制的数据。

(3)切换到 Sheet 1 中,在“部门”一列中单击鼠标,在“数据”选项卡的“排序和筛选”组中单击 A↓Z 按钮,对“部门”一列按升序排序,如图 4-42 所示。

(4)在“数据”选项卡的“分级显示”组中,单击“分类汇总”按钮,如图 4-43 所示,打开“分类汇总”对话框,在“分类字段”中选择“部门”,在“汇总方式”中选择“求和”,在“选定汇总项”中选择“订单金额”,如图 4-44 所示。

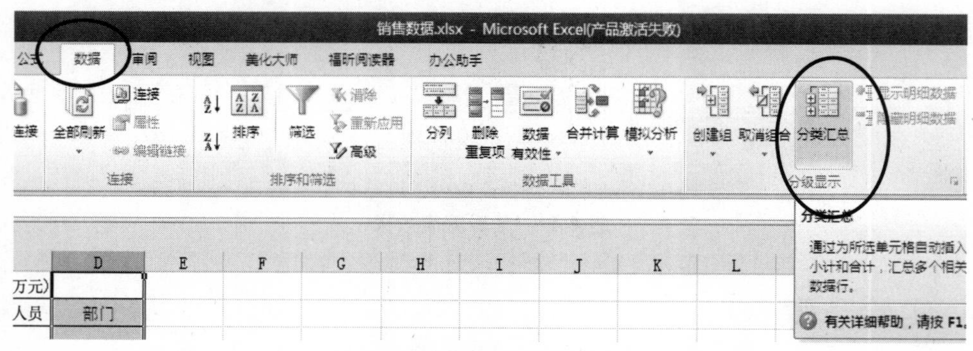

图 4-43 分类汇总按钮的位置

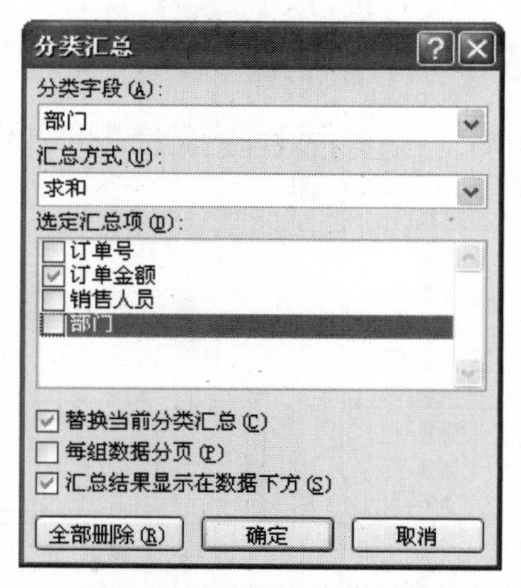

图 4-44 “分类汇总”对话框

(5)单击“确定”按钮,则以“部门”为分类字段,对“订单金额”进行求和汇总,单击 [-] 按钮,隐藏细节数据,只显示汇总结果,如图 4-45 所示。

	A	B	C	D	E
1	重庆科技公司销售值统计表(万元)				
2	订单号	订单金额	销售人员	部门	
13		17838.62		销售1部 汇总	
24		6850.98		销售2部 汇总	
25		24689.6		总计	
26					

图 4-45 汇总结果

(6)同时选择两个销售部门的订单金额汇总数据(B13 和 B24 单元格),在“插入”选项卡的“图表”组中单击“饼图”按钮,在下拉列表中选择“分离型三维饼图”,则生成了一个图表。

(7)在“设计”选项卡的“图表布局”组中单击右下角的 按钮,在打开的下拉列表中选择“布局 6”,图表效果如图 4-46 所示。

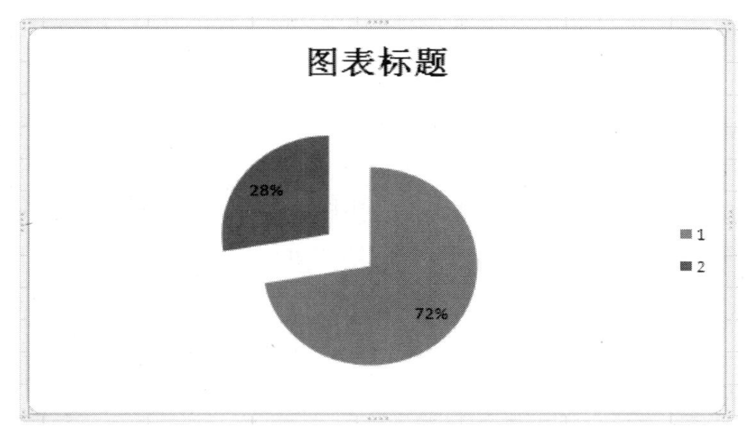

图 4-46　图表效果

(8)在图表上单击鼠标右键,在弹出的快捷菜单中选择“选择数据”命令,弹出“选择数据源”对话框,如图 4-47 所示。

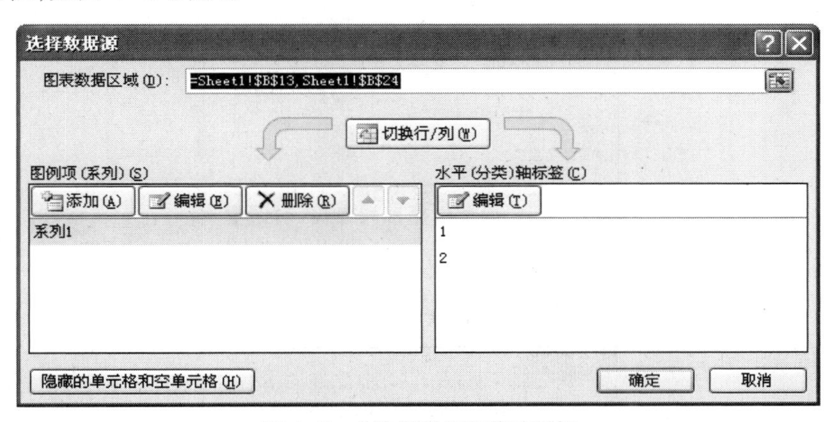

图 4-47　“选择数据源”对话框

(9)单击“图例项(系列)”列表区中的“编辑”按钮,弹出“编辑数据系列”对话框,选择汇总表中的 A1 单元格;然后单击“确定”按钮,返回“选择数据源”对话框,则完成了图表标题的编辑。

(10)在“水平(分类)轴标签”列表区中单击“编辑”按钮,参照上一步的操作步骤,选择汇总表中的 D13 和 D24 单元格,完成图表图例的设置。

(11)单击“确定”按钮,图表效果如图 4-48 所示。

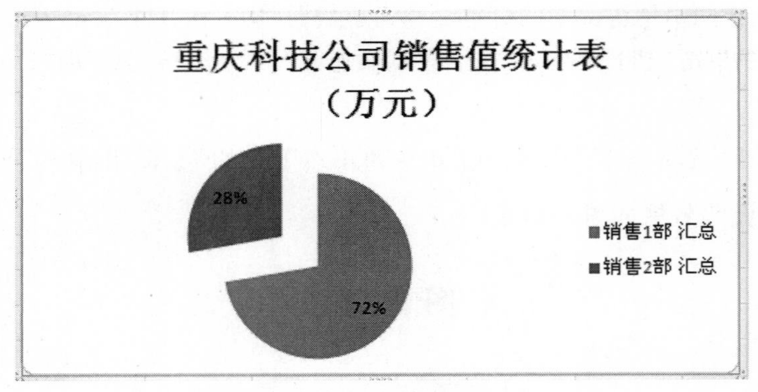

图 4-48　图表效果

（12）在饼形图上单击鼠标右键，在弹出的快捷菜单中选择“设置数据系列格式”命令，在弹出的“设置数据系列格式”对话框中设置“饼图分离程度”为 6%，如图 4-49 所示，单击“确定”按钮，即可降低饼图分离程度。

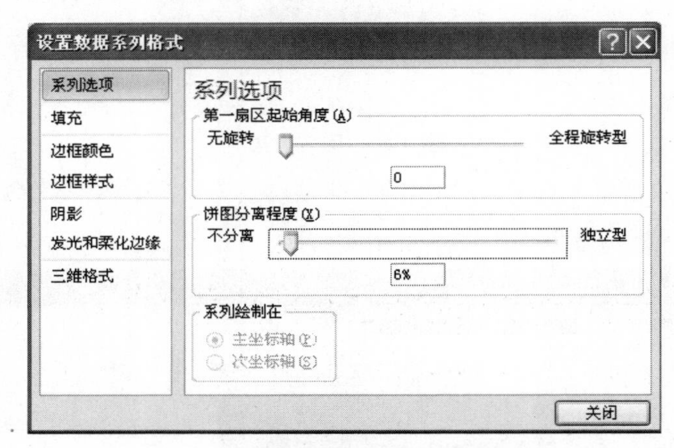

图 4-49　“设置数据系列格式”对话框

（13）切换到 Sheet2 中，参照前面的操作方法，对“销售人员”一列进行升序排序，并对“订单金额”进行求和汇总，如图 4-50 所示；然后隐藏细节数据，只显示汇总结果，如图 4-51 所示。

图 4-50　“分类汇总”对话框

	A	B	C	D
1	重庆科技公司销售值统计表（万元）			
2	订单号	订单金额	销售人员	部门
8		3843.48	郝元 汇总	
14		3421.35	董萌 汇总	
20		14417.27	占小飞 汇总	
26		3007.5	张良 汇总	
27		24689.6	总计	
28				

图 4-51　汇总结果

(14)同时选择 4 位销售人员的订单金额汇总数据(B8、B14、B20、B26 单元格),在“插入”选项卡的“图表”组中单击“条形图”按钮,在下拉列表中选择第 1 个二维条形图,生成一个图表。

(15)在“设计”选项卡的“图表布局”组中单击右下角的 按钮,在打开的下拉列表中选择“布局 5”,图表效果如图 4-52 所示。

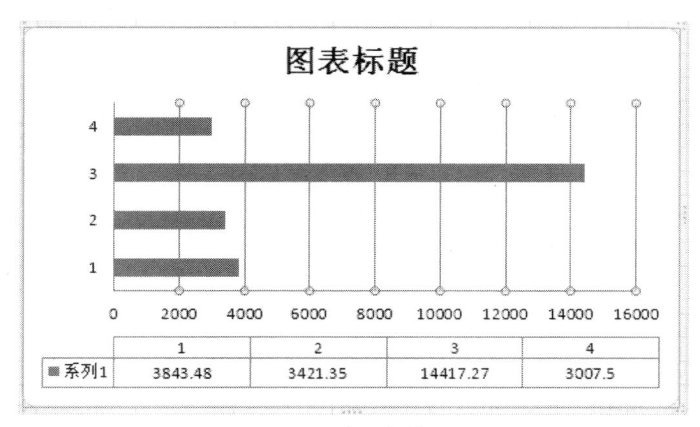

图 4-52　图表效果

(16)在图表上单击鼠标右键,在弹出的快捷菜单中选择“选择数据”命令,弹出“选择数据源”对话框,参照上一步的步骤,选择汇总表中的 A1 单元格作为图表标题,选择 4 位销售人员名字作为水平(分类)轴标签,如图 4-53 所示。

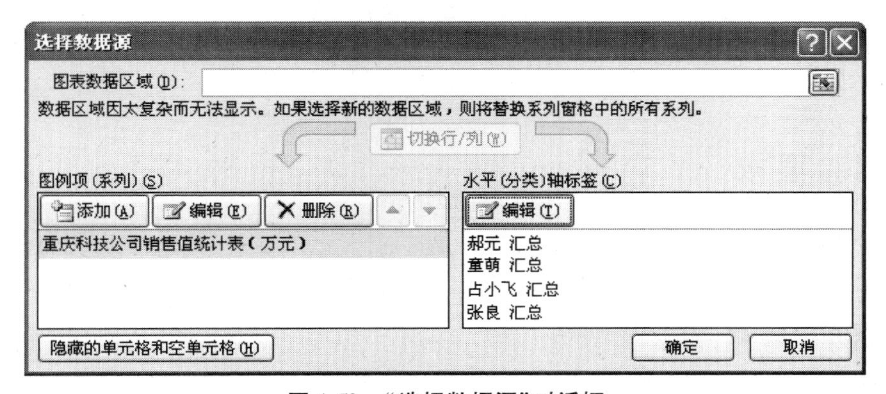

图 4-53　“选择数据源”对话框

(17)单击“确定”按钮,则完成图表的编辑。

(18)将工作簿另存为“实验四:学生成绩表的排序和筛选. xlsx”。

知识拓展

如何清除分类汇总?

①单击分类汇总数据中的任意单元格;

②在“数据”选项卡的“分级显示”组中单击“分类汇总”按钮，则弹出“分类汇总”对话框；

③在对话框中单击“全部删除”按钮，即可完成操作。

实验 4.7　数据透视表

1. 实验目的

(1)掌握格式化工作表的方法。

(2)掌握 VLOOKUP 函数的使用。

(3)掌握数据透视表的创建。

(4)掌握图表的创建。

2. 实验内容

格式化工作表，利用 VLOOKUP 函数计算商品销售额，为销售数据创建一个数据透视表，要求针对各类商品比较各个门店每个季度的销售额，并为数据透视表创建一个簇状柱形图。

3. 实验要求

(1)将 Sheet1 工作表命名为“销售情况”，将 Sheet2 工作表命名为“平均单价”。

(2)格式化工作表。

①合并单元格 A1:E1。

②调整工作表格式字体为楷体、字号为 12。

③适当调整工作表的列宽，调整为 12。

④将对齐方式设置为居中对齐。

⑤将销售额数据列设置为“数值”格式并保留 2 位小数。

(3)将工作表“平均单价”中的区域 B3:C5 定义名称为“商品均价”。

(4)运用公司计算工作表“销售情况”中 F 列的销售额，要求使用 VLOOKUP 函数自动在“平均单价”工作表中查找相关商品的单价，并在公式中引用所定义的名称“商品均价”。

(5)为工作表“销售情况”中的销售数据创建一个数据透视表，并将数据透视表放置在新的工作表中,其中商品名称为报表筛选字段,店铺为行标签,季度为列标签,并对销售额求和。

(6)对数据透视表进行格式设置,使其更加美观。

(7)根据数据透视表创建一个簇状柱形图,图表中仅对各个门店 4 个季度电视的销售情况进行比较。

(8)保存。

4. 实验步骤

(1)启动 Excel 2010,按“Ctrl+O”键,打开“素材”文件夹中的“甲公司产品全年销售情况.xlsx”,如图 4-54 所示。

	A	B	C	D	E
1	甲公司产品全年销售统计表				
2	店铺	季度	商品名称	销售量	销售额
3	深圳店	1季度	电视	198	
4	深圳店	2季度	电视	200	
5	深圳店	3季度	电视	190	
6	深圳店	4季度	电视	180	
7	上海店	1季度	电视	220	
8	上海店	2季度	电视	385	
9	上海店	3季度	电视	560	
10	上海店	4季度	电视	520	
11	深圳店	1季度	冰箱	374	
12	深圳店	2季度	冰箱	498	
13	深圳店	3季度	冰箱	289	
14	深圳店	4季度	冰箱	354	
15	上海店	1季度	冰箱	258	
16	上海店	2季度	冰箱	295	
17	上海店	3季度	冰箱	589	
18	上海店	4季度	冰箱	354	
19	深圳店	1季度	洗衣机	258	
20	深圳店	2季度	洗衣机	369	
21	深圳店	3季度	洗衣机	259	
22	深圳店	4季度	洗衣机	357	
23	上海店	1季度	洗衣机	159	
24	上海店	2季度	洗衣机	462	
25	上海店	3季度	洗衣机	381	
26	上海店	4季度	洗衣机	290	

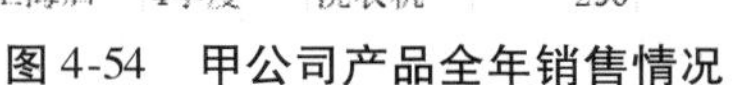

图 4-54　甲公司产品全年销售情况

图 4-55　设置工作表名

(2)将光标移向 Sheet1 工作表标签上并双击,将 Sheet1 工作表命名为“销售情况”;将光标移向 Sheet2 工作表标签上并双击,将 Sheet2 工作表命名为“平均单价”,如图 4-55 所示。

(3)切换到“销售情况”工作表中,同时选择 A1:E1 单元格,在“开始”选项卡的“对齐方式”组中单击“合并后居中”按钮,将其合并为一个单元格,并使内容居中。

(4)选中“销售情况”工作表的 A3:E35 单元格,在“开始”选项卡中将字体设置为“楷体”,字号设置为 12。

(5)选中“销售情况”工作表 A-E 列,单击右键在弹出的快捷菜单中选择“列宽”,将列宽调整为 12。

(6)选中“销售情况”工作表的 A3:E35 单元格,在“开始”选项卡的“段落”组中将对齐方式设置为居中对齐。

(7)选中“销售情况”工作表的“销售额”数据列,单击右键,在弹出的快捷菜单中选择“设置单元格格式”命令,在“设置单元格格式”对话框中将销售额数据列设置为“数值”格式并保留 2 位小数,如图 4-56 所示。

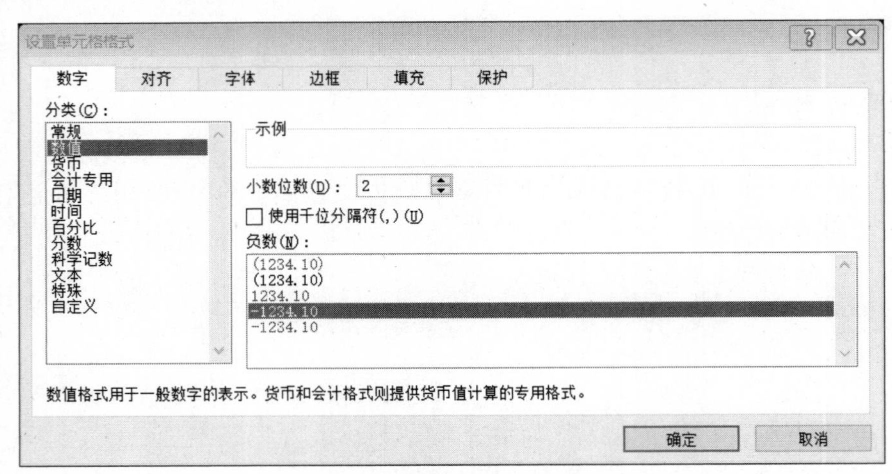

图 4-56 “设置单元格格式”对话框

(8)选中“平均单价”工作表的 B3:C6 区域,单击鼠标右键,在弹出的快捷菜单中选择“定义名称”命令,将该区域的名称定义为“商品均价”,如图 4-57 所示。

图 4-57 定义名称

(9)选中“销售情况”工作表的 E4 单元格,使用 VLOOKUP 函数计算销售额(销售额=单价 * 销售量)。

①选中“销售情况”工作表的 E4 单元格,单击编辑栏中的“插入函数”按钮,在弹出的

“插入函数”对话框中找到 VLOOKUP 函数并设置各个参数,如图 4-58 所示。

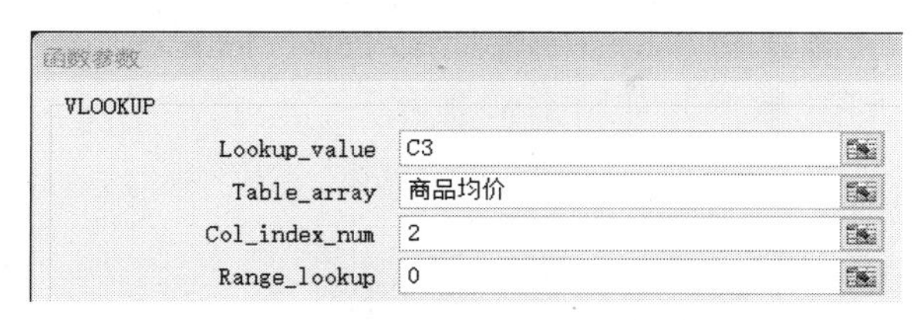

图 4-58　设置 VLOOKUP 函数参数

• Lookup_value:该参数用于设置要在表区域中搜索的值,此处为工作表中 C3 单元格对应的商品名称,即“电视”。

• Table_array:该参数用于设置要查找数据所在的单元格区域,该区域为“平均单价”的 B3:C6 区域,由于在上一步中将 B3:C5 区域的名称定义为“商品均价”,因此在 Table_array 参数中其值同样为“商品均价”。

• Col_index_num:该参数用于设置最终返回数据所在的列号,即 B3:C5 区域中的第 2 列(平均单价)。

• Range_lookup:该参数用于指定在查找时是要求精确比配还是大致匹配。

②利用 VLOOKUP 函数得到商品的平均单价后,单击编辑栏,使用销售额=单价 * 销售量公式计算出各个商品的销售额,如图 4-59 所示。

VLOOKUP　=VLOOKUP(C3,商品均价,2,0)*D3

	A	B	C	D	E
1	甲公司产品全年销售统计表				
2	店铺	季度	商品名称	销售量	销售额
3	深圳店	1季度	电视	198	=VLOOKUP(C3,
4	深圳店	2季度	电视	200	779600.00
5	深圳店	3季度	电视	190	740620.00

图 4-59　计算销售额公式

(10)创建数据透视表。

①在“插入”选项卡的“表格”组中单击“数据透视表”,在展开的菜单中选择“数据透视表”,如图 4-60 所示。在弹出的“创建数据透视表”对话框中设置要分析的数据区域和放置数据透视表的位置,如图 4-61 所示。

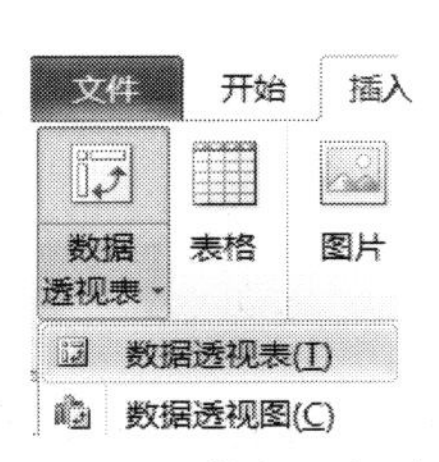

图 4-60　数据透视表

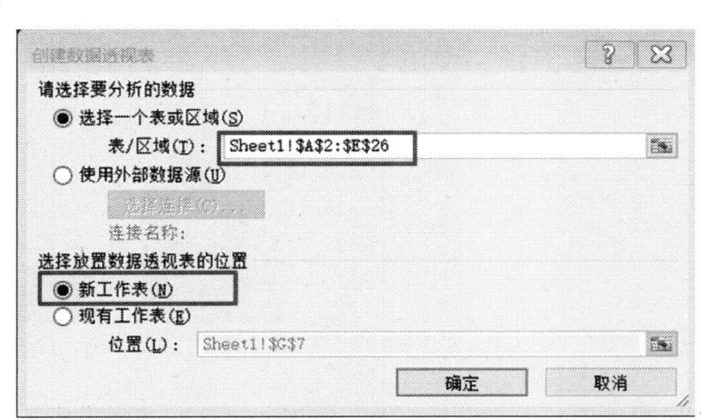

图 4-61　“创建数据透视表”对话框

②在数据透视表的“数据透视表字段列表”中，选择“商品名称”，按住鼠标左键将其拖到下方的“报表筛选”，再依次将“店铺”拖到下方的“行标签”，“季度”拖到下方的“列标签”，“销售额”拖到下方的“数值”，如图 4-62 所示。

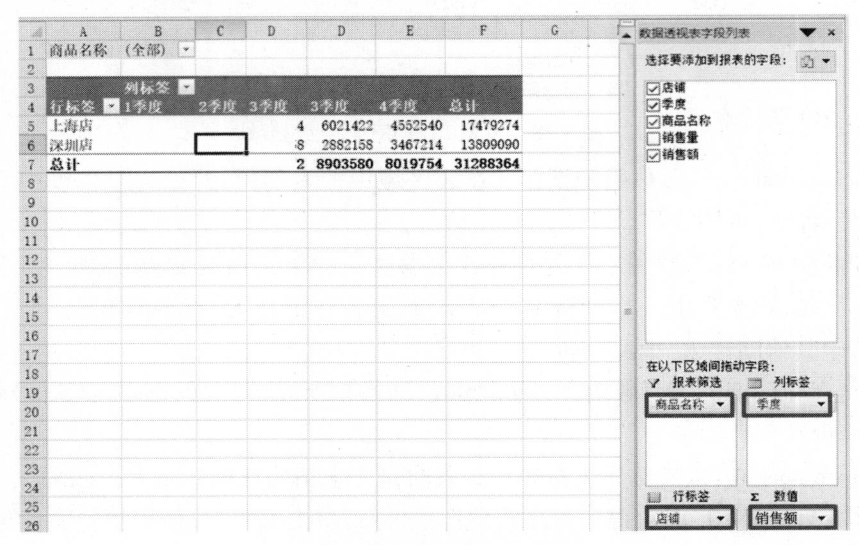

图 4-62　设置数据透视表字段

(11)对数据透视表进行格式设置，使其更加美观。

(12)根据数据透视表创建一个簇状柱形图，图表中仅对各个门店 4 个季度电视的销售情况进行比较。

①将数据透视表第一行的商品名称设置为“电视”。

②鼠标选中 A4:E6 单元格，在“插入”选项卡的“图表”中单击“柱形图”，在展开的下一级子菜单中选择“簇状柱形图”，生成的图表如图 4-63 所示。

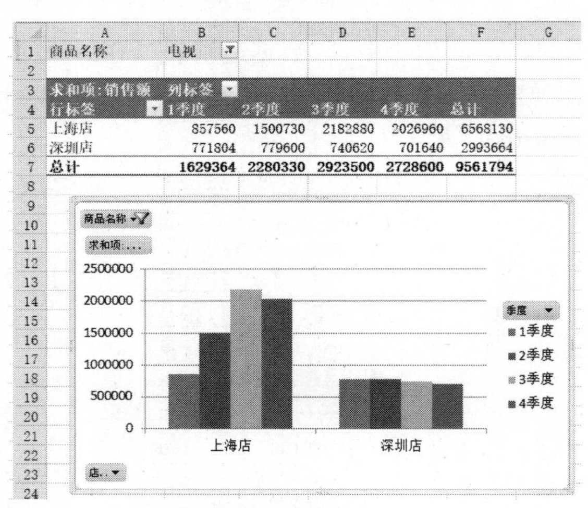

图 4-63　柱形图

(13)保存文档。

实验 4.8　表格的综合处理应用

1. 实验目的

(1)掌握工作表的编辑操作。
(2)掌握工作表的格式化设置方法。
(3)熟练掌握函数与公式的使用。
(4)掌握数据排序、筛选与分类汇总操作。
(5)掌握图表的生成与编辑方法。

2. 实验内容

工作表的复制与重命名、格式化、使用公式与函数计算机数据、数据的排序、筛选与分类汇总、图表的建立等。

3. 实验要求

(1)打开“产品销售表. xlsx”文件,将其中的内容复制到 3 个新表中,并将工作表分别重命名为“格式化”“计算”“排序与筛选”“分类与图表”。

(2)在“格式化”工作表中,对工作表进行格式化设置。

①合并单元格 A1:D1。

②第 1 列中日期的格式含有“年月日”。

③行高:第 1 行 36,其他行为 20.25。

④列宽:第 1 列为 16,其他列为 9。

⑤内容格式:标题为“隶书”、22 磅;内容为“华文中宋”、12 磅、居中(销售额一列居右)。

⑥工作表格式:统一的细边框,然后第 1 行填充为淡粉色,其他行填充为淡绿色,效果如图 4-64 所示。

	A	B	C	D
1	建筑产品销售表 (万元)			
2	日期	产品名称	销售地区	销售额
3	2018年7月13日	钢材	西南	3435
4	2018年7月15日	木材	华南	2651.9
5	2018年7月26日	塑料	西北	789
6	2018年7月19日	木材	西南	375.6
7	2018年7月24日	木材	东北	2300
8	2018年7月20日	木材	东北	1012
9	2018年7月23日	钢材	华北	3129.7
10	2018年7月27日	塑料	华东	2466
11	2018年7月18日	钢材	西北	2135
12	2018年7月29日	塑料	华东	2563.3
13	2018年7月10日	钢材	西北	256

图 4-64　格式化后的效果

(3)在“计算”工作表中，分别计算出总销售额、平均销售额、东北地区销售额和木材销售额，将结果放在相应的单元格中，如图 4-65 所示。

	A	B	C	D	E	F	G
1	建筑产品销售表（万元）						
2	日期	产品名称	销售地区	销售额			
3	2018-7-13	钢材	西南	3435			
4	2018-7-15	木材	华南	2651.9		总销售额	21113.5
5	2018-7-26	塑料	西北	789		平均销售额	1919.409
6	2018-7-19	木材	西南	375.6		东北地区销售额	3312
7	2018-7-24	木材	东北	2300		木材销售额	6339.5
8	2018-7-20	木材	东北	1012			
9	2018-7-23	钢材	华北	3129.7			
10	2018-7-27	塑料	华东	2466			
11	2018-7-18	钢材	西北	2135			
12	2018-7-29	塑料	华东	2563.3			
13	2018-7-10	钢材	西北	256			

图 4-65　计算后的效果

(4)在“排序与筛选”工作表中进行以下操作。

①以“日期”为关键字，升序排序。

②用高级筛选法，筛选出销售额大于 1000 的记录，如图 4-66 所示。

	A	B	C	D	E	F
1	建筑产品销售表（万元）					
2	日期	产品名称	销售地区	销售额		
3	2018-7-10	钢材	西北	256		
4	2018-7-13	钢材	西南	3435		总销售额
5	2018-7-15	木材	华南	2651.9		平均销售额
6	2018-7-18	钢材	西北	2135		东北地区销售额
7	2018-7-19	木材	西南	375.6		木材销售额
8	2018-7-20	木材	东北	1012		
9	2018-7-23	钢材	华北	3129.7		
10	2018-7-24	木材	东北	2300		销售额
11	2018-7-26	塑料	西北	789		>1000
12	2018-7-27	塑料	华东	2466		
13	2018-7-29	塑料	华东	2563.3		
14						
15	日期	产品名称	销售地区	销售额		
16	2018-7-13	钢材	西南	3435		
17	2018-7-15	木材	华南	2651.9		
18	2018-7-18	钢材	西北	2135		
19	2018-7-20	木材	东北	1012		
20	2018-7-23	钢材	华北	3129.7		
21	2018-7-24	木材	东北	2300		
22	2018-7-27	塑料	华东	2466		
23	2018-7-29	塑料	华东	2563.3		

图 4-66　高级筛选后的效果

(5)在“分类与图表”工作表中，以销售地区为分类字段，对“销售额”进行求和分类汇总，如图 4-67 所示。

(6)基于分类汇总后的数据创建环形图表,效果如图 4-68 所示。

	A	B	C	D
1	建筑产品销售表（万元）			
2	日期	产品名称	销售地区	销售额
3	2018-7-24	木材	东北	2300
4	2018-7-20	木材	东北	1012
5			**东北 汇总**	3312
6	2018-7-23	钢材	华北	3129.7
7			**华北 汇总**	3129.7
8	2018-7-27	塑料	华东	2466
9	2018-7-29	塑料	华东	2563.3
10			**华东 汇总**	5029.3
11	2018-7-15	木材	华南	2651.9
12			**华南 汇总**	2651.9
13	2018-7-26	塑料	西北	789
14	2018-7-18	钢材	西北	2135
15	2018-7-10	钢材	西北	256
16			**西北 汇总**	3180
17	2018-7-13	钢材	西南	3435
18	2018-7-19	木材	西南	375.6
19			**西南 汇总**	3810.6
20			**总计**	21113.5

图 4-67 求和分类汇总后的效果

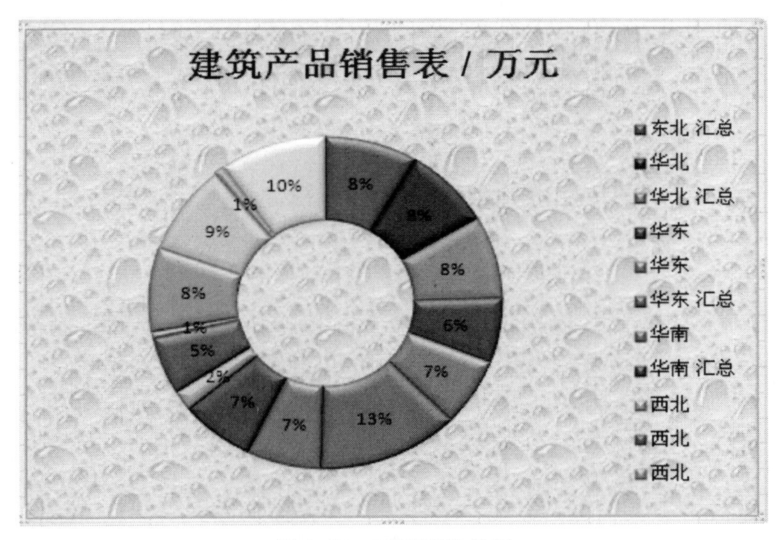

图 4-68 环形图表效果

4. 实验步骤

(1)启动 Excel 2010,按"Ctrl+O"键,打开"素材"文件夹中的"产品销售表. xlsx",如图 4-69 所示。

产品销售表.xlsx - Microsoft Excel

	A	B	C	D	E	F
1	建筑产品销售表（万元）					
2	日期	产品名称	销售地区	销售额		
3	2018-7-13	钢材	西南	3435		
4	2018-7-15	木材	华南	2651.9		总销售额
5	2018-7-26	塑料	西北	789		平均销售额
6	2018-7-19	木材	西南	375.6		东北地区销售额
7	2018-7-24	木材	东北	2300		木材销售额
8	2018-7-20	木材	东北	1012		
9	2018-7-23	钢材	华北	3129.7		
10	2018-7-27	塑料	华东	2466		
11	2018-7-18	钢材	西北	2135		
12	2018-7-29	塑料	华东	2563.3		
13	2018-7-10	钢材	西北	256		

图 4-69　打开事先建好的“产品销售表”文件

（2）将光标移向 Sheet1 工作表标签上，按住“Ctrl”键的同时向 Sheet1 的右侧拖动鼠标，这时光标变为“带+空白纸张”形状，当出现一个小黑三角形时释放鼠标，则复制了 Sheet1，继续向右拖动鼠标复制 Sheet1 两次，则得到 3 个工作表。

（3）在 Sheet1 名称上双击鼠标，激活工作表名称，输入新名称“格式化”，然后按“Enter”键确认。用同样的方法，将复制的 3 个工作表分别命名为“计算”“排序与筛选”和“分类与图表”，如图 4-70 所示。

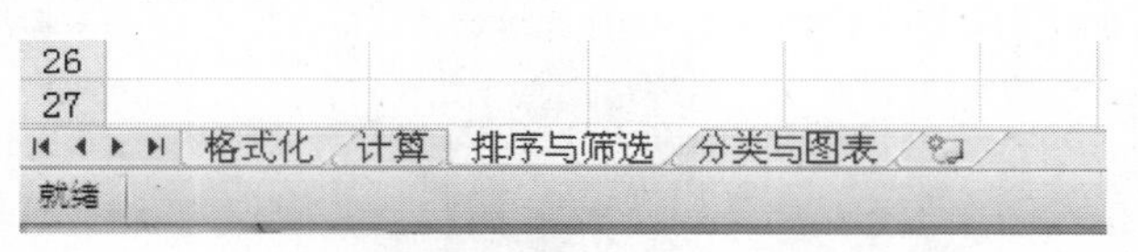

图 4-70　复制与重命名的工作表

（4）切换到“格式化”工作表中，同时选择 A1:D1 单元格，在“开始”选项卡的“对齐方式”组中单击“合并后居中”按钮，将其合并为一个单元格，并使内容居中。

（5）同时选择 A3:A13 单元格，在“开始”选项卡的“数字”组中打开“日期”下拉列表，选择“长日期”选项。

（6）在行号 1 上单击鼠标右键，在弹出的快捷菜单中选择“行高”命令，在打开的“行高”对话框中设置行高为 36；用同样的方法，设置其他行的行高为 20.25。

（7）在列标 A 上单击鼠标右键，在弹出的快捷菜单中选择“列宽”命令，在打开的“列宽”对话框中设置列宽为 16；用同样的方法，设置其他列的列宽为 9。

（8）选择 A1 单元格，在“开始”选项卡的“字体”组中设置字体为隶书、字号为 22 磅；选择其他内容单元格，设置字体为华文中宋、字号为 12 磅，然后在“对齐方式”组中单击 ≡ 按钮，将文字居中显示；重新选择销售额一列数据单元格（D3:D13）设置为居右显示，此时的表格效果如图 4-71 所示。

	A	B	C	D
1	建筑产品销售表（万元）			
2	日期	产品名称	销售地区	销售额
3	2018年7月13日	钢材	西南	3435
4	2018年7月15日	木材	华南	2651.9
5	2018年7月26日	塑料	西北	789
6	2018年7月19日	木材	西南	375.6
7	2018年7月24日	木材	东北	2300
8	2018年7月20日	木材	东北	1012
9	2018年7月23日	钢材	华北	3129.7
10	2018年7月27日	塑料	华东	2466
11	2018年7月18日	钢材	西北	2135
12	2018年7月29日	塑料	华东	2563.3
13	2018年7月10日	钢材	西北	256

图 4-71　表格效果(1)

	A	B	C	D
1	建筑产品销售表（万元）			
2	日期	产品名称	销售地区	销售额
3	2018年7月13日	钢材	西南	3435
4	2018年7月15日	木材	华南	2651.9
5	2018年7月26日	塑料	西北	789
6	2018年7月19日	木材	西南	375.6
7	2018年7月24日	木材	东北	2300
8	2018年7月20日	木材	东北	1012
9	2018年7月23日	钢材	华北	3129.7
10	2018年7月27日	塑料	华东	2466
11	2018年7月18日	钢材	西北	2135
12	2018年7月29日	塑料	华东	2563.3
13	2018年7月10日	钢材	西北	256

图 4-72　表格效果(2)

(9)选择 A1:D13 单元格,在“开始”选项卡的“字体”组中单击 按钮,在打开的下拉列表中选择“所有框线”选项;再单击 按钮,在下拉列表中选择淡绿色作为填充色;重新选择 A1 单元格,更改其填充色为淡粉色,此时的表格效果如图 4-72 所示。

(10)切换到“计算”工作表中,在数据表的右侧输入要计算的销售额,并填充一种颜色,以便观察,如图 4-73 所示。

	A	B	C	D	E	F	G
1	建筑产品销售表（万元）						
2	日期	产品名称	销售地区	销售额			
3	2018-7-13	钢材	西南	3435			
4	2018-7-15	木材	华南	2651.9		总销售额	
5	2018-7-26	塑料	西北	789		平均销售额	
6	2015-7-19	木材	西南	375.6		东北地区销售额	
7	2018-7-24	木材	东北	2300		木材销售额	
8	2018-7-20	木材	东北	1012			
9	2018-7-23	钢材	华北	3129.7			
10	2018-7-27	塑料	华东	2466			
11	2018-7-18	钢材	西北	2135			
12	2018-7-29	塑料	华东	2563.3			
13	2018-7-10	钢材	西北	256			

图 4-73　输入的文字

(11)在 G4 单元格中定位光标,在“公式”选项卡的“函数库”组中单击 Σ 按钮,选择 D3:D13 数据区域,按“Enter”键进行求和计算。

(12)在 G5 单元格中定位光标,在“函数库”组中单击 Σ 自动求和 ▾ 右侧的小箭头,在打开的列表中选择“平均”选项,然后选择 D3:D13 数据区域,按“Enter”键得到求平均结果。

(13)在 G6 单元格中定位光标,输入公式“=D7+D8”,按“Enter”键,则计算出东北地区销售额。

(14)在 G7 单元格中定位光标,输入公式"=D4+D6+D7+D8",按"Enter"键,则计算出木材销售额。

(15)切换到"排序与筛选"工作表,在"日期"一列中单击鼠标,在"数据"选项卡的"排序和筛选"组中单击 AZ↓ 按钮,对"日期"一列进行升序排序。

(16)在数据表的右侧设置一个条件区域,如图 4-74 所示。

9	2018-7-23	钢材	华北	3129.7		
10	2018-7-24	木材	东北	2300		销售额
11	2018-7-26	塑料	西北	789		>1000
12	2018-7-27	塑料	华东	2466		
13	2018-7-29	塑料	华东	2563.3		

图 4-74　设置的条件区域

(17)在数据表中定位光标,在"数据"选项卡的"排序和筛选"组中单击"高级"按钮,在"高级筛选"对话框中设置选项,如图 4-75 所示。单击"确定"按钮,可筛选出销售额大于 1000 的记录。

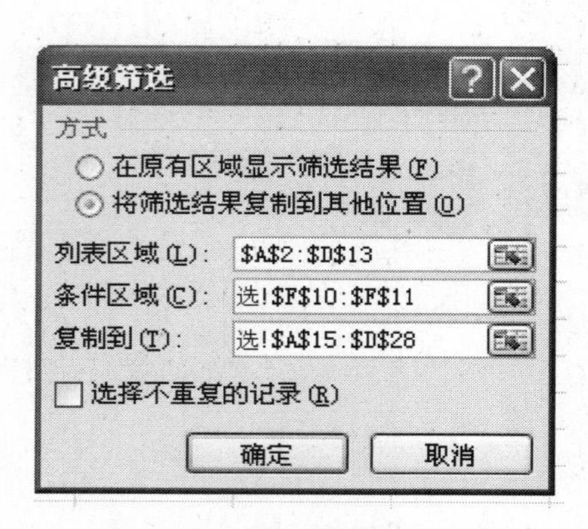

图 4-75　"高级筛选"对话框

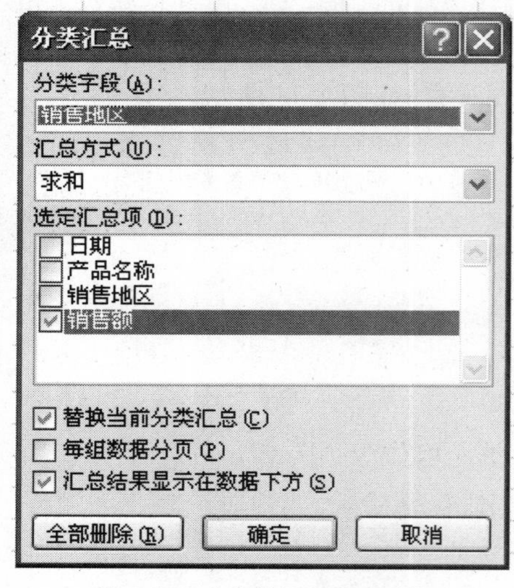

图 4-76　"分类汇总"对话框

(18)切换到"分类与图表"工作表中,参照前面的操作步骤,对"地区"一列进行升序排序;然后在"数据"选项卡的"分级显示"组中单击"分类汇总"按钮,打开"分类汇总"对话框,设置选项如图 4-76 所示。

(19)单击"确定"按钮,则以"销售地区"为分类字段,对"销售额"进行求和汇总,隐藏细节数据,只显示汇总结果,如图 4-77 所示。

(20)同时选择 6 个地区的销售额数据,在"插入"选项卡的"图表"组中单击"其他图表"按钮,在下拉列表中选择"圆环图",则生成了一个图表。

	A	B	C	D
1	建筑产品销售表（万元）			
2	日期	产品名称	销售地区	销售额
5			东北 汇总	3312
7			华北 汇总	3129.7
10			华东 汇总	5029.3
12			华南 汇总	2651.9
16			西北 汇总	3180
19			西南 汇总	3810.6
20			总计	21113.5

图 4-77　汇总结果

（21）在“设计”选项卡的“图表布局”组中单击右下角的 按钮，在打开的下拉列表中选择“布局 6”，则图表效果如图 4-78 所示。

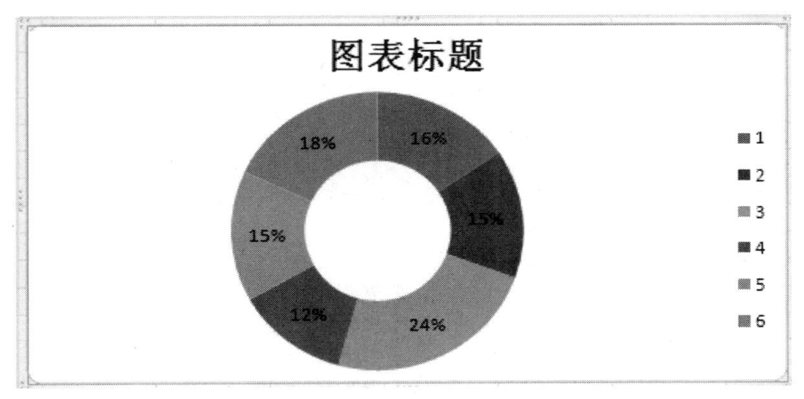

图 4-78　图表效果（1）

（22）在图表上单击鼠标右键，在弹出的快捷菜单中选择“选择数据”命令，即可弹出“选择数据源”对话框，参照“实验五”中的步骤（9）至步骤（10）的操作方法，选择汇总表中的 A1 单元格作为图表标题，选择 6 个销售地区作为水平（分类）轴标签，确认操作后，图表效果如图 4-79 所示。

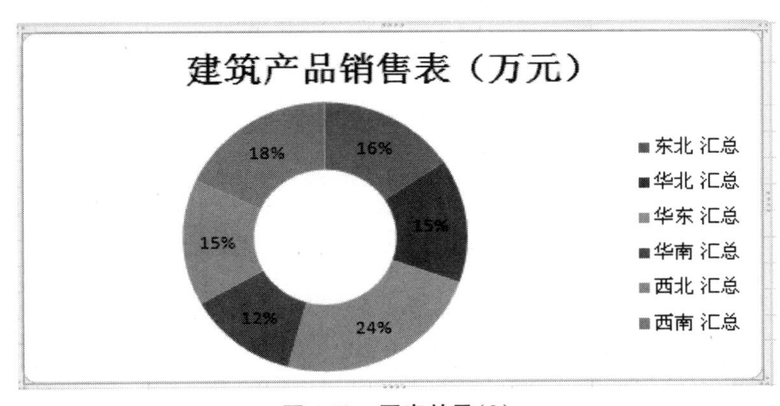

图 4-79　图表效果（2）

(23)在圆环图上单击鼠标右键,在弹出的快捷菜单中选择“设置数据系列格式”命令,打开“设置数据系列格式”对话框,选择“阴影”选项,设置参数如图 4-80 所示;选择“三维格式”选项,设置参数如图 4-81 所示。

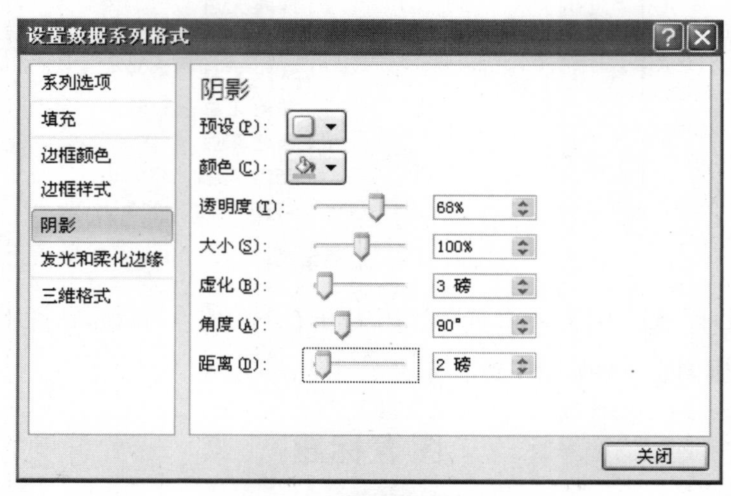

图 4-80　设置“阴影”选项参数

设置数据系列格式
系列选项
填充
边框颜色
边框样式
阴影
发光和柔化边缘
三维格式
三维格式
棱台
顶端(T):
宽度(W): 6 磅
高度(H): 2.5 磅
底端(B):
宽度(D): 0 磅
高度(G): 0 磅
深度
颜色(C):
深度(E): 0 磅
轮廓线
颜色(O):
大小(S): 0 磅
表面效果
材料(M):
照明(L):
角度(A): 30°
重置(R)
关闭

图 4-81　设置“三维格式”选项参数

(24)单击“关闭”按钮,则圆环具有三维效果和阴影效果。

(25)在图表的空白区域处单击鼠标右键,在弹出的快捷菜单中选择“设置图表区域格式”命令,打开“设置图表区格式”对话框,选择“填充”选项,在对话框右侧选择“图片或纹理填充”选项;然后打开“纹理”选项右侧的下拉列表,选择“水滴”纹理,如图 4-82 所示。

图 4-82　“设置图表区格式”对话框

(26)单击“关闭”按钮,为图表区域填充水滴纹理,最终效果如图 4-83 所示。

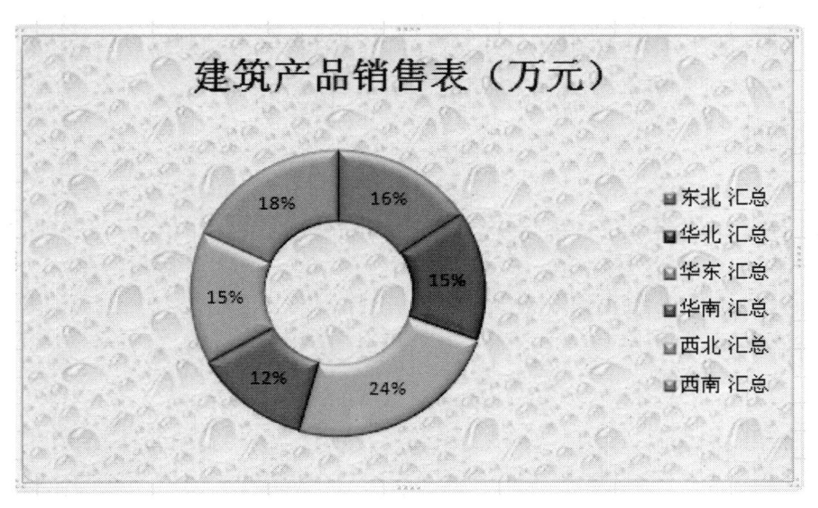

图 4-83　图表的最终效果

(27)按“Ctrl+S”键保存对文件所做的修改。

项目五　电子文稿软件 PowerPoint 2010 的应用

实验 5.1　PowerPoint 2010 基本操作

1. 实验目的

(1)掌握创建演示文稿的方法。
(2)掌握新建、复制、删除、编辑幻灯片的基本方法。
(3)掌握保存演示文稿的方法。

2. 实验内容

(1)幻灯片模板选择与设计。
(2)幻灯片插入、删除及保存。
(3)在幻灯片中插入图片和文本。
(4)幻灯片放映。

3. 实验要求

制作一个基于模板的校园风光电子相册,其效果如图 5-1 所示。

图 5-1　校园风光电子相册

4. 实验步骤

（1）单击“文件”→“新建”→“样本模板”→“现代型相册”。

（2）单击“文件”→“保存”，在弹出的“另存为”对话框中设置保存位置和文件名，文件名为“校园风光电子相册. pptx”。

（3）按住“Ctrl”键，选择第 5、6 张幻灯片后按“Delete”键将其删除。

（4）选择第 4 张幻灯片，单击鼠标右键选择“复制幻灯片”后会出现和第 4 张幻灯片一样的第 5、6 张幻灯片。

（5）选择第 1 张幻灯片，单击其中的图片，按“Delete”键将其删除；然后单击“插入来自文件的图片”按钮，在弹出的“插入图片”对话框中选择“校园风光”文件夹中的“A01. jpg”文件，单击“插入”按钮。

（6）在图片下方的文本占位符中单击鼠标，输入相册标题“校园风光电子相册”，如图 5-2 所示。

图 5-2　插入第 1 张幻灯片

（7）用上述方法将第 2 张幻灯片中的图片更换为“校园风光”文件夹中的“A02. jpg”文件，单击图片右下角，适当调整图片的大小和位置。

（8）在右边的文本占位符中输入相应

的说明文字，如图 5-3 所示。

图 5-3　插入第 2 张幻灯片

(9)用上述方法将第 3 张幻灯片中的图片更换为“校园风光”文件夹中的“A03. jpg”“A04. jpg”和“A05. jpg”文件，单击图片右下角，适当调整图片的大小和位置，如图 5-4 所示。

图 5-4　插入第 3 张幻灯片

(10)在图片下方的文本占位符中输入“校园一角”。

(11)用上述方法分别将第 4、5、6 张幻灯片中的图片更换为“校园风光”文件夹中的“A06. jpg”“A07. jpg”和“A08. jpg”文件，单击图片右下角，适当调整图片的大小和位置。

(12)单击“幻灯片放映”选项，选择“从头放映”，即可观看电子相册的放映效果。

实验 5.2　插入幻灯片对象

1. 实验目的

(1)掌握创建幻灯片的方法。
(2)掌握在幻灯片中插入表格的方法。
(3)掌握在幻灯片中插入图片的方法。
(4)掌握在幻灯片中插入组织结构图的方法。
(5)掌握在幻灯片中插入横排和纵向文本框的方法。
(6)掌握插入自选图形的方法。
(7)掌握设置超链接的方法。

2. 实验内容

(1)在幻灯片中插入表格、艺术字和文本框。
(2)在幻灯片中插入自选图形。
(3)设置超链接。

3. 实验要求

利用 PowerPoint 2010 制作一个求职简历的演示文稿,制作好的演示文稿命名为“求职简历. pptx”,其效果如图 5-5 所示。

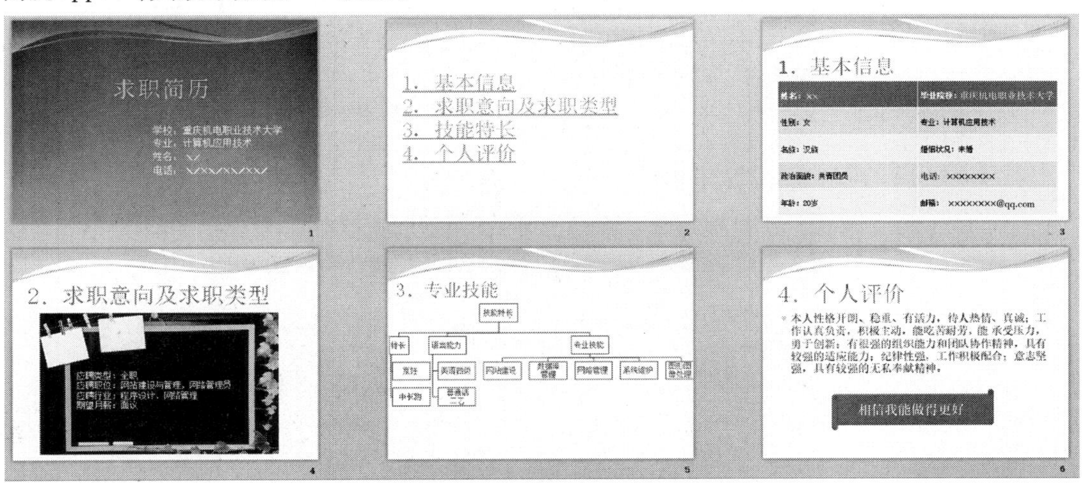

图 5-5　求职简历

4. 实验步骤

（1）制作第 1 张幻灯片。

①用“流畅. pptx”设计模板（或其他设计模板），新建演示文稿“求职简历. pptx”。

②在第 1 张幻灯片中添加标题“求职简历”，副标题“学校：重庆机电职业技术大学 专业：计算机应用技术 姓名：×× 电话：×××××××××”，左对齐，如图 5-6 所示。

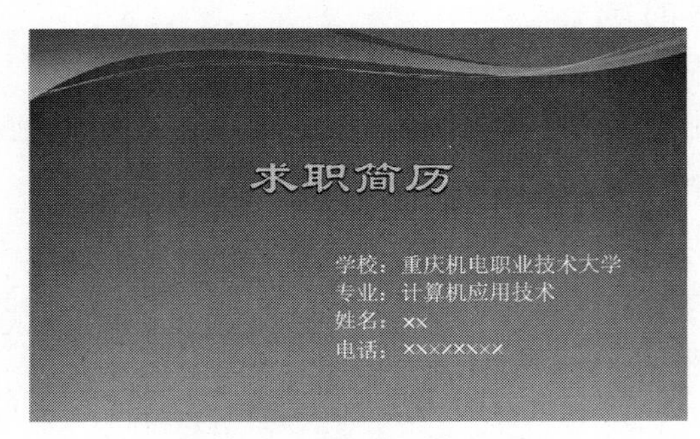

图 5-6 制作第 1 张幻灯片

（2）制作第 2 张幻灯片。

①插入新幻灯片：单击“开始”选项卡中的“新建幻灯片”便可新建第 2 张幻灯片。

②在“单击此处添加副标题”文本框中，输入如图 5-7 所示的文本。

（3）制作第 3 张幻灯片。

①插入新幻灯片：单击“开始”选项卡中的“新建幻灯片”便可新建第 3 张幻灯片。

②将标题设为“1. 基本信息”，单击“单击此处添加文本”后，单击“插入”中的“表格”，选择 5 行 2 列，然后录入如图 5-8 所示的文字，并适当调整表格的大小及文字的字体字号。

1. 基本信息
2. 求职意向及求职类型
3. 专业技能
4. 个人评价

图 5-7 制作第 2 张幻灯片

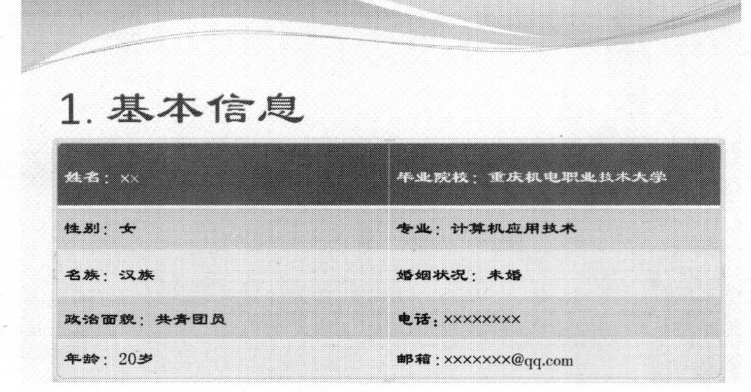

姓名：××	毕业院校：重庆机电职业技术大学
性别：女	专业：计算机应用技术
名族：汉族	婚姻状况：未婚
政治面貌：共青团员	电话：××××××××
年龄：20岁	邮箱：×××××××@qq.com

图 5-8 制作第 3 张幻灯片

(4)制作第 4 张幻灯片。

①插入新幻灯片:单击“开始”选项卡中的“新建幻灯片”便可新建第 4 张幻灯片。

②将标题设为“2. 求职意向及求职类型”。

③单击“插入”→“图片”,在弹出的对话框中找到如图 5-9 所示的图片。

④单击“插入”→“文本框”→“横排文本框”,然后输入相应的文本,如图 5-9 所示。

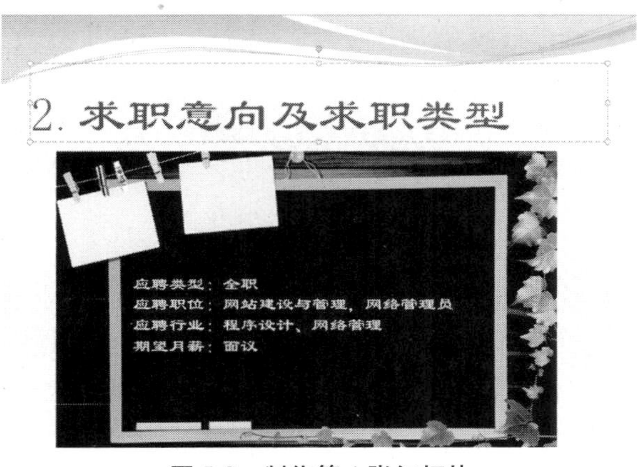

图 5-9 制作第 4 张幻灯片

(5)制作第 5 张幻灯片。

①插入新幻灯片:单击“开始”选项卡中的“新建幻灯片”便可新建第 5 张幻灯片。

②选择“插入”→“SmartArt”→“层次结构”→“组织结构图”。

③根据需求添加相应的层次文字,根据需求对层次进行“降级”或者“升级”,根据内容选择“布局”,根据自己的需求选择“更改颜色”→“主题颜色”,完成后如图 5-10 所示。

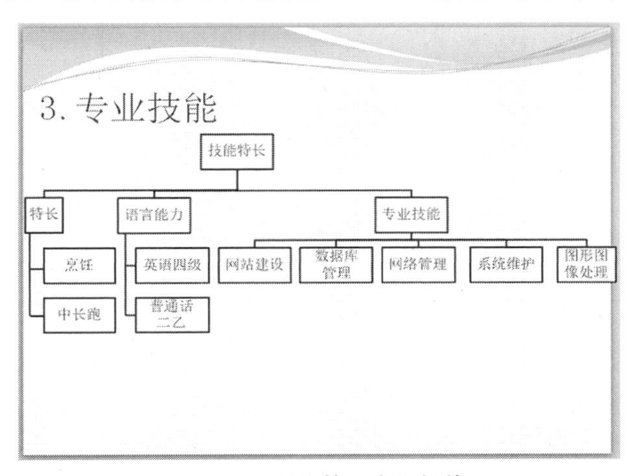

图 5-10 制作第 5 张幻灯片

(6)制作第 6 张幻灯片。

①插入新幻灯片:单击“开始”选项卡中的“新建幻灯片”便可新建第 6 张幻灯片。

②将标题设为“4. 个人评价”。

③在“单击此处添加副标题”文本框中输入相应的文本,如图 5-11 所示。

④单击“插入”→“形状”→“横卷形”，在“横卷形”上单击鼠标右键，在弹出的菜单中选择“编辑文字”，然后输入如图 5-11 所示的文本。

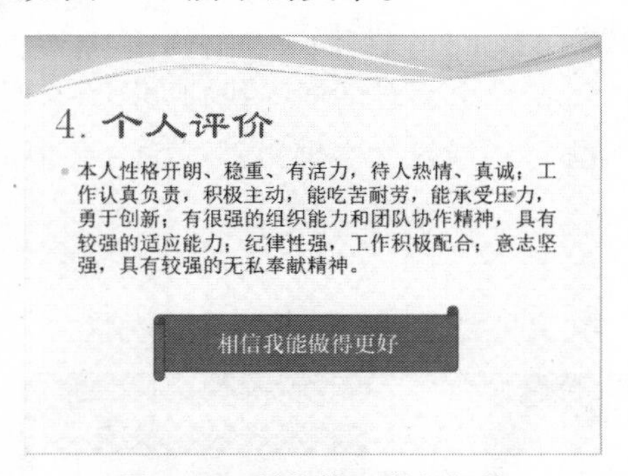

图 5-11　制作第 6 张幻灯片

(7)设置第 2 张幻灯片中超链接。

选择第 2 张幻灯片中的“基本信息”，单击鼠标右键，在弹出的菜单中选择“超链接”，弹出如图 5-12 所示的对话框。在该对话框中，将“链接到：”设置为“本文档中的位置”，在“请选择文档中的位置”中选择第 3 张幻灯片，依次将“求职意向及求职类型”“专业技能”“个人评价”链接到第 4、5、6 张幻灯片，如图 5-12 和图 5-13 所示。

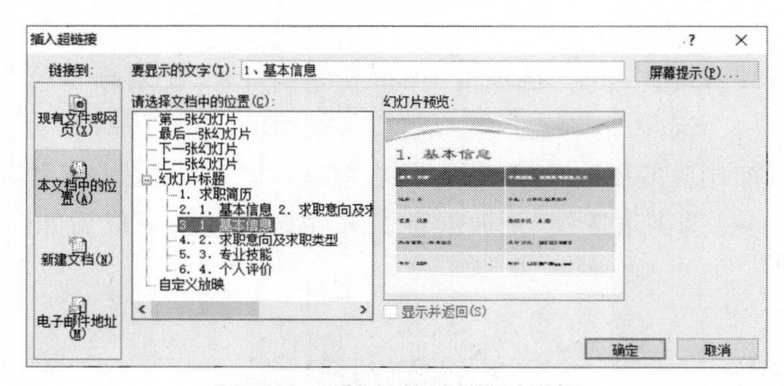

图 5-12　“插入超链接”对话框

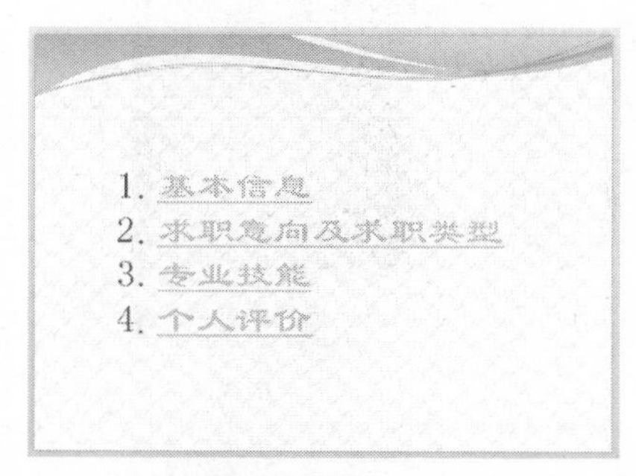

图 5-13　设置超链接后的第 2 张幻灯片效果

(8)单击“幻灯片放映”→“从头放映”，观看放映效果。

实验 5.3　制作新年贺卡

1. 实验目的

(1)掌握幻灯片背景图片和背景颜色的设置方法。
(2)掌握幻灯片切换效果的设置方法。
(3)掌握设置对象动画效果的方法。

2. 实验内容

(1)设置幻灯片背景。
(2)设置幻灯片切换方式与效果。
(3)设置幻灯片中对象的动画效果。

3. 实验要求

利用 PowerPoint 2010 制作一个求职简历的演示文稿,制作好的演示文稿命名为“新年贺卡. pptx”,其效果如图 5-14 所示。

图 5-14　新年贺卡

4. 实验步骤

(1)制作第 1 张幻灯片。
①单击“设计”→“背景样式”→“设置背景格式”,如图 5-15 所示。

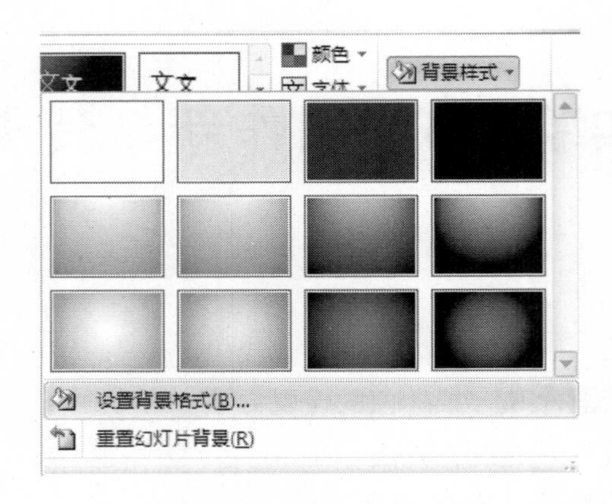

图 5-15　设置背景格式

②在弹出的对话框中选择“图片或纹理填充”,单击“文件”按钮,在弹出的“插入图片”对话框中选择“素材”文件夹中的“图片 1”,如图 5-16 所示。

图 5-16　“设置背景格式”对话框

③单击“插入”选项卡下的“艺术字”,选择合适的艺术字形,在弹出的文本框中输入“新年快乐”。选择“新年快乐”,然后单击“动画”下的“飞入”,在“效果选项”中选择“自左上部”,如图 5-17 所示。在默认情况下,飞入效果为“非常快(0.5 秒)”;如果要更改飞入的速度,则通过单击“显示其他效果选项”,如图 5-18 所示,在弹出的“飞入”对话框中选择“计时”选项卡,将“延迟”为 2 秒,“期间”设置为“中速(2 秒)”,如图 5-19 所示。

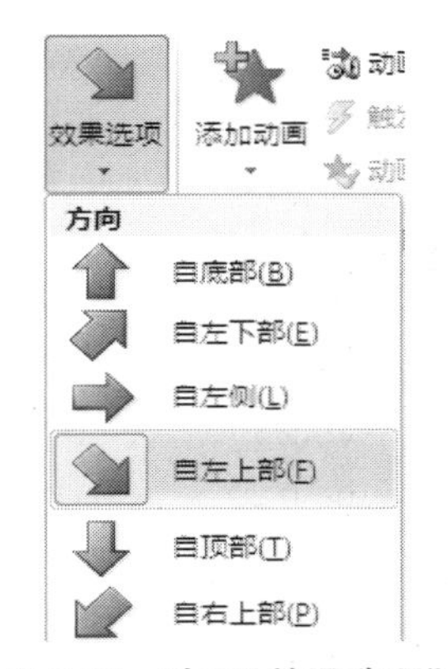

图 5-17　动画“效果选项”

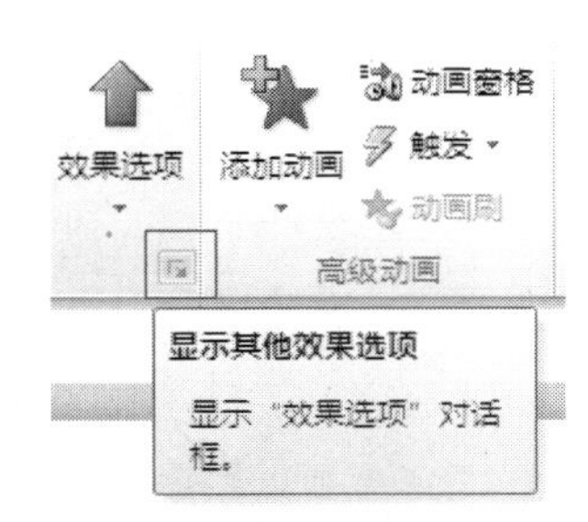

图 5-18　“显示其他效果选项”按钮

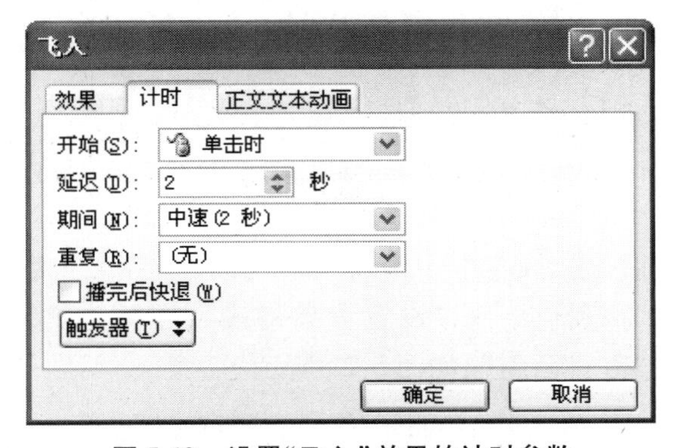

图 5-19　设置“飞入”效果的计时参数

④在“单击此处添加副标题”文本框中输入“Happy New Year”，选择该文本，单击“动画”→“添加动画”→“旋转”，如图 5-20 所示。

图 5-20　“添加动画”对话框

(2)制作第2张幻灯片。

要求:设置幻灯片背景颜色为深红色至浅红色纵向渐变,并插入如图5-21所示的图片。

图5-21　制作第2张幻灯片

①在“单击此处添加标题”文本框中输入“新年快乐”,字体为隶书,字号为66号。

②单击“设计”→“背景样式”→“设置背景格式”,在弹出的对话框中选择“渐变填充”,在预设颜色中选择“红日西斜”,如图5-22所示。

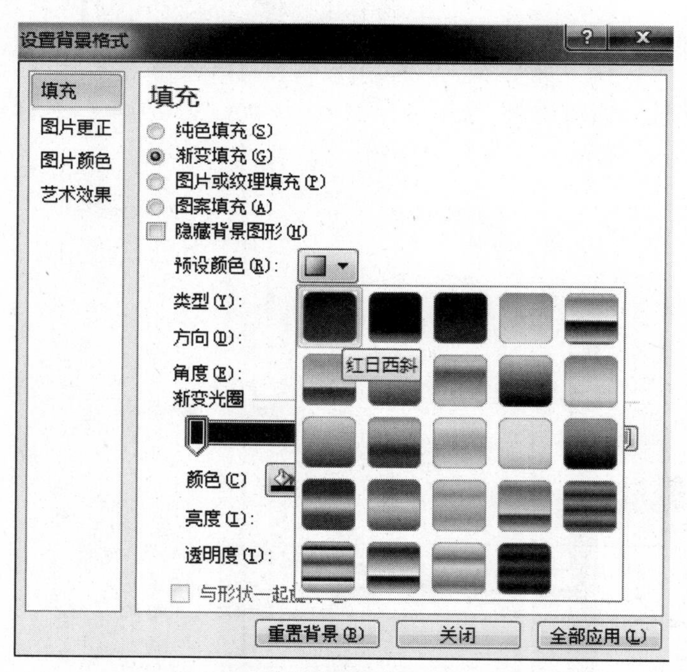

图5-22　“设置背景格式”对话框

③在“渐变光圈”中,将“停止点2”“停止点3”“停止点4”通过“删除渐变光圈”按钮删

除停止点 2、3、4；然后单击“停止点 1”将其“颜色”设置为“深红色”，再单击“停止点 5”将其“颜色”设置为“红色”，如图 5-23 所示。

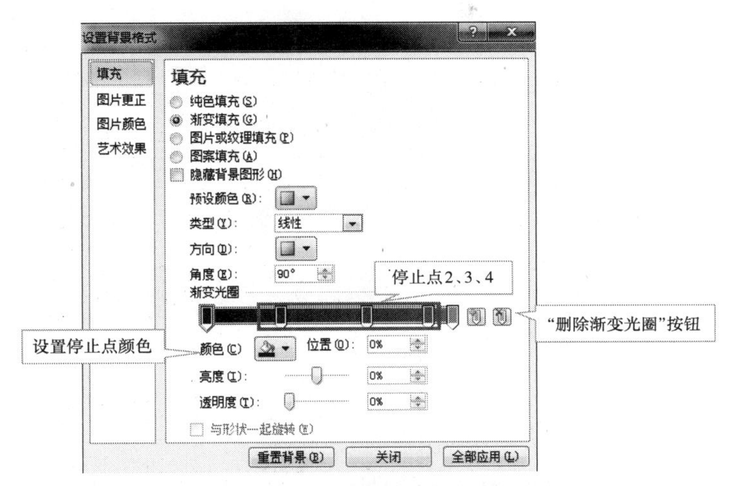

图 5-23　设置背景的渐变效果

④单击“插入”选项卡下的“图片”，在弹出的对话框中，选择“素材”文件夹中的“图片 2”和“图片 3”，如图 5-24 所示。

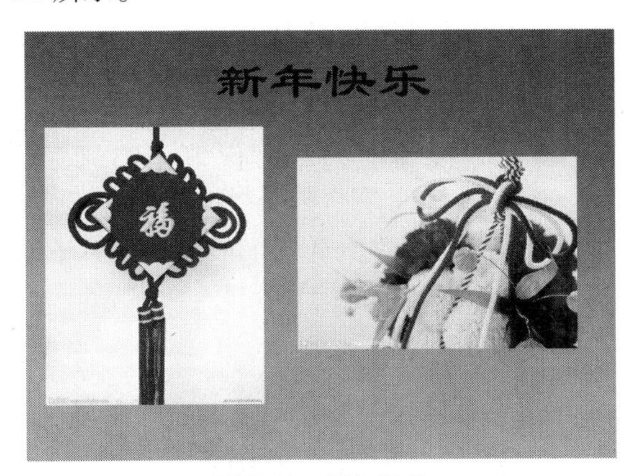

图 5-24　插入图片

⑤选择“图片 2”，单击“图片工具”中的“格式”选项卡→“删除背景”→“保留更改”，将删除“图片 2”的背景，如图 5-25—图 5-27 所示；用同样的方法对“图片 3”进行操作。

图 5-25　删除“图片 2”的背景

图 5-26 “保留更改”设置

图 5-27 删除背景后的效果

⑥分别选择“图片 2”和“图片 3”，通过“动画”选项卡设置其动画效果。

(3)制作第 3 张幻灯片，如图 5-28 所示。

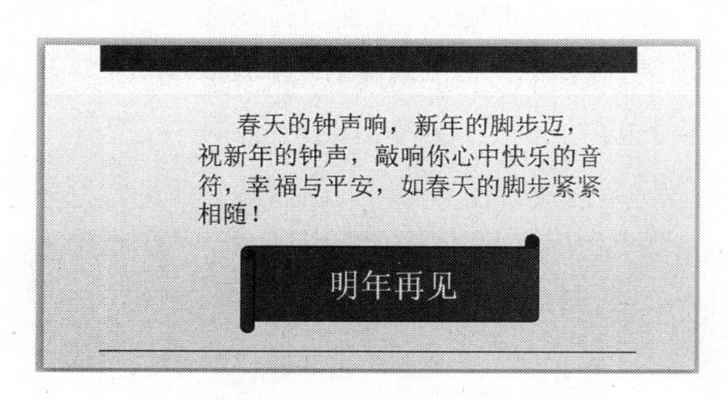

图 5-28 制作第 3 张幻灯片

①单击“设计”选项卡下的“主题”，单击下拉菜单，在“所有主题”中选择“新闻纸”；然后单击右键，在弹出的快捷方式中选择“应用于选定幻灯片”，如图 5-29 所示。

图 5-29 “设置背景格式”对话框

②在“单击此处添加副标题”的文本框中输入“春天的钟声响，新年的脚步迈，祝新年的钟声，敲响你心中快乐的音符，幸福与平安，如春天的脚步紧紧相随!”，选择该文本，设置动画效果。

③单击“插入”选项卡→“形状”→“横卷轴”，绘制横卷轴并输入“明年再见”，选择“横卷轴”设置动画效果。

(4)设置幻灯片播放效果。

①设置幻灯片切换:单击“切换”选项卡,选择幻灯片切换方式,在“换片方式”中选择“设置自动换片时间”为 2 秒,如图 5-30 所示。

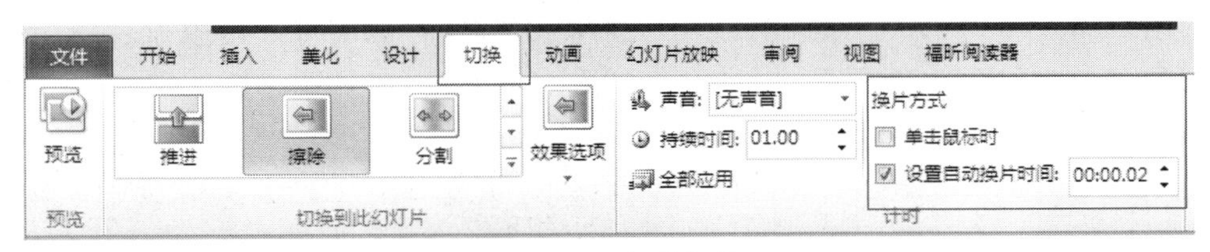

图 5-30　幻灯片切换

②设置动画播放时延:单击“动画”选项卡,将“延迟”设置为 2 秒。

③幻灯片放映:单击“幻灯片放映”选项卡,选中“设置幻灯片放映”,在弹出的“设置放映方式”对话框中选择“循环放映,按 Esc 键终止”,如图 5-31 所示。

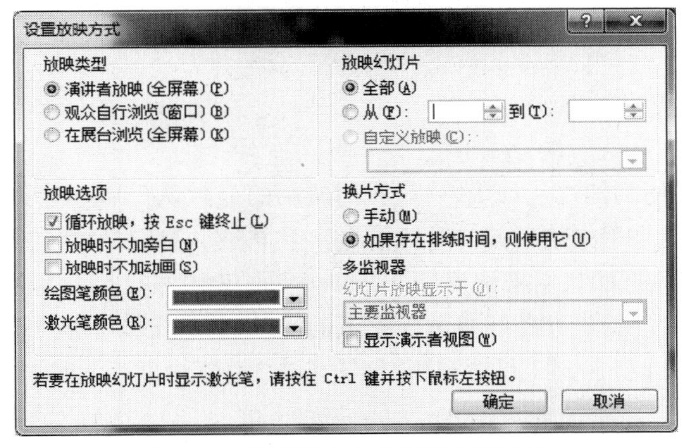

图 5-31　设置放映方式为“循环放映”

(5)单击“幻灯片放映”→“从头放映”,观看放映效果。

实验 5.4　幻灯片母版的制作和使用

1. 实验目的

掌握幻灯片母版的制作和使用。

2. 实验内容

幻灯片母版的制作和使用,利用幻灯片母版制作学校简介。

3. 实验要求

利用 PowerPoint 2010 制作一个幻灯片的母版，制作好的幻灯片母版命名为“我的母版. potx”，其效果如图 5-32 所示。

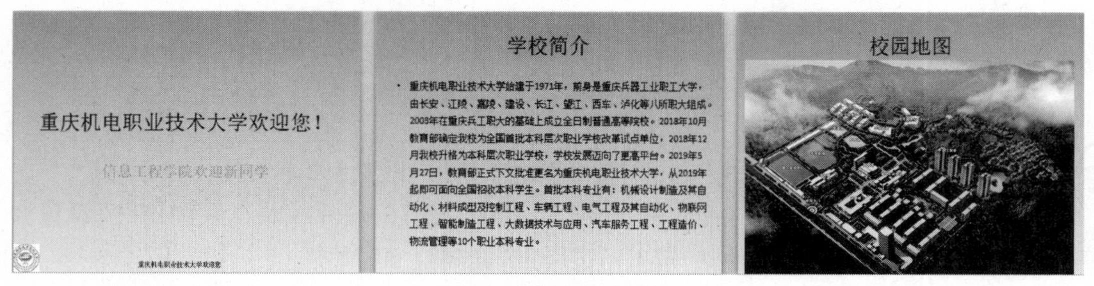

图 5-32　幻灯片母版效果

4. 实验步骤

制作 PPT 时要用到幻灯片母版，一般我们使用的是默认母版。什么是幻灯片母版呢？实际上，幻灯片母版是用来统一幻灯片内容的一些格式，母版格式的变化体现在和她相关的一组母版版式上。下面我们来认识一下 PowerPoint 2010 的幻灯片母版。

(1)新建幻灯片。首先准备好要做成模板的图片，打开 PowerPoint 2010，新建一张“幻灯片”，单击“视图”选项卡，在“母版视图”组中单击“幻灯片母版”，如图 5-33 所示，进入幻灯片母版视图。

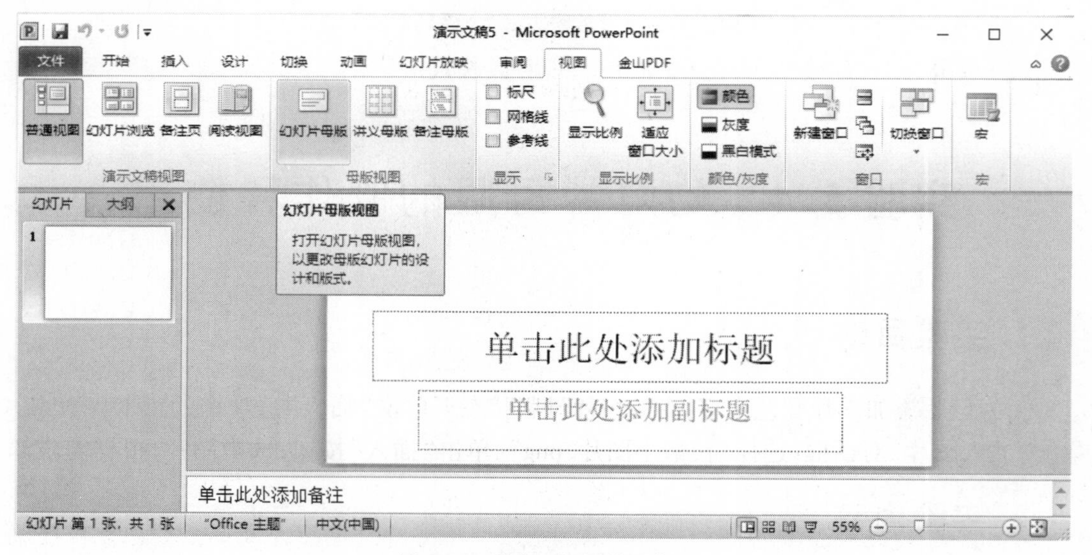

图 5-33　选择“幻灯片母版”

(2)设计母版。

①设置背景:单击"幻灯片母版"选项卡,在"背景样式"中选择"设置背景格式",如图 5-34 所示,选择"渐变填充",在"预设颜色"中选择"雨后初晴",如图 5-35 所示。幻灯片母版的背景也可以选择"主题"进行编辑,这些背景或主题根据自己的需求设计。

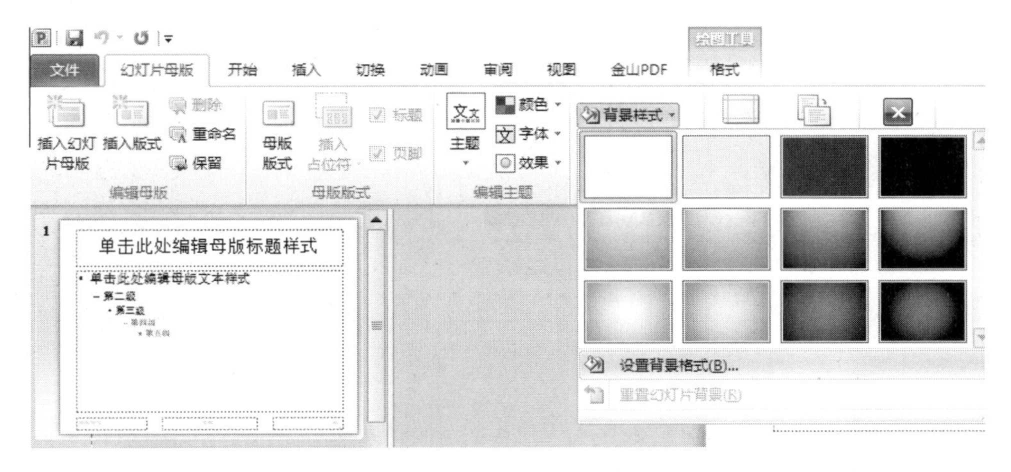

图 5-34　设置背景格式

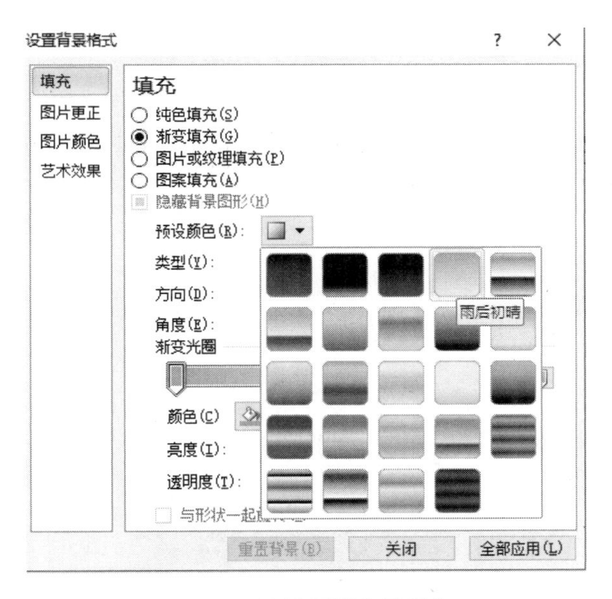

图 5-35　设计母版背景颜色

②为母版添加图片和艺术字:在幻灯片母版状态下单击"插入"选项卡的"图片"按钮,弹出"插入图片"对话框,选择"校徽小图片. png",单击"插入"按钮;选中图片,根据需求调整图片的大小,并将图片移到左下角,如图 5-36 所示。

单击"插入"选项卡的"艺术字"下拉菜单选择"填充　红色　强调文字颜色 2 粗糙棱台",在弹出的艺术字中输入"重庆机电职业技术大学欢迎您!"调整字体大小为 14 磅,并将艺术字移动到页脚位置。其效果如图 5-37 所示。

图 5-36　插入图片

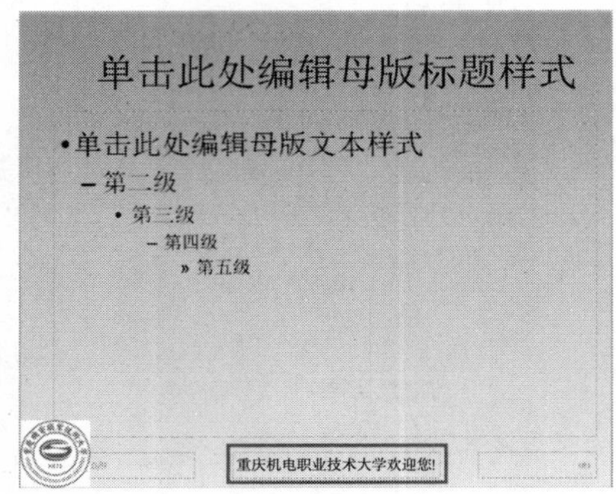

图 5-37　插入艺术字

(3)保存母版。

单击“文件”选项卡,选择“另存为”,在“保存类型”处选择“PowerPoint 模板”,文件名为“我的母版 1. potx”,如图 5-38 所示。

图 5-38　保存母版

(4)应用母版。

①新建演示文稿,单击“视图”选项卡,在“母版视图”组中单击“幻灯片母版”,进入幻灯片母版视图。

②单击“幻灯片母版”选项卡,在“编辑主题”工具组中单击“主题”,如图 5-39 所示,在展开的下一级子菜单中选择“浏览主题”,如图 5-40 所示。

图 5-39　选择幻灯片母版“主题”

图 5-40　选择“浏览主题”

③在弹出的“选择主题或主题文档”对话框中找到“我的母版. potx”文件，单击“应用”，出现如图 5-41 所示的界面。

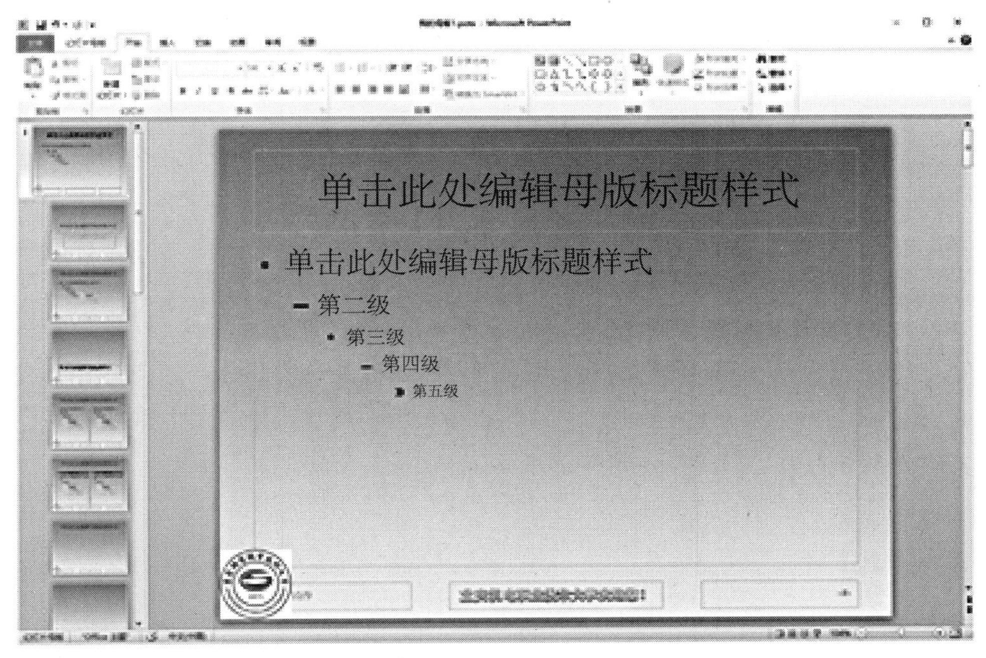

图 5-41　选择主题后的幻灯片母版界面

④“关闭母版视图”,如图 5-42 所示。

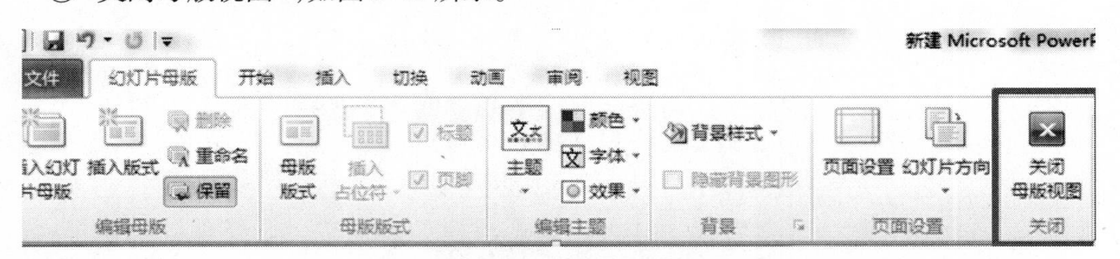

图 5-42　关闭母版视图

⑤单击“开始”选项卡,在“新建幻灯片”的下一级子菜单中选择“标题和内容”(新建幻灯片文件时,演示文稿程序默认新建一张标题幻灯片,当前的幻灯片是第 2 张幻灯片),如图 5-43 所示。用同样的方法新建第 3 张幻灯片版式为仅标题。

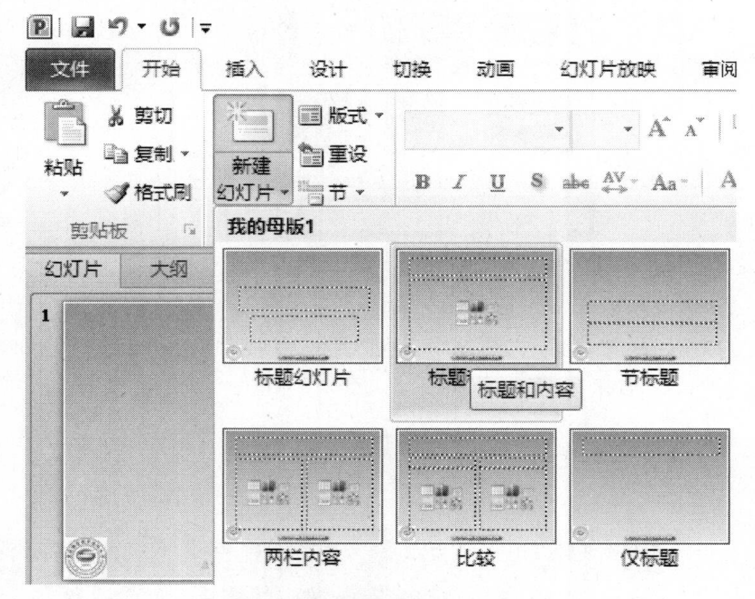

图 5-43　选择“新建幻灯片”

在第 1 张幻灯片的主标题中输入“重庆机电职业技术大学欢迎您!”,在副标题中输入“信息工程学院欢迎新同学”。

在第 2 张幻灯片的标题中输入“学校简介”,在内容处添加学校简介。

在第 3 张幻灯片的标题中输入“校园地图”,选择“插入”选项卡下“图片”中的“校园地图. jpg”,插入图片后,选中图片根据幻灯片的大小适当地调整图片的大小和位置。

注意:每页幻灯片的背景都来自母版背景。

项目六　数据库基本知识及操作

实验 6.1　Access 基本应用

1. 实验目的

(1)掌握 Access 的启动和退出。
(2)掌握数据库的创建。
(3)掌握数据表的创建。
(4)掌握数据表之间关系的创建。

2. 实验内容

(1)使用 Access 创建数据库文件。
(2)使用 Access 创建表、设置主键、修改表结构、录入表数据。
(3)使用 Access 创建表关系、编辑表关系和查看关系表中的数据。

3. 实验要求

(1)创建数据库:在 D 盘下创建一个文件名为"test1. accdb"的空数据库。
(2)创建表:在"test1. accdb"数据库中创建两张数据表,见表 6-1—表 6-4。

表 6-1　"学生"表结构

字段名称	字段类型	字段大小	备　注
学号	文本	2	主键
姓名	文本	8	

续表

字段名称	字段类型	字段大小	备　注
性别	文本	2	
出生日期	日期/时间		
专业	文本	20	

表 6-2　“学生”表数据

学号	姓名	性别	出生日期	专　业
01	王杰	男	1993/1/19	计算机应用
02	陈方	女	1992/2/10	计算机信息管理
03	张华	男	1992/7/21	计算机应用
04	赵红	女	1993/5/10	计算机信息管理

表 6-3　“成绩”表结构

字段名称	字段类型	字段大小	备　注
学号	文本	2	主键
语文	数字	单精度	
数学	数字	单精度	
英语	数字	单精度	

表 6-4　“成绩”表数据

学号	语文	数学	英语
01	97	89	94
02	93	90	90
03	95	94	95
04	90	92	97

(3)创建表关系:建立上述两个表之间的关系,在建立过程中要求选择“实施参照完整性”。

4. 实验步骤

(1)创建数据库。在 D 盘下创建一个文件名为“test1. accdb”的空数据库。

执行“开始”→“所有程序”→“Microsoft Office”→“Microsoft Access 2010”菜单命令，即可启动 Access 2010。启动后选择“文件”→“新建”→“空数据库”，在右下角单击浏览按钮 ，在弹出的对话框中选择保存位置为 D 盘，输入文件名“test1”，单击“确定”按钮，再单击“创建”按钮即可，如图 6-1 和图 6-2 所示。

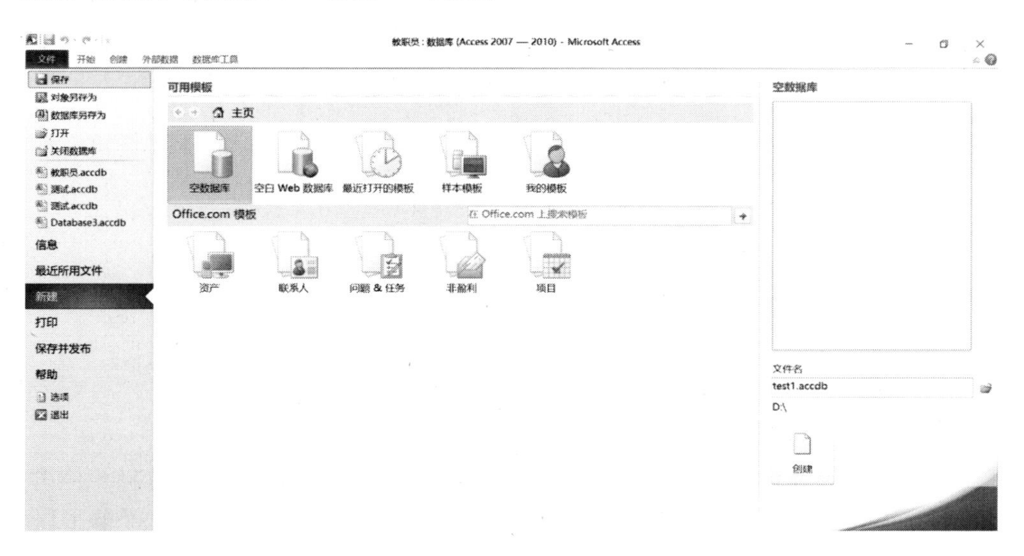

图 6-1　新建数据库

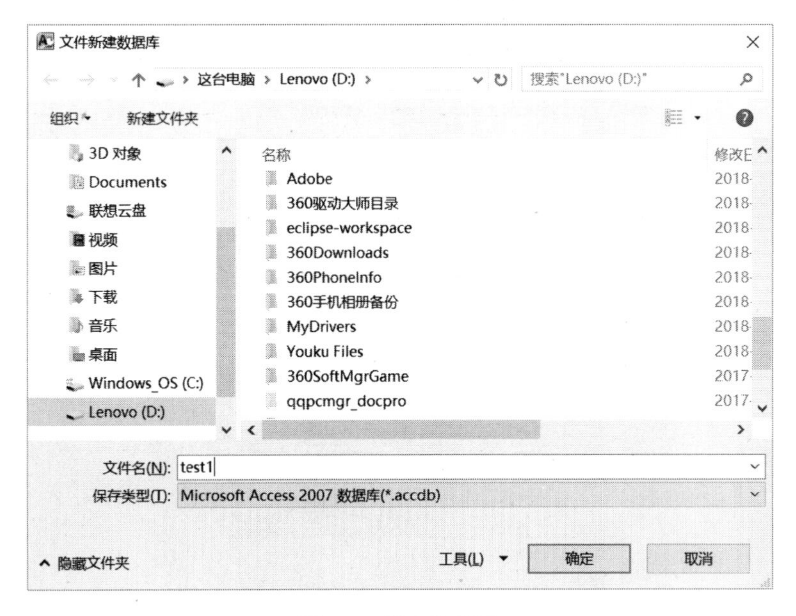

图 6-2　保存数据库

（2）创建表。在“test1.accdb”数据库中创建“学生”和“成绩”数据表。

①创建数据库文件后会打开数据库窗口，在该窗口中选择“创建”选项卡下的“表设计

器”，如图 6-3 所示。

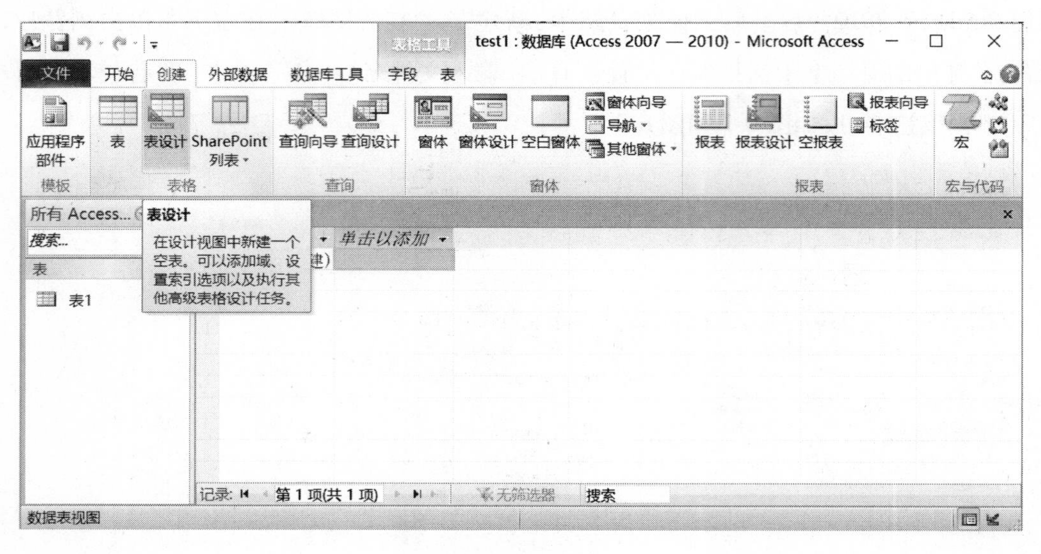

图 6-3　表设计

②在弹出的“表设计器”窗口中输入如图 6-4 所示的学生表字段名称，选择相应的数据类型，在窗口下方的字段大小输入框中输入相应字段的大小，在“学号”位置单击鼠标右键，选择“主键”。

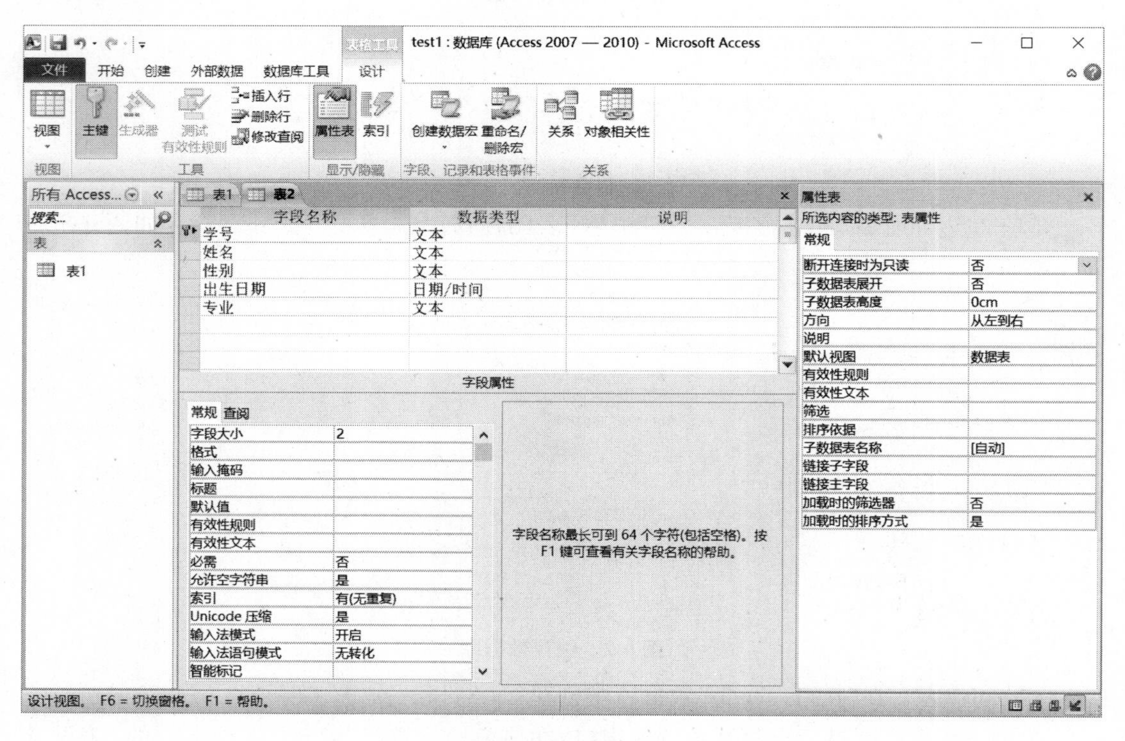

图 6-4　设置主键

③单击“表设计器”窗口右上角的“关闭”按钮，在弹出的确认对话框中选择“是”按钮，如图 6-5 所示；在弹出的“另存为”对话框中，输入表名“学生”后单击“确定”按钮，如图 6-6 所示。

图 6-5　保存表

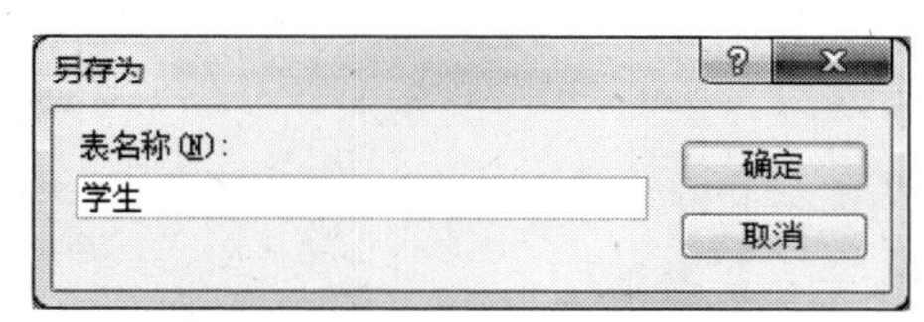

图 6-6　另存为

④在数据库窗口中即可看到新建的“学生”表图标，如图 6-7 所示。

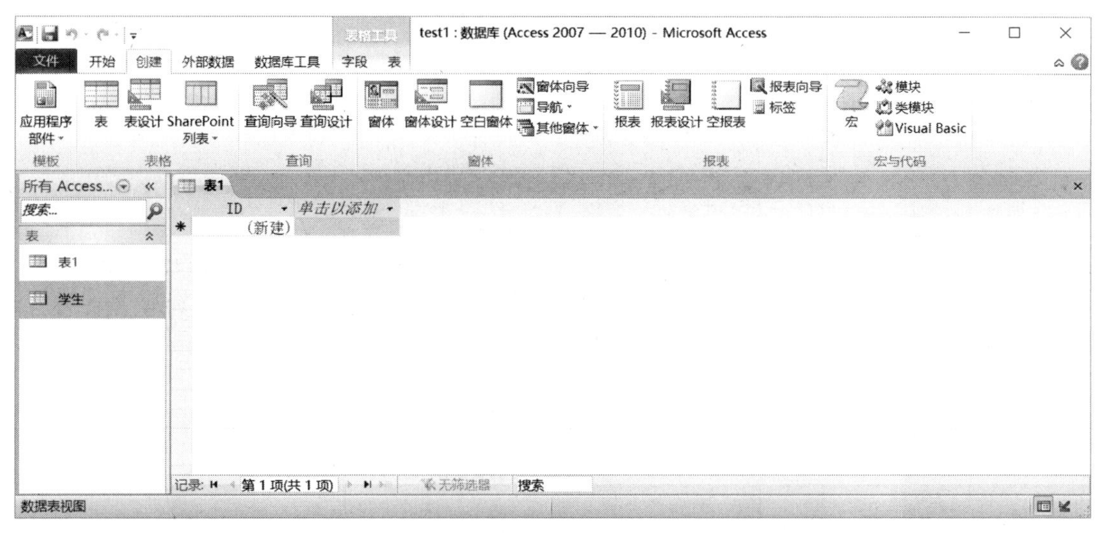

图 6-7　查看“学生”表

⑤在左边导航窗口中用鼠标双击“学生”表图标，打开数据录入窗口，输入如图 6-8 所示的数据。

图 6-8　数据录入

⑥按照以上步骤介绍的操作方法，创建“成绩”表结构，如图 6-9 所示。

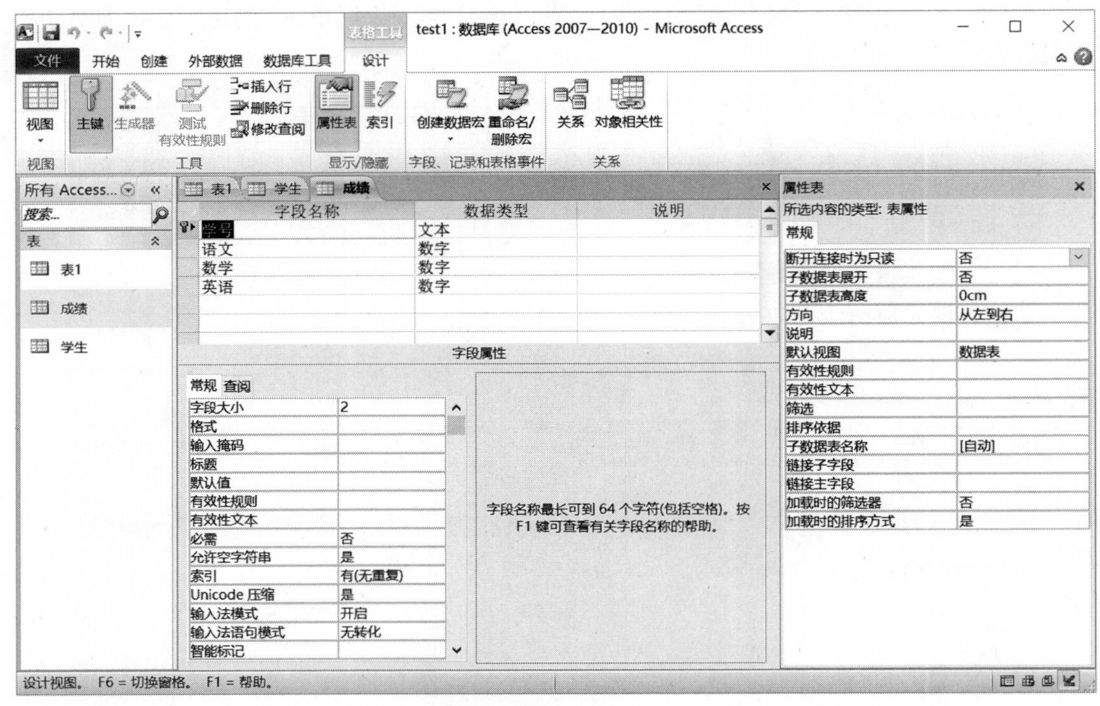

图 6-9 创建“成绩”表

⑦按照以上步骤介绍的操作方法，录入“成绩”表数据，如图 6-10 所示。

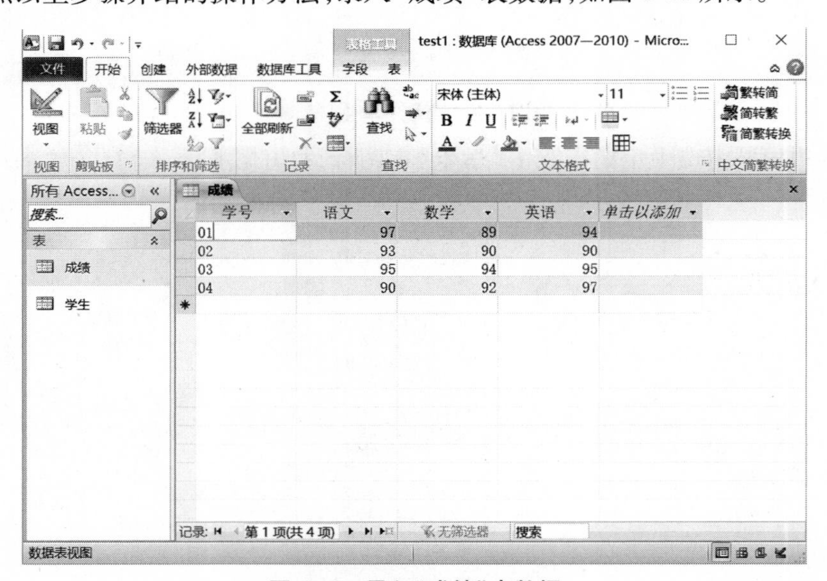

图 6-10 录入“成绩”表数据

(3)创建表关系。

①建立上述两个表之间的关系，在建立过程中要求选择“实施参照完整性”。

②在窗口中选择“数据库工具”选项卡中的“关系”选项，如图 6-11 所示。

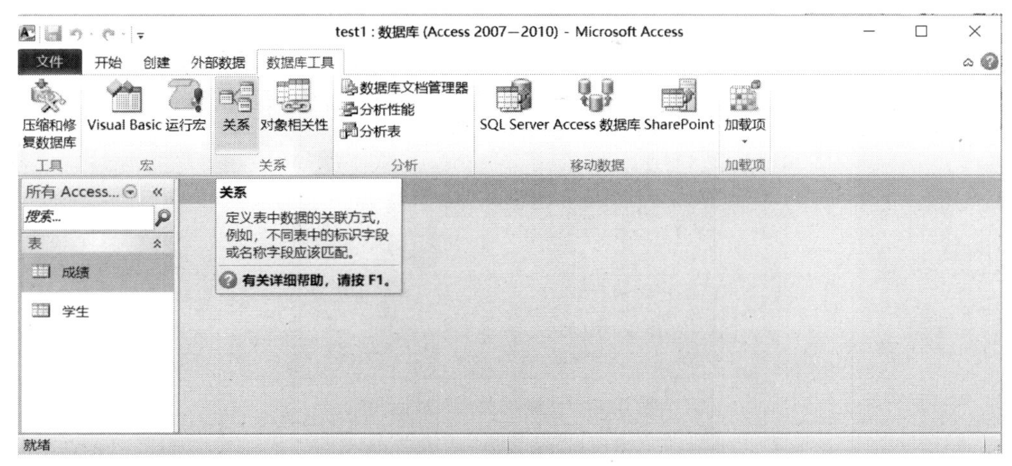

图 6-11　选择“关系”选项

③在弹出的“显示表”对话框中分别选择学生和成绩，单击“添加”按钮，将学生表和成绩表添加到关系设计器窗口中，添加完成后，单击“关闭”按钮，如图 6-12 所示。

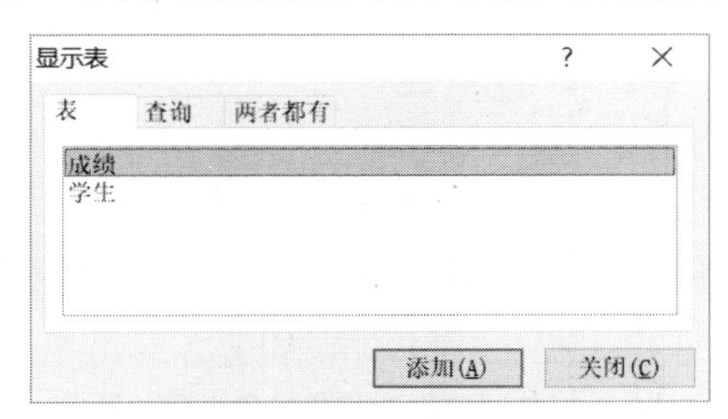

图 6-12　“显示表”对话框

④单击“关闭”按钮后，可以看到学生表和成绩表已经显示在“关系设计器”窗口中，如图 6-13 所示。

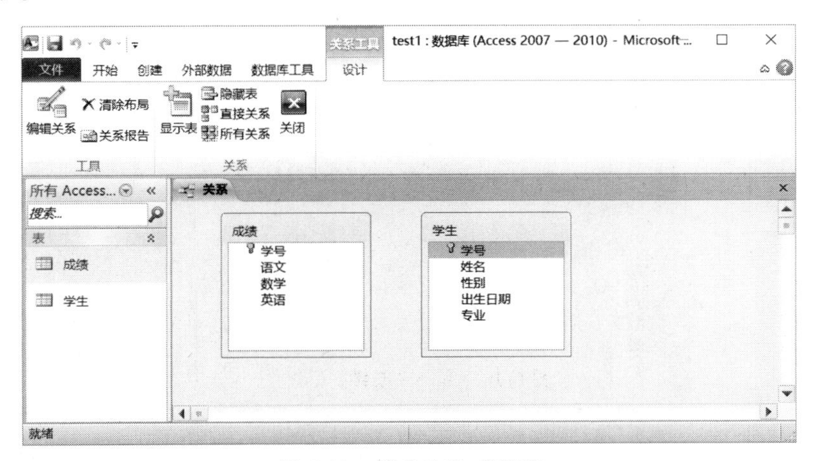

图 6-13　学生表和成绩表

⑤在“关系设计器”窗口中，用鼠标指向学生表中“学号”字段，按下鼠标左键不放，拖动鼠标到成绩表的学号字段位置后放开鼠标左键，在弹出的“编辑关系”对话框中，将“实施参照完整性”“级联更新相关字段”和“级联删除相关记录”3 个复选框选中打“√”，单击“创建”按钮，如图 6-14 所示，即可创建学生表和成绩表之间的关系，如图 6-15 所示。

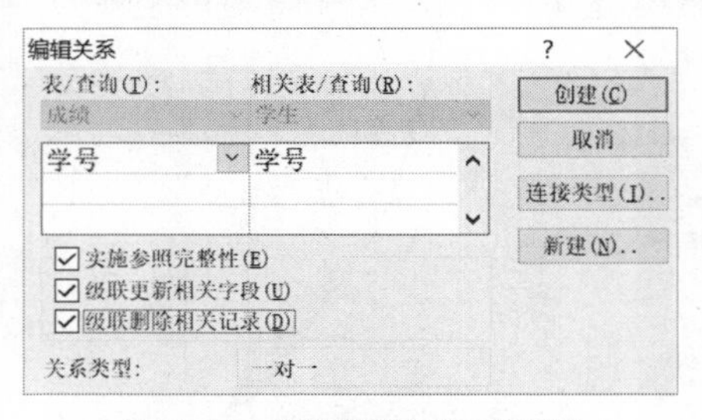

图 6-14　“编辑关系”对话框

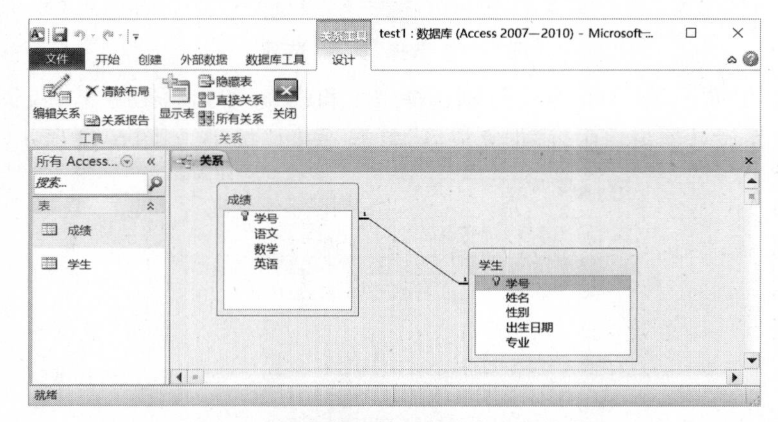

图 6-15　创建学生表和成绩表之间的关系

⑥在左边的导航窗口中用鼠标双击学生表图标，打开学生表后，单击 01 号学生记录前方的加号图标，可看到与之关联的成绩数据，如图 6-16 所示。

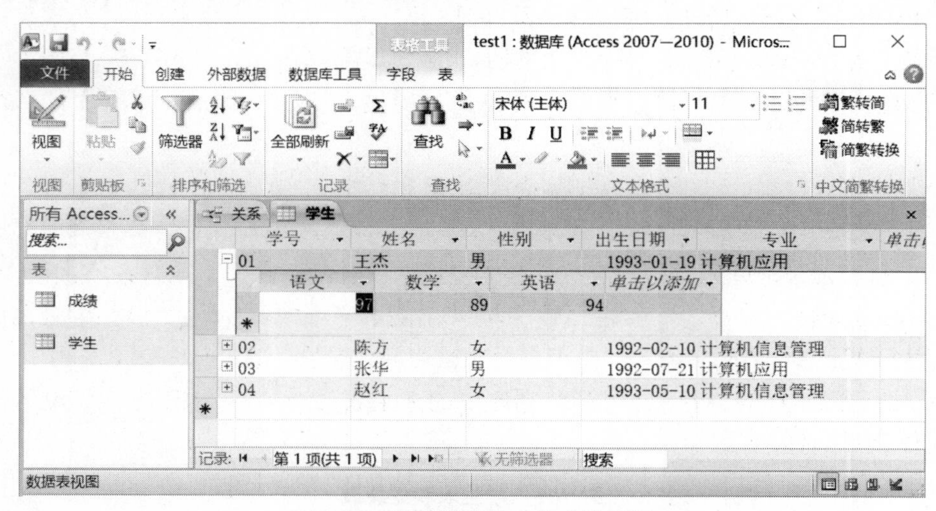

图 6-16　查看关联关系的成绩数据

实验 6.2　Access 高级应用

1. 实验目的

(1)掌握查找和替换数据方法。
(2)掌握数据排序方法。
(3)掌握创建查询方法。
(4)掌握创建窗体方法。

2. 实验内容

(1)完成 Access 数据库文件的复制操作。
(2)使用 Access 对表中指定的数据进行查找和替换。
(3)使用 Access 对表中数据进行升序和降序排列。
(4)使用 Access 对表中数据进行一般查询和条件选择查询。
(5)使用 Access 创建学生数据窗体,用于显示和编辑学生表中的数据。

3. 实验要求

(1)复制数据库。将实验 1 保存的"test1. accdb"数据库文件复制为数据库文件"test2. accdb"。本实验中的全部设置都是针对"test2. accdb"数据库进行的,要求在完成操作之后要保存"test2. accdb"这个文件。

(2)查找和替换数据。将学生表专业列中所有的"计算机应用"替换为"计算机应用技术"。

(3)数据排序。将成绩表各行按英语成绩降序排列。

(4)创建一般查询。创建一个名为"一般选择查询"的选择查询对象,查询所有同学的有关基本信息和考试成绩,查询显示字段为学号、姓名、性别、语文、数学、英语。

(5)创建条件选择查询。创建一个名为"条件选择查询"的选择查询对象,查询所有数学成绩大于等于 90 分的男同学。查询显示字段为学号、姓名、性别、数学。

(6)创建窗体对象。创建一个以数据库中的学生表为数据源,用于显示和输入学生信息的窗体,窗体对象名为"学生信息"。

4. 实验步骤

(1)复制数据库。将实验 1 保存的"test1. accdb"数据库文件复制为数据库文件"test2. accdb"。本实验中的全部设置都是针对"test2. accdb"数据库进行的,要求在完成操作之后要保存"test2. accdb"这个文件。

①打开 D 盘,在实验 1 保存的"test1. accdb"数据库文件图标上单击鼠标右键,选择"复制";然后在窗口空白区域单击鼠标右键选择"粘贴",即可完成复制操作。

②"选中新复制的"数据库文件,单击鼠标右键,选择"重命名",输入"test2"后按"Enter 键",即可创建"test2. accdb"数据库文件。

(2)查找和替换数据。将学生表专业列中所有的"计算机应用"替换为"计算机应用技术"。

①用鼠标双击"test2. accdb"文件。如果弹出如图 6-17 所示的安全警告,选择"启用内容",即可打开"test2. accdb"数据库。

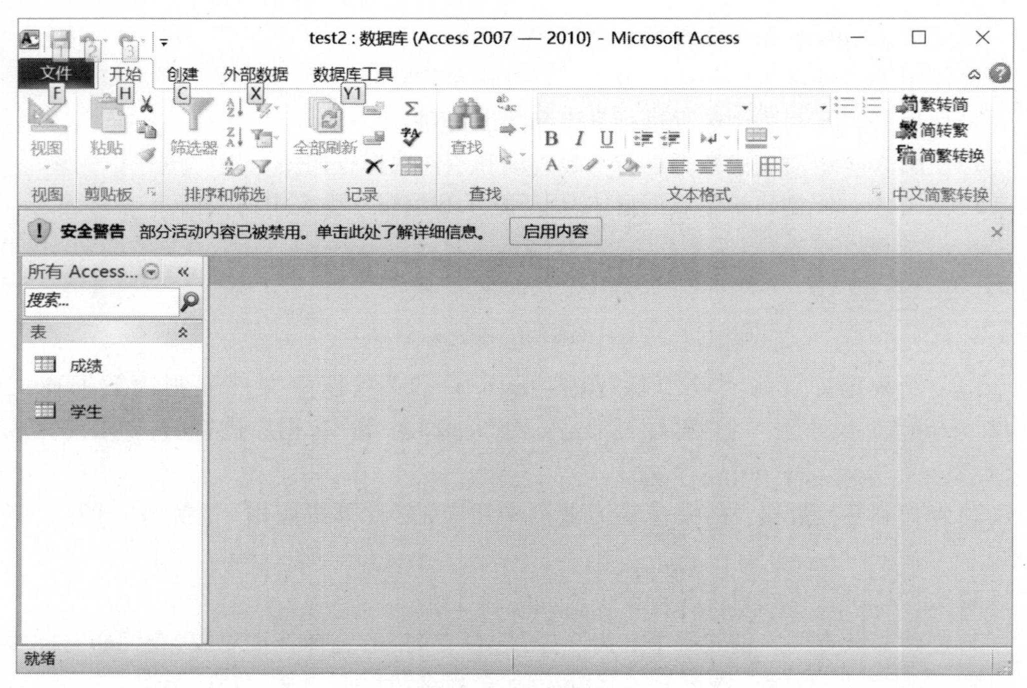

图 6-17 安全警告

②用鼠标双击数据库导航窗口中的学生表图标,打开学生表,选择"开始"选项卡,在"查找"功能区选择"替换"或"查找"选项,如图 6-18 所示。

③在弹出的"查找和替换"对话框中,选择"替换"选项卡,在查找内容栏中输入"计算机应用",在替换为栏中输入"计算机应用技术",查找范围选择"当前文档",匹配选择"整个字段",最后单击"全部替换"按钮即可完成文本替换,如图 6-19、图 6-20 所示。

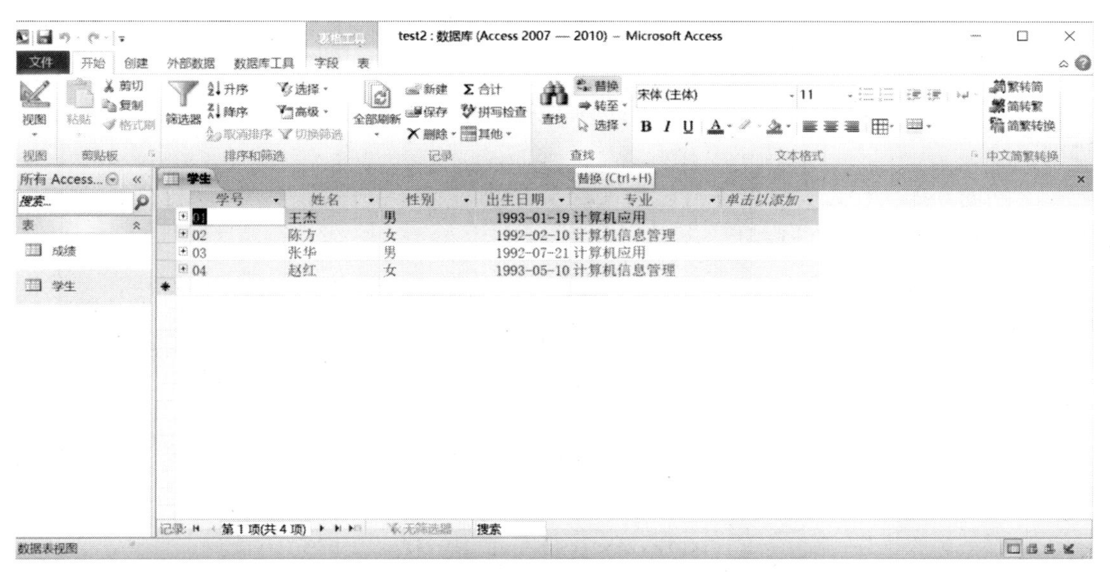

图 6-18　“查找”功能区

查找和替换

查找　替换

查找内容(N)：计算机应用

替换为(P)：计算机应用技术

查找范围(L)：当前文档

匹配(H)：整个字段

搜索(S)：全部

区分大小写(C)　按格式搜索字段(O)

查找下一个(F)　取消　替换(R)　全部替换(A)

图 6-19　查找和替换

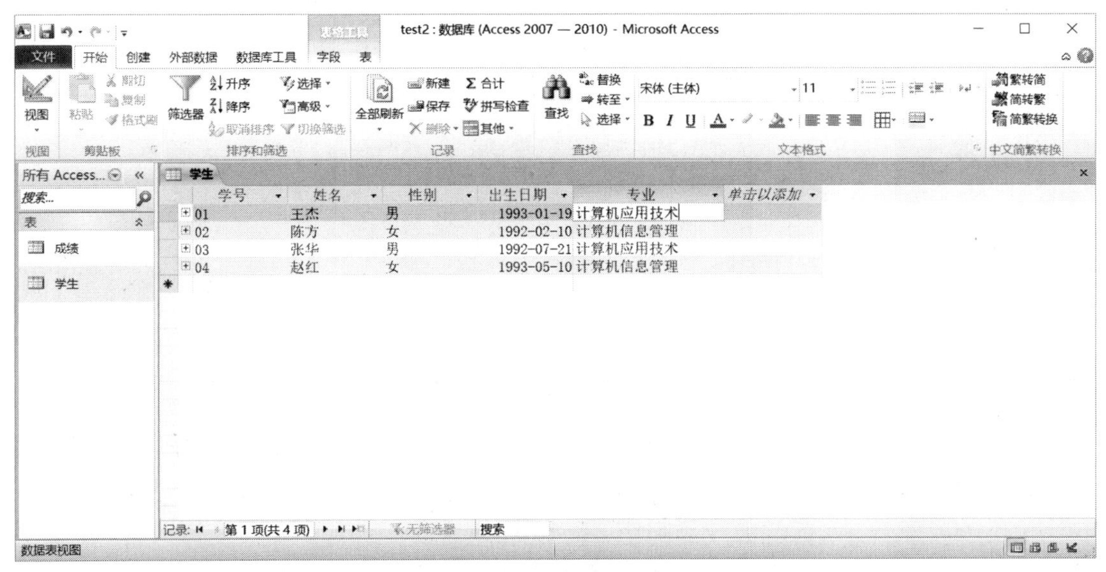

图 6-20　替换后的学生表数据

(3)数据排序。将成绩表各行按英语成绩降序排列。

①用鼠标双击导航窗口中的成绩表图标,打开成绩表,鼠标单击英语列的任意一个单元格,然后单击“排序和筛选”功能区中的“降序”图标,即可将成绩表各行按英语成绩降序排列。

②如图 6-21 所示,成绩表各行已经按照英语列进行了降序排列。降序排列是指数据由大到小排列,升序排列则相反。

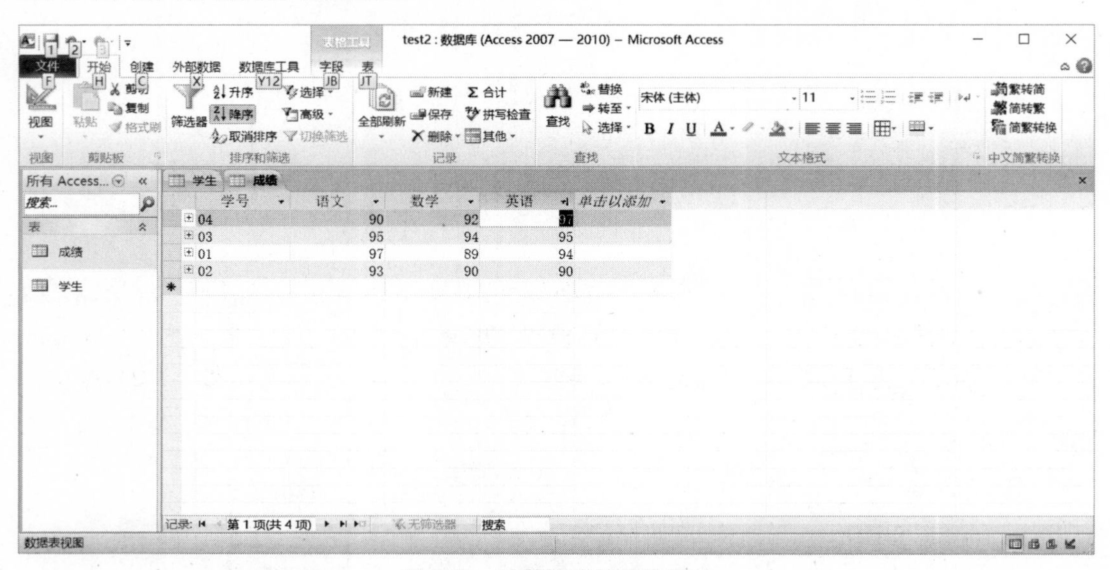

图 6-21　按英语成绩降序排列

(4)创建一般查询。创建一个名为“一般选择查询”的选择查询对象,查询所有同学的有关基本信息和考试成绩,查询显示字段为学号、姓名、性别、语文、数学、英语。

①选择“创建”选项卡,在“查询”功能区中选择“查询设计”选项,如图 6-22 所示。

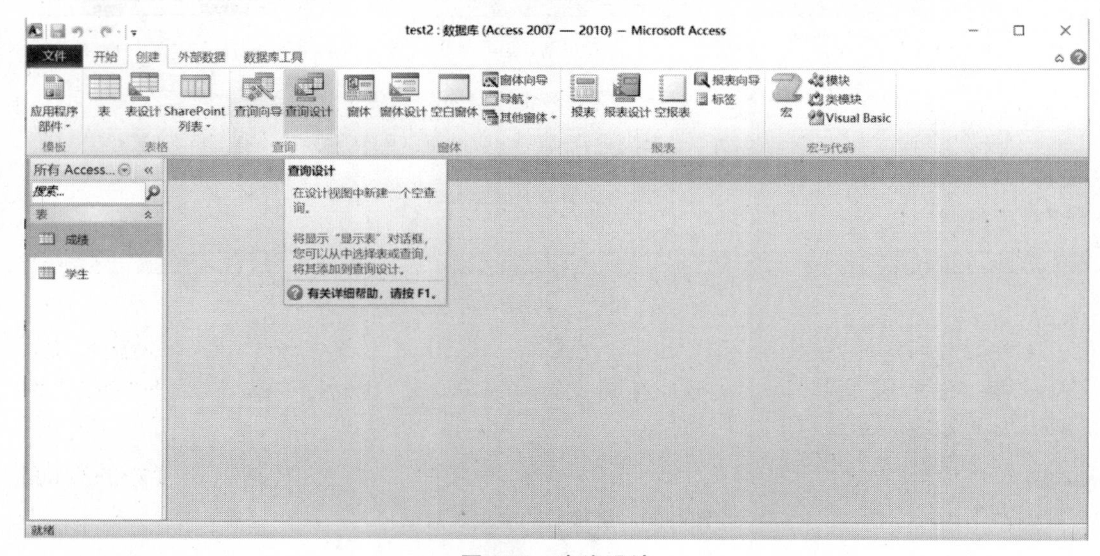

图 6-22　查询设计

②在弹出的“显示表”对话框中，分别双击成绩和学生表，将它们添加到“查询设计”窗口中作为查询数据源，然后关闭“显示表”对话框，如图 6-23 所示。

图 6-23　选择查询数据源

③向查询中添加字段：用鼠标在查询窗口“字段”一行的不同单元格中依次选择要添加的各个字段名（本例添加的字段是学号、姓名、性别、语文、数学、英语），如图 6-24 所示。

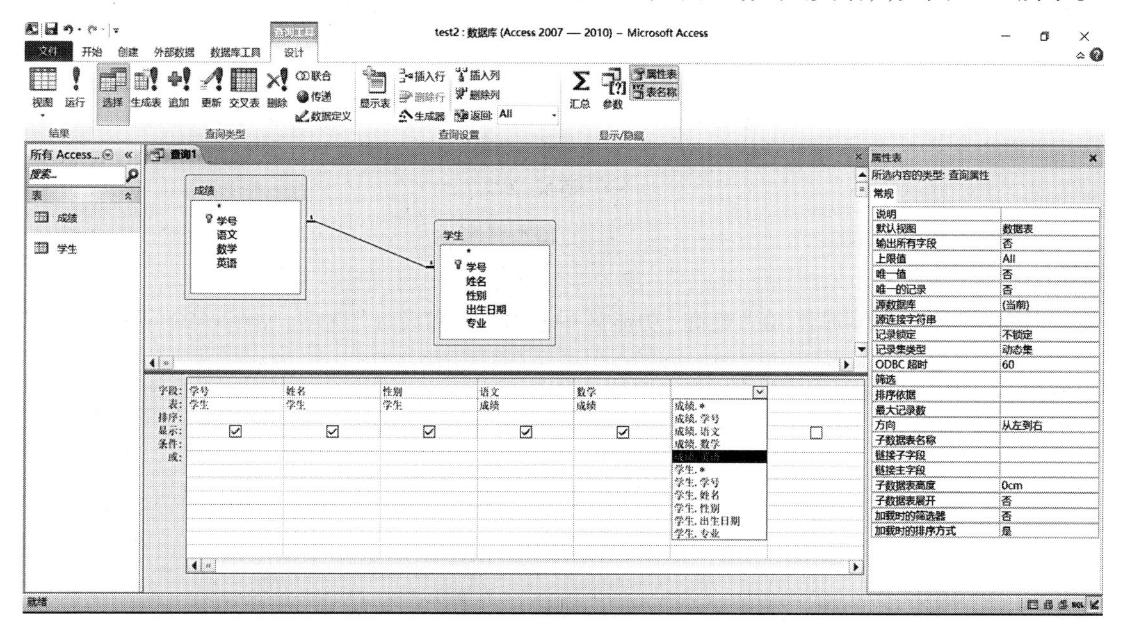

图 6-24　添加字段

④单击查询设计窗口右上角的“关闭”按钮，在弹出的“确认保存”对话框中选择“是”按钮；然后，在弹出的“另存为”对话框中输入查询名称为“一般选择查询”，单击“确定”按钮即可完成查询的创建。

⑤在左边的导航窗口中，用鼠标双击“一般选择查询”图标，即可执行设置好的查询，如图 6-25 所示。

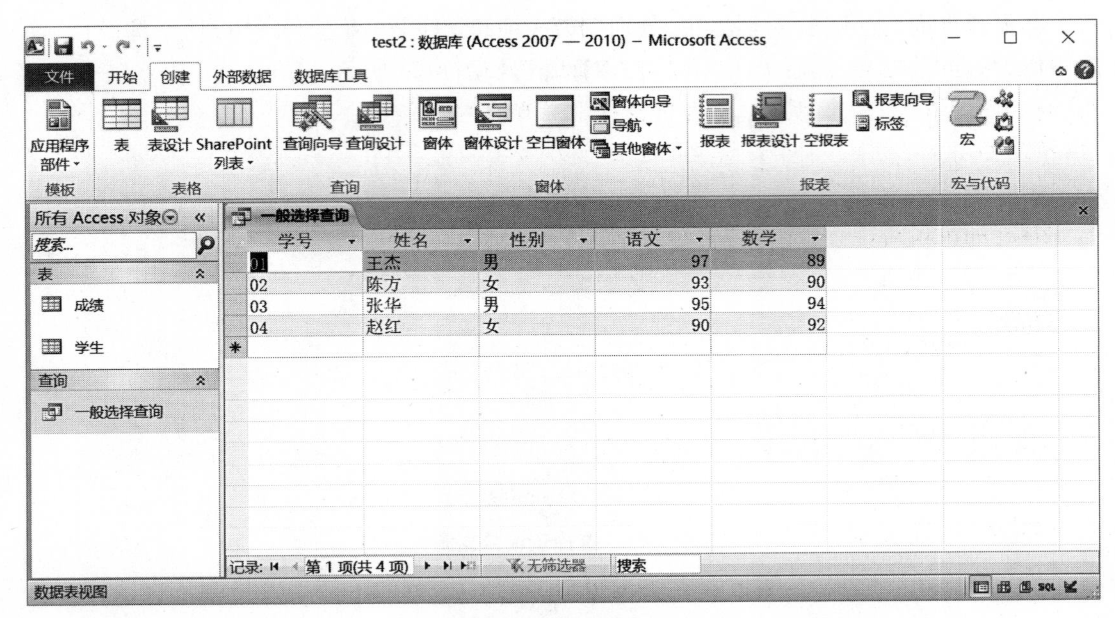

图 6-25　一般选择查询

（5）创建条件选择查询。创建一个名为“条件选择查询”的选择查询对象，查询所有数学成绩大于等于 90 分的男同学。查询显示字段为学号、姓名、性别、数学。

①用上述查询操作方法重新创建一个查询，在查询窗口中选择要添加的各个字段名（本例添加的字段是学号、姓名、性别、数学）。在查询窗口“条件”一行输入相应的查询条件，如图 6-26 所示。

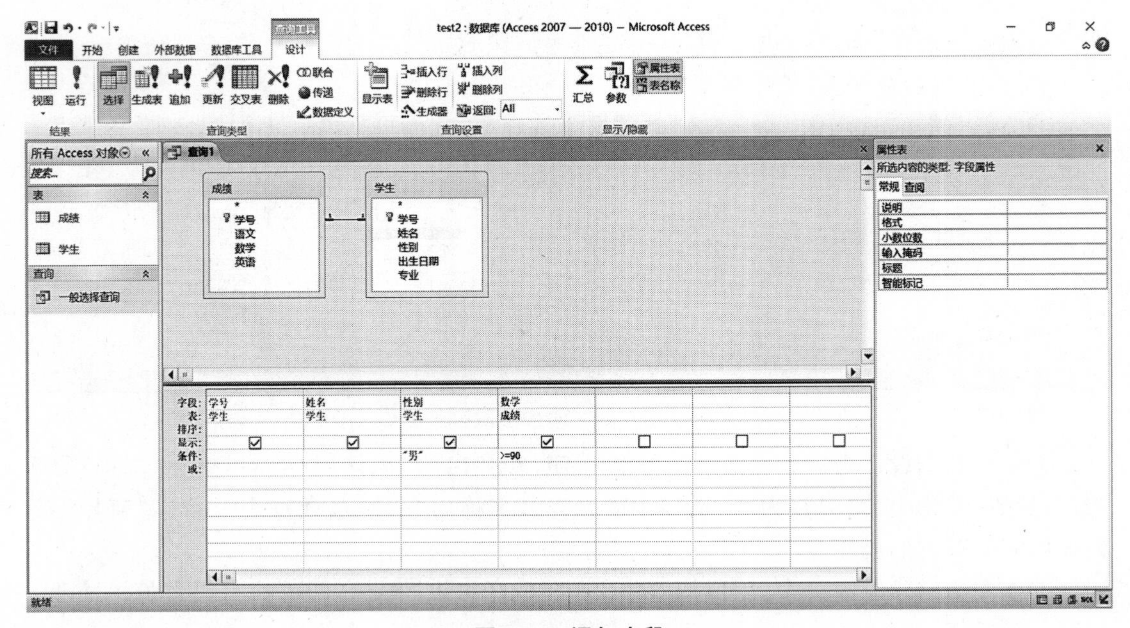

图 6-26　添加字段

②单击查询设计窗口右上角的“关闭”按钮，在弹出的“确认保存”对话框中选择“是”按钮，在弹出的“另存为”对话框中输入查询名称为“条件选择查询”，单击“确定”按钮即可完成查询的创建，如图6-27所示。

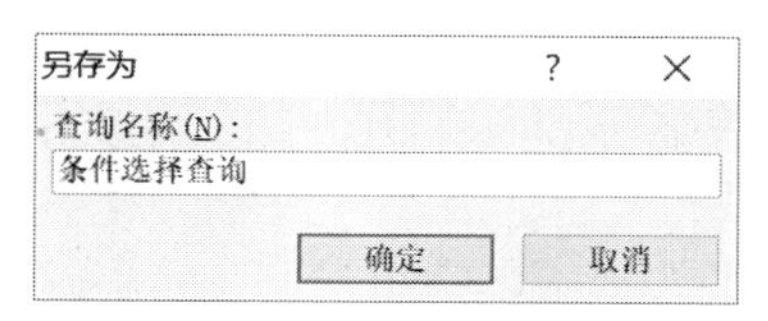

图6-27　输入查询名称

③在左边的导航窗口中，用鼠标双击“条件选择查询”图标，即可执行设置好的查询，如图6-28所示。

图6-28　条件选择查询

(6)创建窗体对象。创建一个以数据库中的学生表为数据源，用于显示和输入学生信息的窗体，窗体对象名为“学生信息”。

①选择“创建”选项卡，在“窗体”功能区中选择“窗体向导”选项，如图6-29所示。

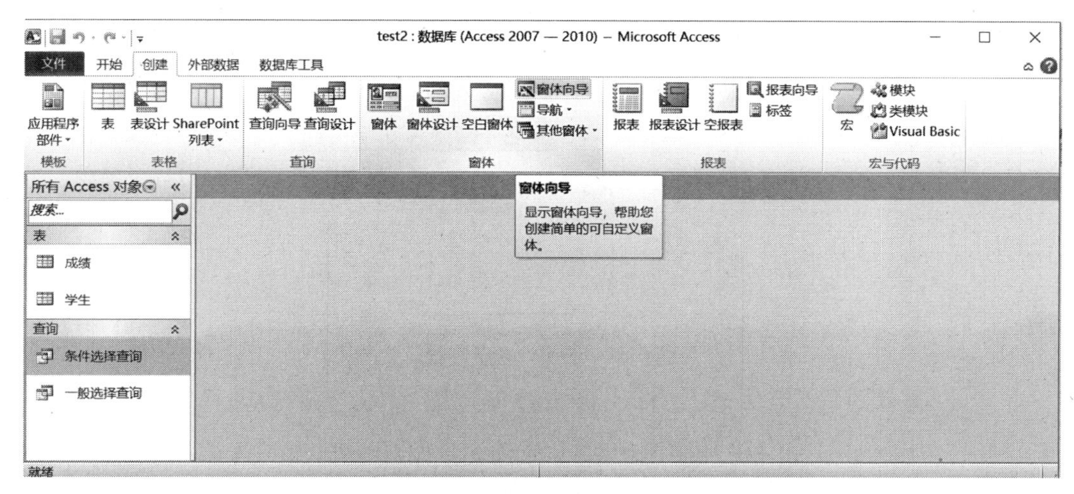

图6-29　选择“窗体向导”

②在弹出的“窗体向导”对话框中选择“表:学生”,单击对话框中间的“>>”按钮,将可用字段全部添加到右边的选定字段列表中,单击“Next”(下一步)按钮,如图 6-30 和图 6-31 所示。

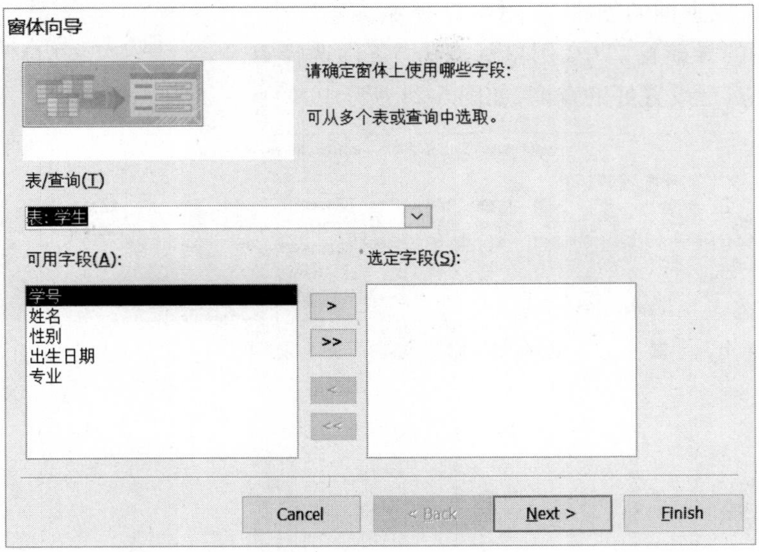

图 6-30 选择“表:学生”

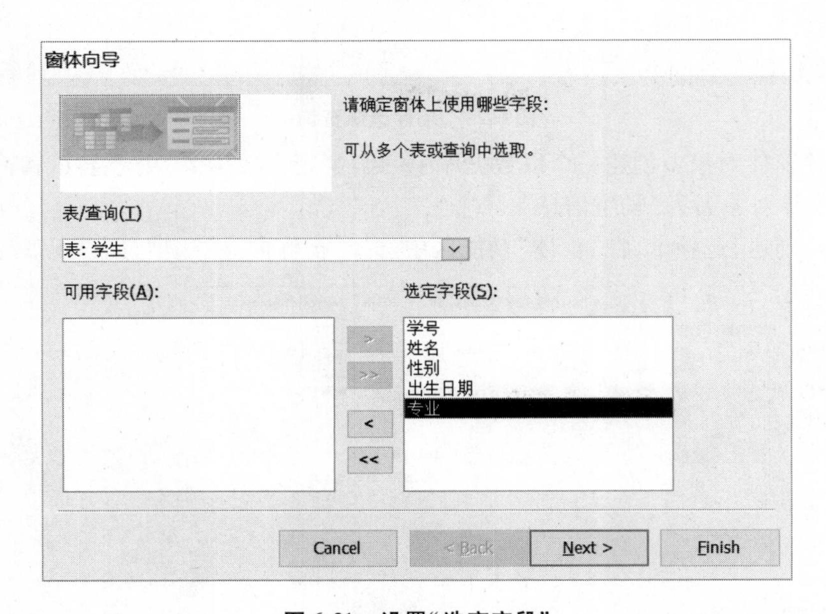

图 6-31 设置“选定字段”

③进入“窗体向导”第 2 步,选择一种窗体使用的布局,本试验选择默认选项,单击“Next”(下一步)按钮,如图 6-32 所示。

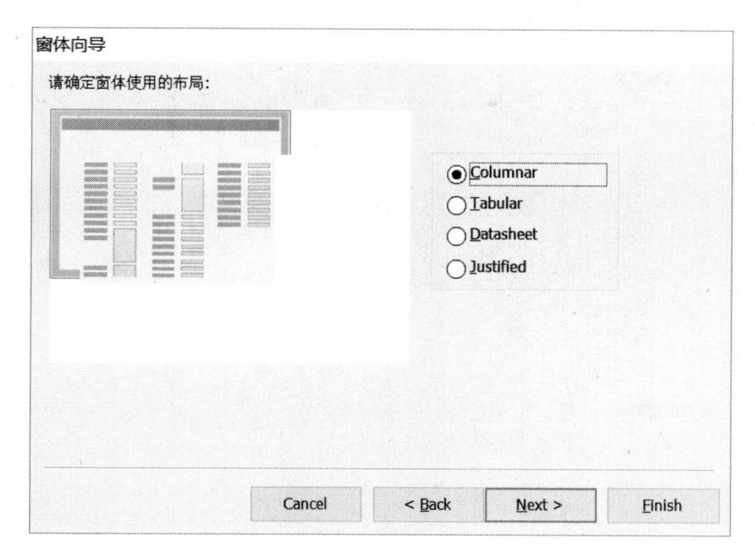

图 6-32　选择窗体使用的布局

④进入"窗体向导"第 3 步,输入窗体标题为"学生信息",单击"Finish"(完成)按钮,即可完成窗体对象的创建,如图 6-33 和图 6-34 所示。

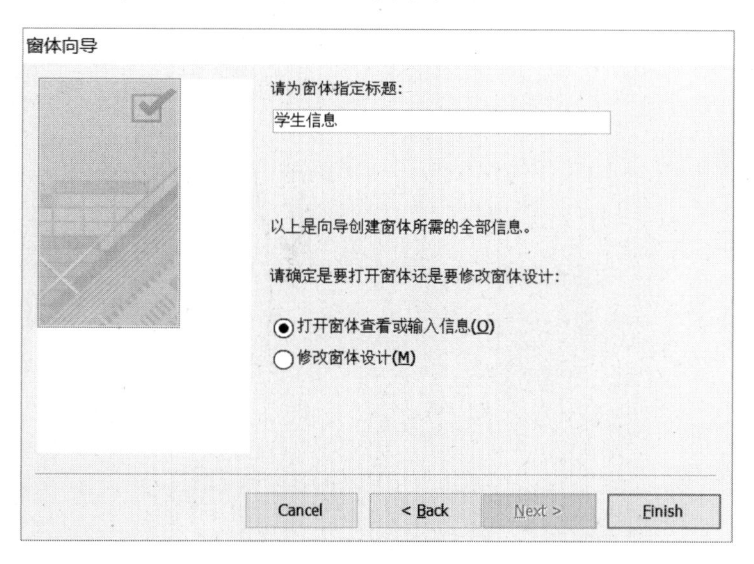

图 6-33　输入窗体指定标题

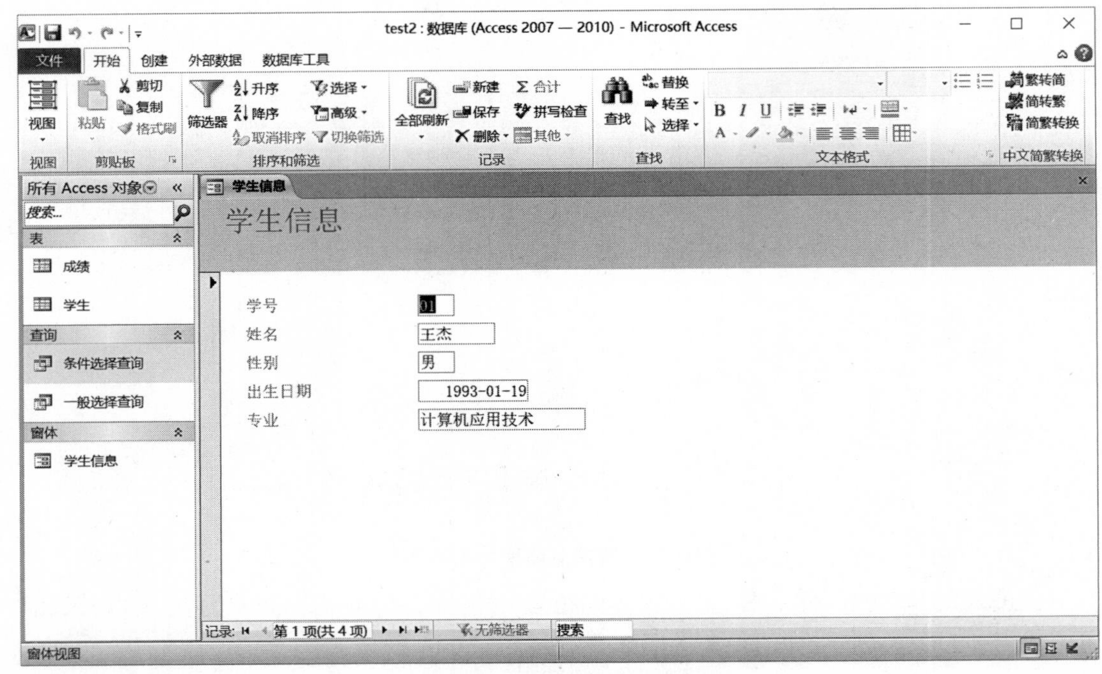

图 6-34　完成窗体对象的创建

项目七　计算机网络应用基础

实验7.1　双绞线制作

1.实验目的

(1)了解双绞线的特性与应用场合。
(2)掌握双绞线的制作方法。
(3)了解简单局域网的组建。

2.实验内容

(1)工具和材料的认识及使用。
(2)使用非屏蔽线制作网线。
(3)网线连通性的测试。
(4)简单网络连接。

3.实验器材

(1)若干水晶头。
(2)双绞线。
(3)剥线/压线钳。
(4)网线测试仪。
(5)交换机。
(6)计算机两台。

4. 实验步骤

(1)认识实验工具与材料,如图 7-1 所示。

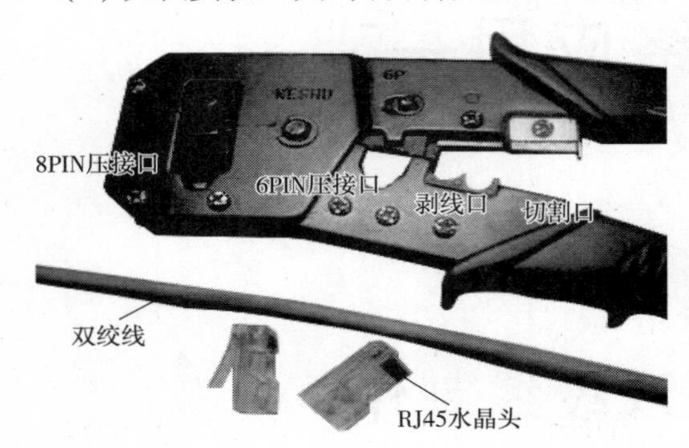

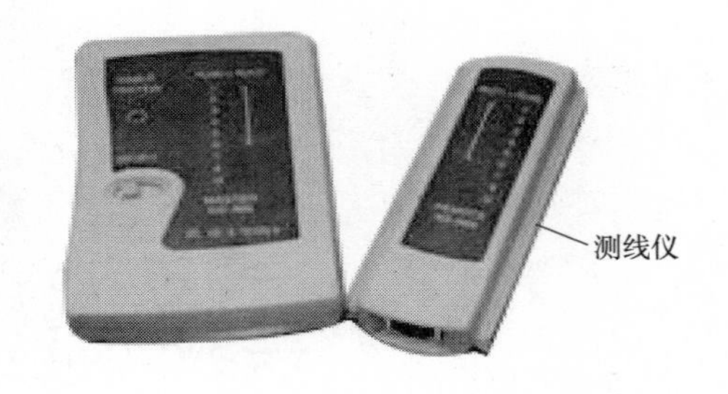

图 7-1　实验工具与材料

(2)按所需长度剪下一段非屏蔽双绞线:利用压线钳的剪线刀口剪裁出计划需要使用到的双绞线长度,如图 7-2 所示。

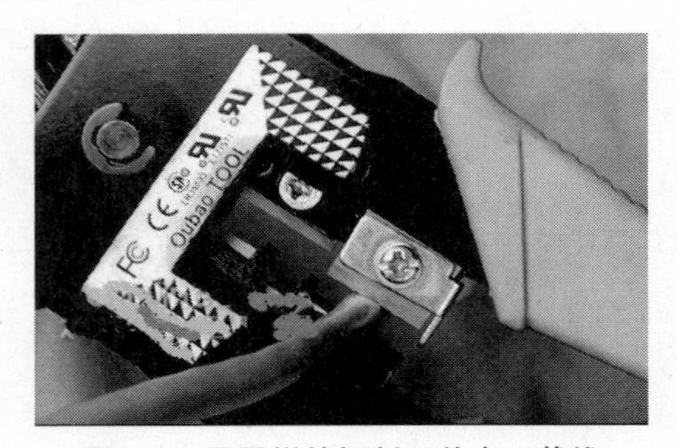

图 7-2　用网钳的切割口剪出一截线

图 7-3　剥去护套

(3)用压线钳在非屏蔽双绞线的一端剥去约 2 厘米护套:利用压线钳的剪线刀口将线头剪齐,再将线头放入剥线专用的刀口,稍微用力握紧压线钳慢慢旋转,让刀口划开双绞线的保护胶皮,如图 7-3 所示。

温馨提示

压线钳挡位离剥线刀口长度通常恰好为水晶头长度,以有效避免剥线过长或过短。若剥线过长,看上去不美观,且因网线不能被水晶头卡住,容易松动;若剥线过短,则因有保护层塑料的存在,不能完全插到水晶头底部,造成水晶头插针不能与网线芯线完好接触,会影响线路的质量。

(4)将 4 条线对的 8 条细导线逐一分线、理线、拉直,然后按照规定的线序排列整齐,如图 7-4 所示。

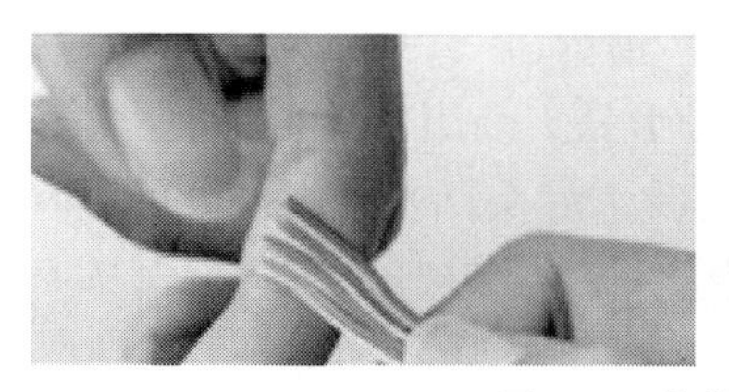
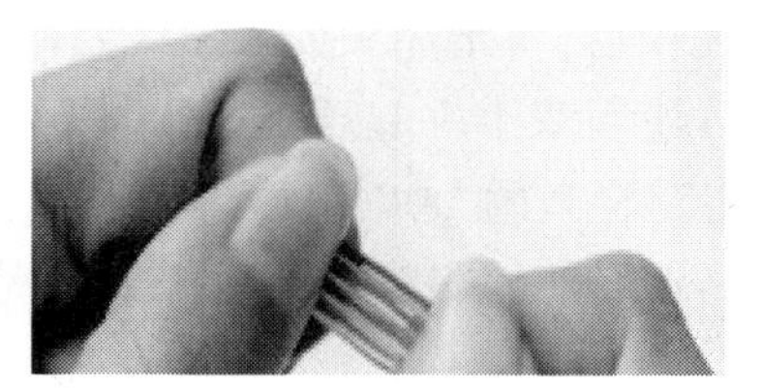

图 7-4　分线、理线、拉直

小提示

线序包括以下两个部分。

T568A：白绿　绿　白橙　蓝　白蓝　橙　白棕　棕

T568B：白橙　橙　白绿　蓝　白蓝　绿　白棕　棕

（5）把线缆依次排列好并理顺拉直之后，应细心检查一遍，之后利用压线钳的剪线刀口将线缆顶部裁剪整齐，需要注意的是裁剪时应水平方向插入，否则线缆长度不一会影响线缆与水晶头的正常接触。若之前把保护层剥下过多，可以在这里将过长的细线剪短，保留去掉外层保护层的部分约为 15 毫米，这个长度正好能将各细导线插入各自的线槽。如果该段留得过长，一来会因线对不再互绞而增加串扰；二来会因水晶头不能压住护套而可能导致电缆从水晶头中脱出，造成线路的接触不良甚至中断，如图 7-5 所示。

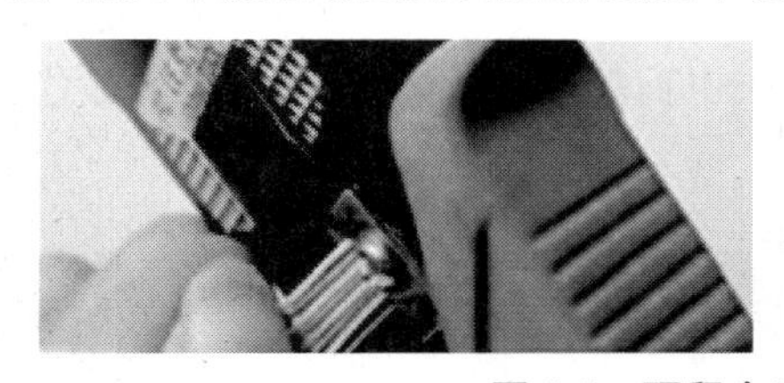
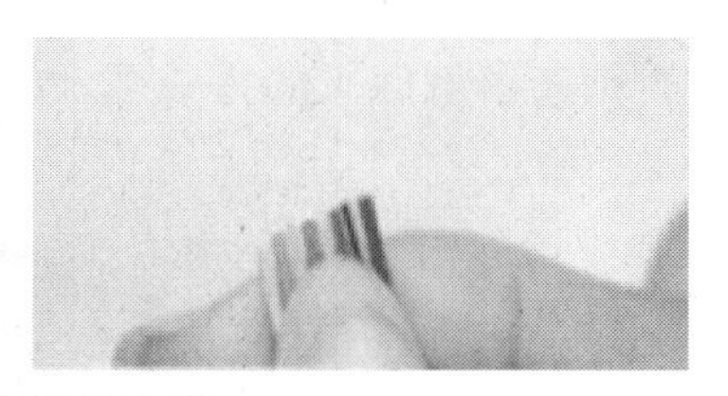

图 7-5　预留合适长度剪线

（6）把整理好的线缆插入水晶头内：将水晶头有塑料弹簧片的一面向下，有针脚的一面向上，使有针脚的一端指向远离自己的方向，有方型孔的一端对着自己。此时，最左边的是第 1 脚，最右边的是第 8 脚，其余依顺序排列。插入时，需要注意缓缓地用力将 8 条线缆同时沿 RJ45 水晶头内的 8 个线槽插入，一直插到线槽的顶端，如图 7-6 所示。

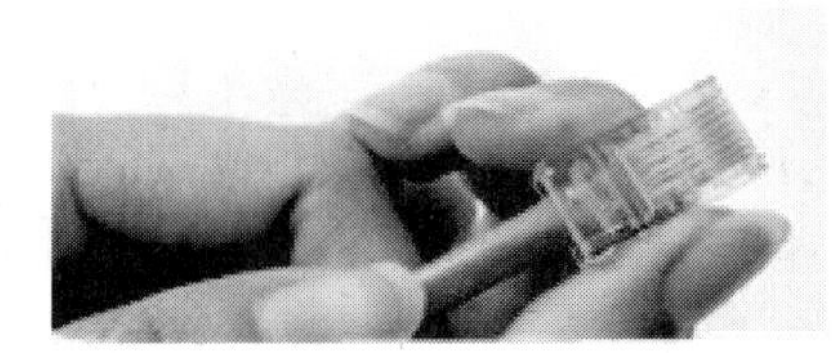

图 7-6　插入水晶头

注意

在最后一步压线之前，从水晶头的顶部检查，看看是否每一组线缆都紧紧地顶在水晶头的末端。

(7)确认无误后，将水晶头插入压线钳的8P槽内压线，插入水晶头后，用力握紧线钳，若力气不足，可使用双手一起压，这一过程使得水晶头凸出在外面的针脚全部压入水晶头内，受力之后听到轻微的“啪”声即可。压线之后水晶头凸出在外面的针脚全部压入水晶头内，而且水晶头下部的塑料扣位也压紧在网线的灰色保护层之上，如图7-7所示。

图7-7　压线

(8)将网线的两头插入测试仪的两个接口之后，打开测试仪可以看到测试仪上的两组指示灯都在闪动。若测试的线缆为直通线缆，在测试仪上的8个指示灯应依次为绿色闪过，这时网线制作成功，可顺利完成数据的发送与接收。若测试的线缆为交叉线缆，其中一侧同样是依次由1～8闪动绿灯，而另一侧则会根据3、6、1、4、5、2、7、8这样的顺序闪动绿灯。若出现任何一个灯为红灯或黄灯，都证明存在断路或者接触不良现象，此时最好先对两端水晶头再用网线钳压一次，再测。如果故障依旧，再检查两端芯线的排列顺序是否一样，如果不一样，随剪掉一端重新按另一端芯线排列顺序制做水晶头。如果芯线顺序一样，但测试仪在重夺后仍显示红色灯或黄色灯，则表明其中肯定存在对应芯线接触不好。此时只有先剪掉一端按另一端芯线顺序重做一个水晶头，再测试，如果故障消除，则不必重做另一端水晶头，否则还得把原来的另一端水晶头也剪掉重做。直到测试全为绿色指示灯闪过为止，如图7-8所示。

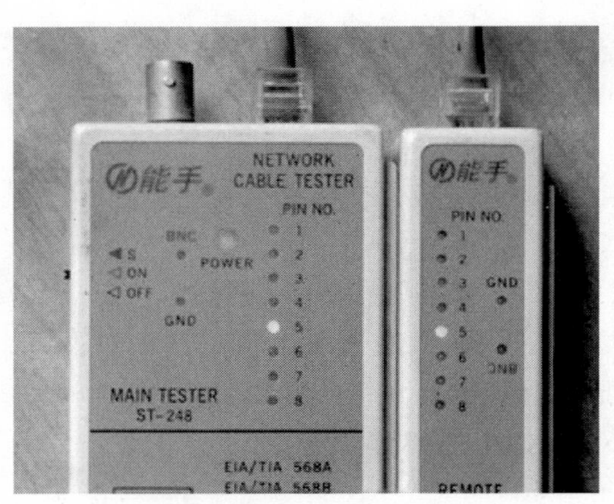

图7-8　用测线仪测试网线连通性

实验 7.2　设置资源共享

1. 实验目的

(1)掌握局域网的组建及网络连接的基本配置。
(2)能够实现局域网内资源共享。

2. 实验内容

在局域网中设置与使用资源共享。

3. 实验要求

(1)查看和确认已安装 Windows 支持的基本网络协议和组件。
(2)查看和确认网络服务。
(3)查看计算机名称(标识)。
(4)查看并设置计算机 IP 地址。
(5)设置文件共享。
(6)在网络中使用共享资源。

4. 实验步骤

(1)打开本机"网络属性",查看和设置计算机绑定的网络服务、客户端组件及协议,记下计算机中所使用的协议名称,确保两台计算机安装了相同协议:"设置"→"控制面板"→"网络连接"→"本地连接",双击"属性",找到 TCP/IP 协议,如图 7-9 所示。

(2)查看和确认网络服务,方法同上,确保两台计算机安装了相同服务,如图 7-10 所示。

(3)右击"我的电脑",选择"属性",单击计算机名称,记录两台计算机的名称,并确保工作组名称一样。设置界面如图 7-11 所示。

(4)打开"本地连接属性"对话框,快速双击"Internet 协议(TCP/IP)",设置 IP 地址和子网掩码。确保 IP 地址在同一个网段,子网掩码一样。设置界面如图 7-12 所示。

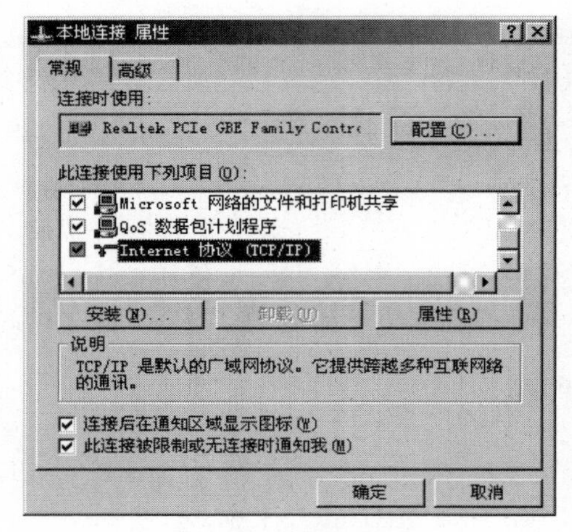

图 7-9　TCP/IP 协议

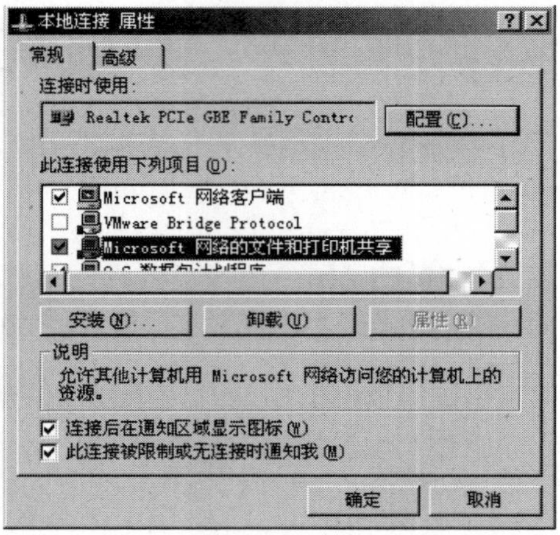

图 7-10　查看和确认网络服务

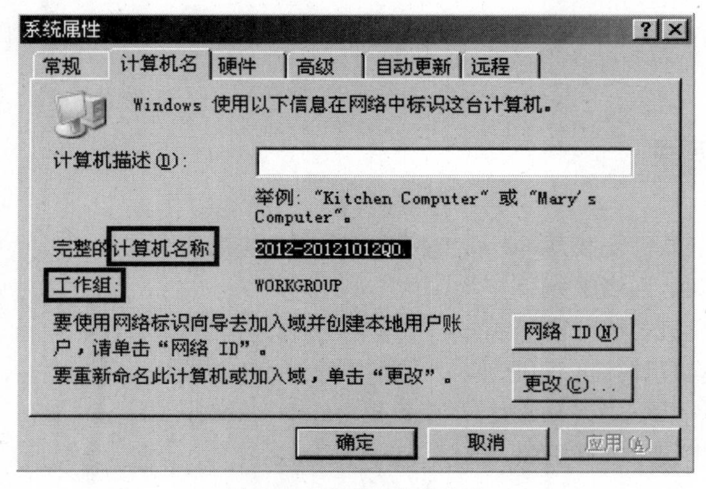

图 7-11　查看工作组名称

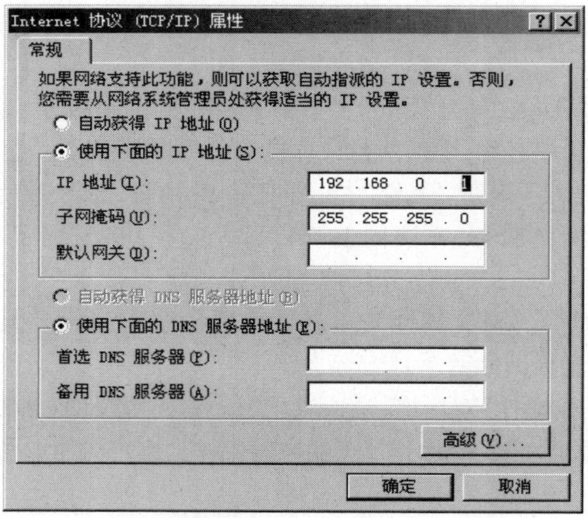

图 7-12　TCP/IP 属性

(5)设置网络资源共享。

①选择要设置共享的文件夹,在左边的“文件和文件夹任务”窗格中单击“共享此文件夹”超链接,或右击要设置共享的文件夹,在弹出的快捷菜单中选择“共享和安全”命令。

②打开“文件夹属性”对话框中的“共享”选项卡,如图 7-13 所示。

③在“网络共享和安全”选项组中选中“在网络上共享这个文件夹”复选框,这时“共享名”文本框和“允许网络用户更改我的文件”复选框均变为可用状态。

④在“共享名”文本框中输入该共享文件夹在网络上显示的共享名称,用户也可使用其原来的文件夹名称。

⑤若选中“允许网络用户更改我的文件”复选框,则设置该共享文件夹为完全控制属性,任何访问该文件夹的用户都可对该文件夹进行编辑修改;若清除该复选框,则设置该共享文件夹为只读属性,用户只可访问该共享文件夹,而无法对其进行编辑修改。

⑥设置共享文件夹后,在该文件夹的图标中将出现一个托起的小手,表示该文件夹为共享文件夹,如图 7-14 所示。

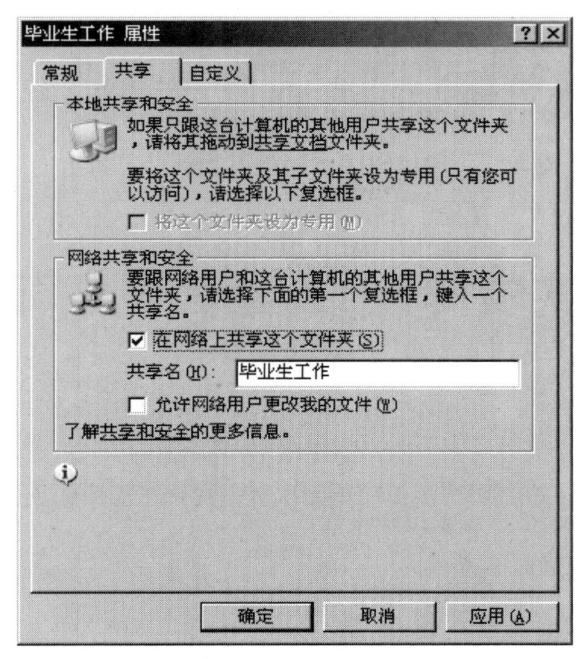

图 7-13 共享文件夹

(6)双击“网上邻居”或者“网络”,单击“查看工作组计算机”,找到另一台主机的计算机名称,如果未能显示,通过搜索另一台计算机的计算机名来查找,找到后,双击对方计算机图标,就可看到你所设置共享资源的名称。

(7)在第一步中找到的共享资源名称,右击,选择映射为网络驱动器,确定。在“我的电脑”中会出现一个网络驱动器 Z,这时你就可以像使用本地驱动器一样使用网络驱动器。

(8)在“我的电脑”“资源管理器”或者 IE 浏览器的地址栏中直接输入:“\\计算机名”

图 7-14　共享后文件夹形式

或 IP 地址,如"\\user"或者"\\192.168.0.5",就可找到计算机上的共享资源。

实验 7.3　设置远程桌面

1. 实验目的

(1)掌握在 Windows 7 下设置远程桌面的方法。
(2)掌握访问远程桌面的方法。

2. 实验内容

在局域网内设置与访问远程桌面。

3. 实验要求

(1)在一台计算机上设置远程桌面。
(2)在另一台计算机上访问并操作远程桌面。

4. 实验步骤

①在桌面上的“计算机”图标上单击鼠标右键，在弹出的快捷菜单中选择“属性”命令，则打开控制面板，如图 7-15 所示。

图 7-15　控制面板

②在控制面板中单击左侧的“远程设置”文字链接，打开“系统属性”对话框，在“远程桌面”选项组中选择第 2 个选项，如图 7-16 所示。如果弹出警告信息，则直接单击“确定”按钮即可，如图 7-17 所示。

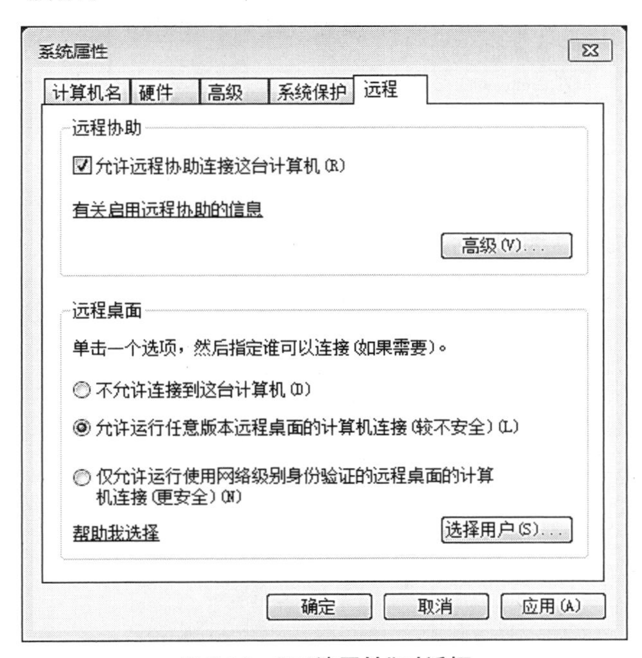

图 7-16　“系统属性”对话框

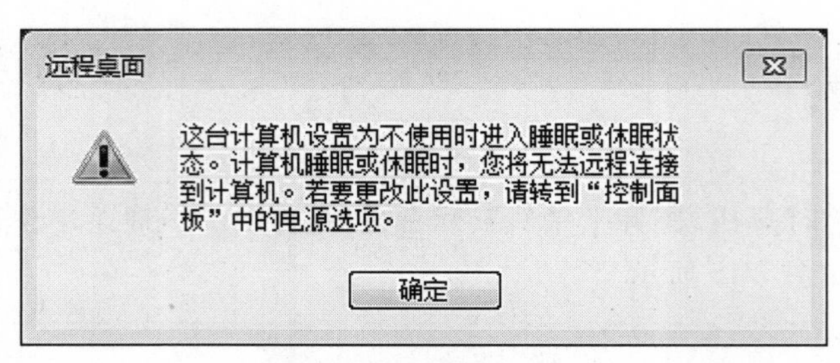

图 7-17　警告信息

③在“系统属性”对话框中单击“确定”按钮,完成远程桌面的设置。

④在桌面上的“网络”图标上单击鼠标右键,在弹出的快捷菜单中选择“属性”命令,打开控制面板。

⑤在控制面板中单击左侧的“更改适配器设置”文字链接,然后在“本地连接”图标上单击鼠标右键,在弹出的快捷菜单上单击鼠标右键,在弹出的快捷菜单中选择“属性”命令。

⑥在弹出的“本地连接 属性”对话框中选择“Internet 协议版本 4(TCP/IPv4)”选项,如图 7-18 所示;然后单击“属性”按钮,在弹出的“Internet 协议版本 4(TCP/IPv4)属性”对话框中可以查看本机的 IP 地址,如图 7-19 所示。

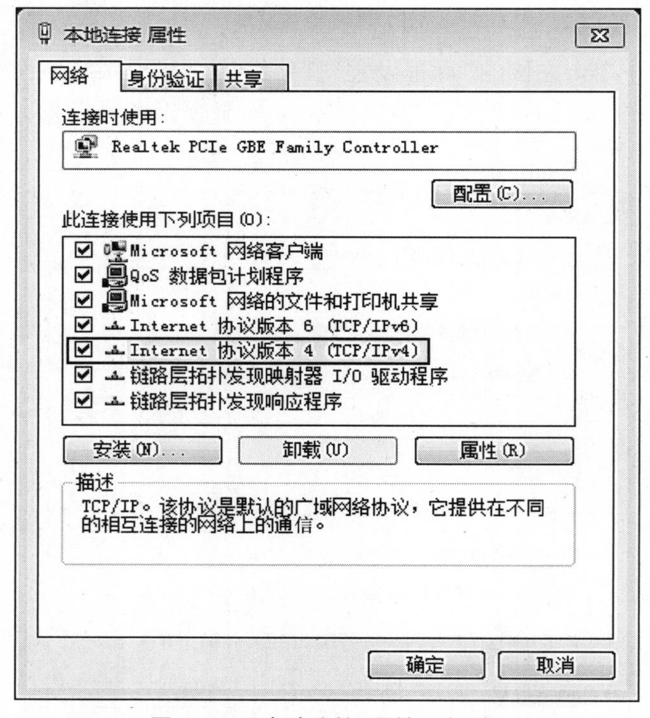

图 7-18　“本地连接 属性”对话框

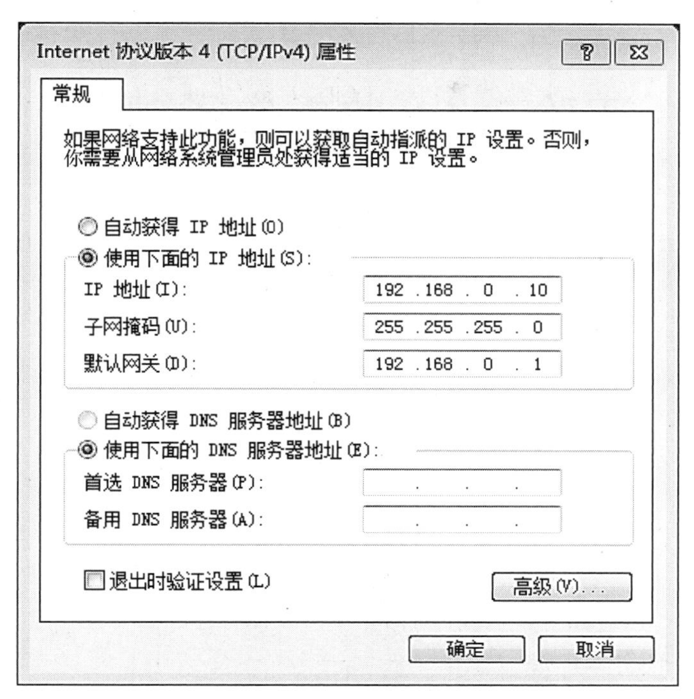

图 7-19　查看本机的 IP 地址

⑦在另一台计算机上打开“开始”菜单，执行“所有程序”→“附件”→“远程桌面连接”命令，弹出“远程桌面连接”对话框，如图 7-20 所示。

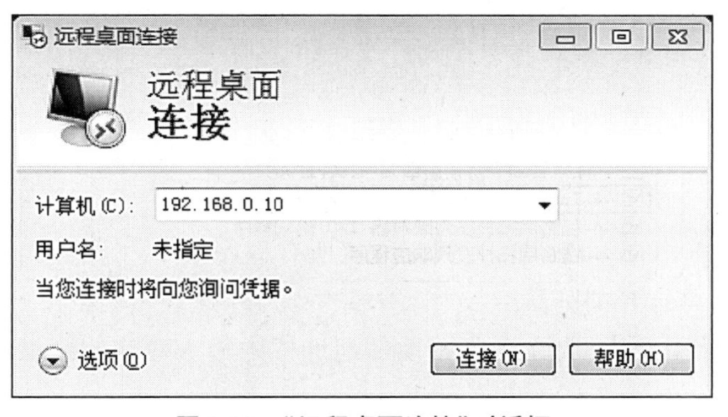

图 7-20　“远程桌面连接”对话框

⑧在“计算机”文本框中输入刚才查看的计算机 IP 地址，单击“连接”按钮，就可连接到远程桌面。

⑨如果设置了密码，还需输入用户名与密码才可远程登录。登录后，与操作自己的计算机没有什么区别。

实验 7.4　收发电子邮件

1. 实验目的

(1)学会在网络上查找资料。

(2)学会发送电子邮件。

2. 实验内容

上网查找资料,将找到的内容以附件的形式用电子邮件发送给老师。

3. 实验要求

(1)在能上互联网的计算机上,利用搜索引擎搜索工业和信息化部最近几年关于人工智能的相关政策。

(2)将含有该政策的网页保存在收藏夹里和本地计算机上。

(3)将该网页以附件的形式用电子邮件发送给老师。

4. 实验步骤

(1)以 Internet Explorer 11(IE)为例,可在“所有程序菜单”“桌面”或“任务栏”上找到“ ”图标,单击即可打开浏览器。

(2)以百度搜索引擎为例,在浏览器顶部地址栏中输入对应的网址,按“Enter”键即可打开搜索引擎。

(3)搜索:在搜索框中输入“工业和信息化部 人工智能 政策”(注意中间的空格),然后单击“百度一下”按钮进行搜索,如图 7-21 所示。

图 7-21　在搜索引擎中搜索关键词

（4）图 7-22 是当前搜索到的内容（因为时间不同，你搜索到的内容也可能不一样），单击“《促进新一代人工智能产业发展三年行动……》”链接可以查看其内容。

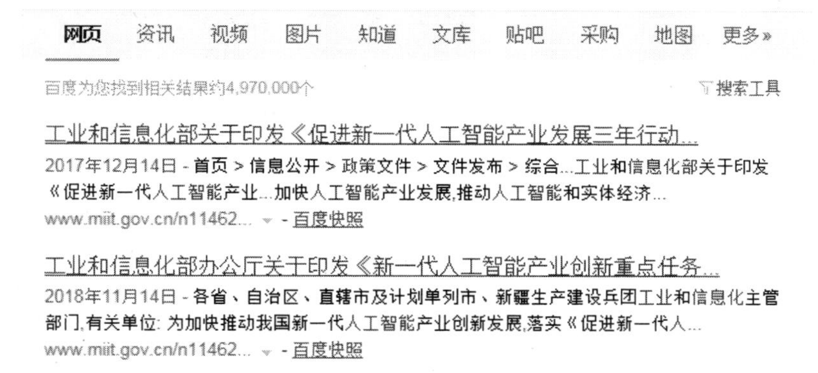

图 7-22　在搜索引擎中搜索的结果

（5）收藏网页：在浏览器菜单栏中单击“收藏夹”菜单，选择“添加到收藏夹”命令，将弹出如图 7-23 所示的对话框，在该对话框中可单击“新建文件夹”按钮创建一个收藏夹，或在“创建位置”选择一个收藏夹，然后单击“添加”按钮，即可收藏当前网页。

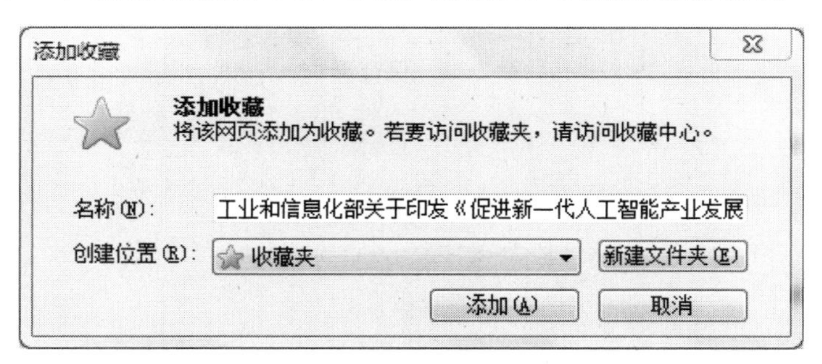

图 7-23　在 IE 浏览器中收藏网页

（6）保存网页：在菜单栏中单击“文件”菜单，选择“另存为”命令，将弹出如图 7-24 所示的对话框，在该对话框中可选择保存的位置、设置保存的文件名以及保存的文件类型，图中所示文件类型将网页及包括的图片等内容保存到单个文件中。

（7）添加电子邮件账户［以 Microsoft Outlook（Microsoft Office 系列软件之一）为例］：如图 7-25 所示，依次单击“文件”菜单，在左侧“信息”栏中的“账户信息”下单击“添加账户”按钮，在随后弹出的对话框中选择“电子邮件账户”单选按钮；再单击“下一步”按钮，在弹出的对话框中，选择“手动配置服务器设置或其他服务器类型”；然后再次单击“下一步”按钮，在弹出的对话框中选择“Internet 电子邮件”单选按钮；继续单击“下一步”按钮，在弹出的对话框中，如图 7-26 所示，设置好相关账户信息，其中的接收邮件服务器（即 POP3 服务器，QQ 邮箱为 pop. qq. com，163 邮箱为 pop. 163. com）和发送邮件服务器（即 SMTP 服务器，QQ 邮箱为 smtp. qq. com，163 邮箱为 smtp. 163. com）因邮箱服务提供商不同而不同，你可能需要咨询相应服务商或到网上查找这两种服务器的域名；最后单击图 7-26 中的“测试

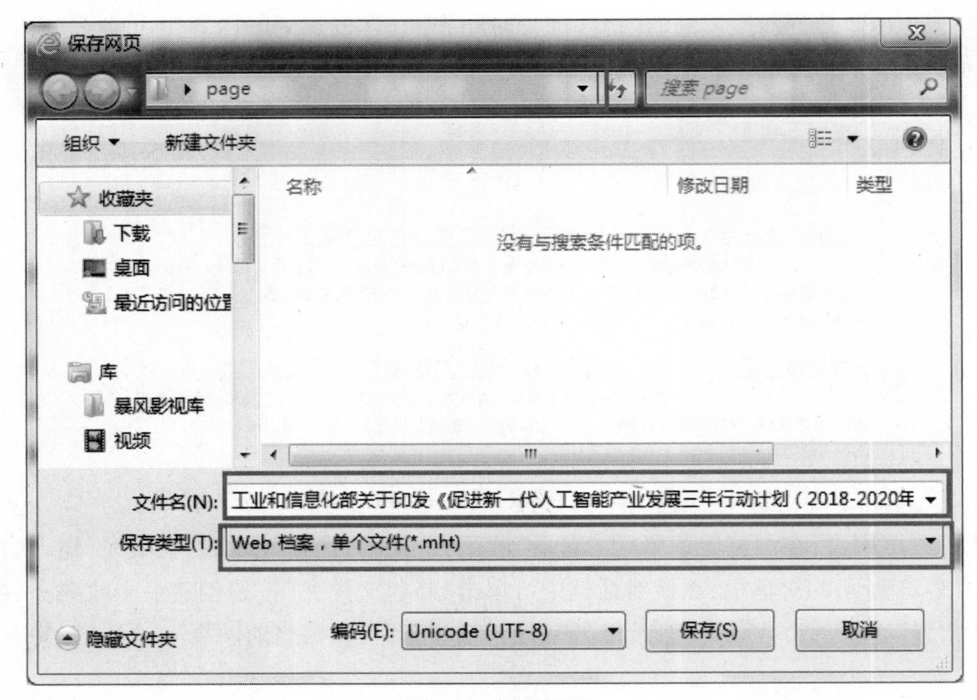

图 7-24　保存网页

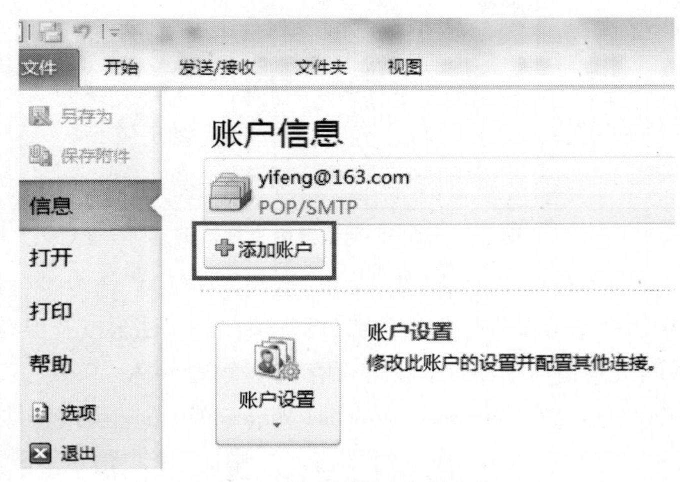

图 7-25　添加“电子邮件账户”

账户设置”按钮以检测账户设置是否正确。如果设置正确，可先后单击“下一步”和“完成”按钮，即可完成账户设置工作。

（8）发送邮件：在 Outlook 的“开始”选项卡中，单击左上角的“新建电子邮件”按钮，将弹出如图 7-27 所示的对话框，单击“收件人”按钮，选择收件人或直接在其后的文本框中输入收件人的电子邮件地址，如“zhang@ qq. com”，多个地址用英文分号隔开，单击“抄送”按钮或直接在其后输入需要抄送的电子邮件地址，在“主题”文本框中输入电子邮件的主题，

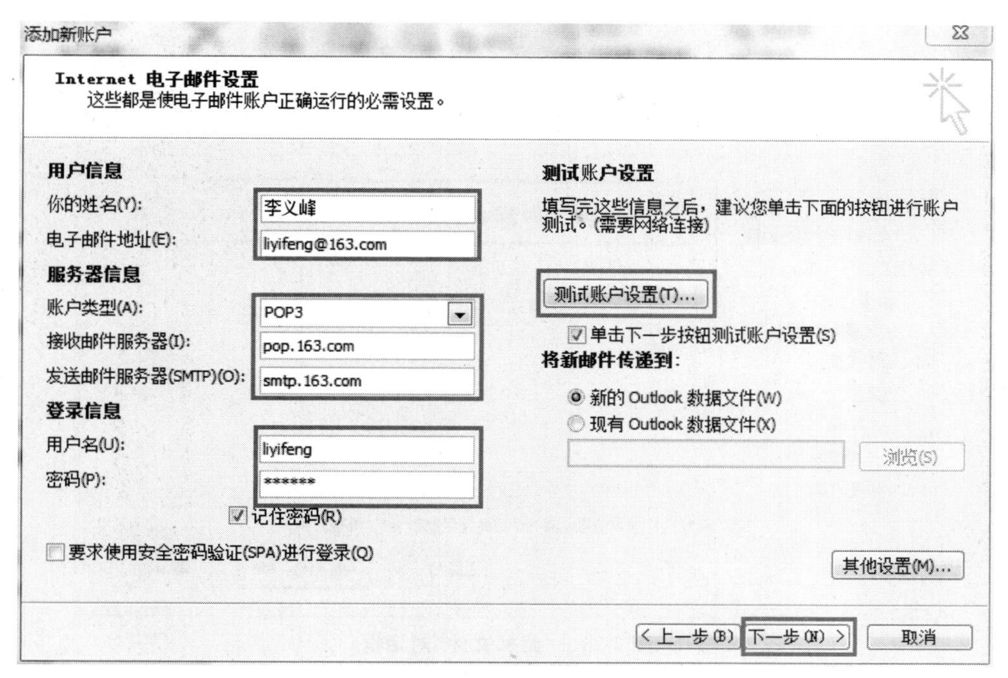

图 7-26　配置电子邮件账户

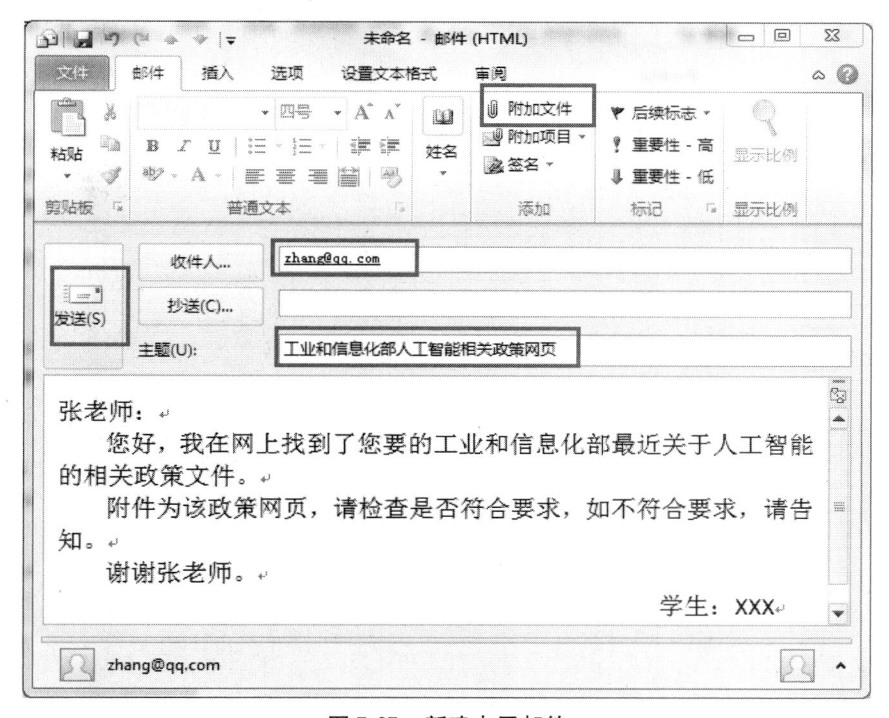

图 7-27　新建电子邮件

如“工业和信息化部人工智能相关政策网页”。如果要发送附件，可单击“附加文件”按钮，将弹出如图 7-28 所示的对话框，在一封电子邮件中可添加多个附件。

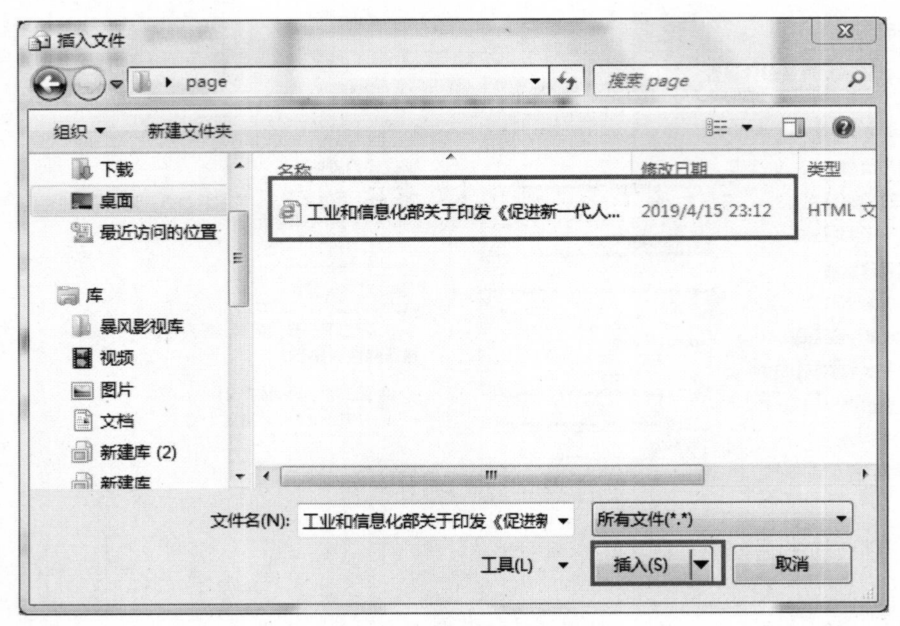

图 7-28 “附加文件”对话框

项目八　信息安全与防护

实验 8.1　加密文件

1. 实验目的

熟悉 Windows 7 系统下的文件加密。

2. 实验内容

(1)搭建实验环境。
(2)加密文件和文件夹。
(3)备份加密证书。
(4)验证加密。

3. 实验要求

本实验需要 Windows 7 专业版以上的版本,文件或文件夹必须在 NTFS 分区下。

(1)在 D 盘或其他盘(示例图中为 H 盘)创建一个文件夹并命名为"绝密"。

(2)在该文件夹下创建一个二级文件夹并命名为"高度绝密"。

(3)在"绝密"文件下创建一个 Word 文件并命名为"私人日记. docx"(该文件内容为:你好,你上当了,这个文件什么内容也没有)。

(4)复制"私人日记. docx"文件到"高度绝密"文件夹,并重命名为"我的日记. docx"。

(5)加密"高度绝密"文件夹及其之下的所有子文件夹和文件。

(6)将加密证书文件备份到“绝密”文件夹下(文件名为“加密证书.pfx”)。

(7)切换别的用户登录,验证“高度绝密”文件夹下的“我的日记.docx”文件是否可正常阅读。

4.实验步骤

(1)在D盘创建“绝密”文件夹(略)。

(2)在“绝密”文件夹下创建“高度绝密”文件夹(略)。

(3)在“高度绝密”文件夹下创建“私人日记.docx”(略)。

(4)复制“私人日记.docx”文件到“高度绝密”文件夹,并重命名为“我的日记.docx”(略)。

(5)加密“高度绝密”文件夹及其之下的所有子文件夹和文件。

①用鼠标选中“高度绝密”文件夹。

②单击鼠标右键,在弹出的快捷菜单中选择“属性”命令,如图8-1所示。

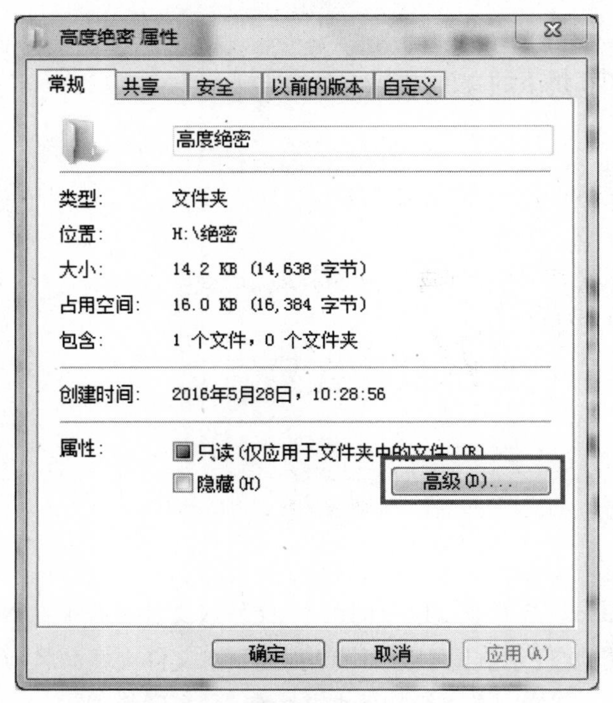

图8-1 “文件夹属性”对话框

③在“文件夹属性”对话框中,用鼠标左键单击“高级”按钮,将弹出如图8-2所示的“高级属性”对话框。

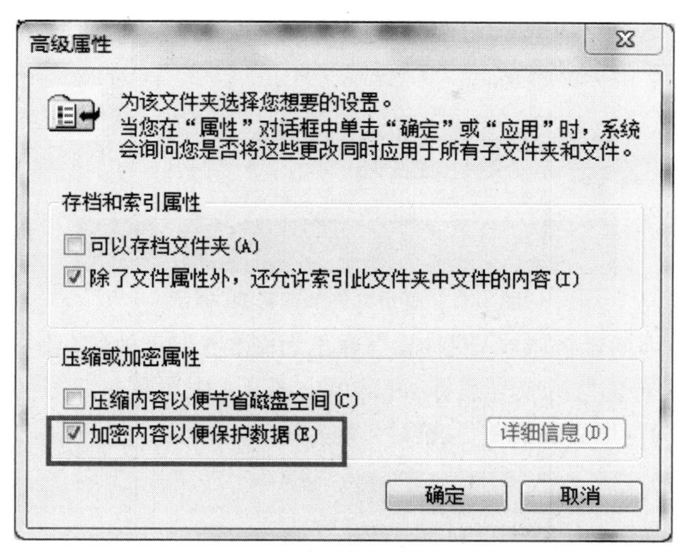

图 8-2 "高级属性"对话框

④在"高级属性"对话框中，用鼠标勾选"加密内容以便保护数据"复选框，然后单击"确定"按钮，再次单击图 8-1 中的"确定"按钮。

⑤接下来将弹出如图 8-3 所示的"确认属性更改"对话框，用鼠标选中"将更改应用于此文件夹、子文件夹和文件"单选按钮，单击"确定"按钮，对文件夹进行加密。

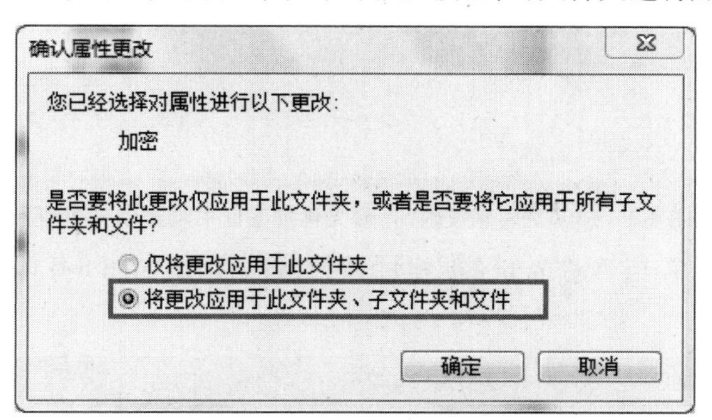

图 8-3 "确认属性更改"对话框

看一看

请观察并记录"高度绝密"文件夹的颜色：________________色。

(6)将加密证书文件备份到"绝密"文件夹下（文件名为"加密证书. pfx"）。加密证书非常重要，应保存在别人不易找到的地方，不宜与加密文件一起存放，也不应保存在加密文件所在的硬盘（本实验为实验方便触犯大忌！切记）。

在该用户第一次执行加密操作时,在任务栏通知区域(任务栏右侧)会弹出如图 8-4 所示的“备份文件加密密钥”提示。

图 8-4 “备份文件加密密钥”提示

①单击图 8-4 中的黄色感叹号图标,会弹出如图 8-5 所示的“备份文件加密证书和密钥”对话框(如果没有黄色感叹号图标,可以单击图 8-4 中黄色感叹号旁边的小三角形按钮,在随后弹出的内容里会找到黄色感叹号图标)。

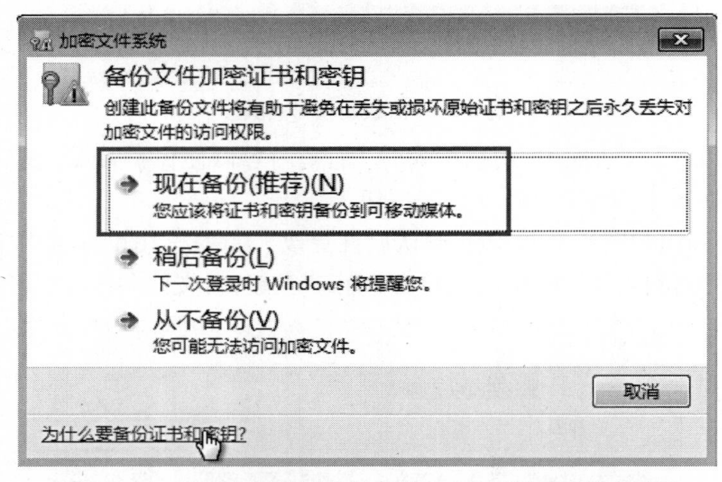

图 8-5 加密文件系统的“备份文件加密证书和密钥”对话框

②在图 8-5 中,单击“现在备份(推荐)”按钮,将会弹出如图 8-6 所示的“证书导出向导”对话框。

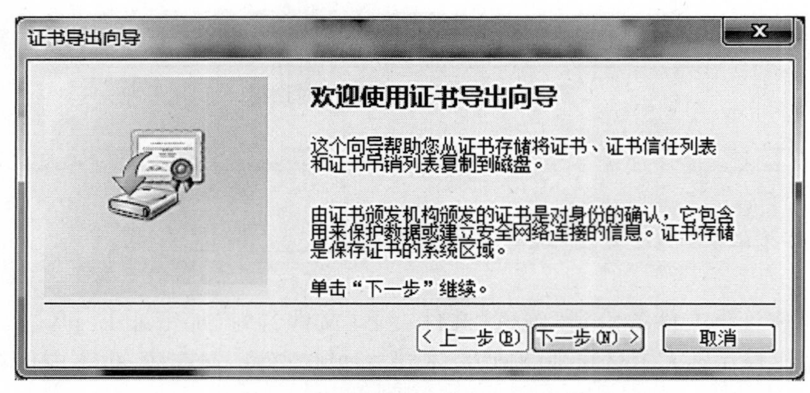

图 8-6 “证书导出向导”之一对话框

③在图 8-6 中,单击“下一步”按钮,将弹出如图 8-7 所示的对话框。

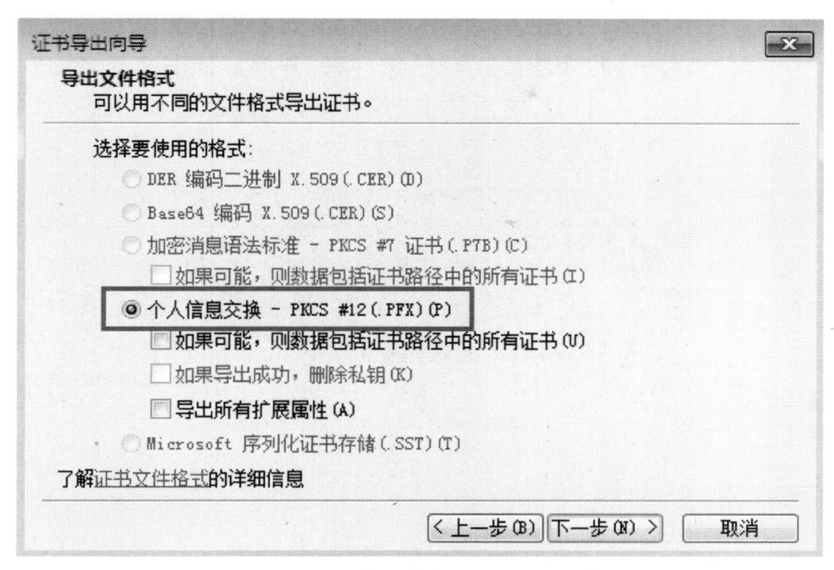

图 8-7　“证书导出向导”之二对话框

④在图 8-7 中,选中“个人信息交换-PKCS #12(.pfx)”单选按钮,然后单击“下一步”按钮,将弹出如图 8-8 所示的对话框。

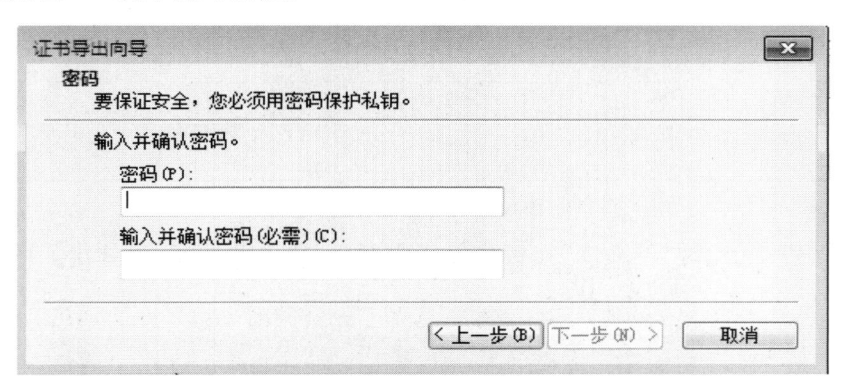

图 8-8　“证书导出向导”之三对话框

⑤在图 8-8 中,为私钥设置密码保护,输入两次相同的复杂密码,然后单击“下一步”按钮,将弹出如图 8-9 所示的对话框。

图 8-9　“证书导出向导”之四对话框

⑥在图 8-9 中，单击"浏览"按钮，将弹出如图 8-10 所示的"另存为"对话框，为导出的证书选择一个可靠的文件夹，此处选择"绝密"文件夹，并设置证书文件名为"加密证书"，保存类型为个人信息交换（＊.pfx），然后单击"保存"按钮（说明：加密证书文件应妥善保存在秘密的地方，一般不应与重要数据一起保存）。

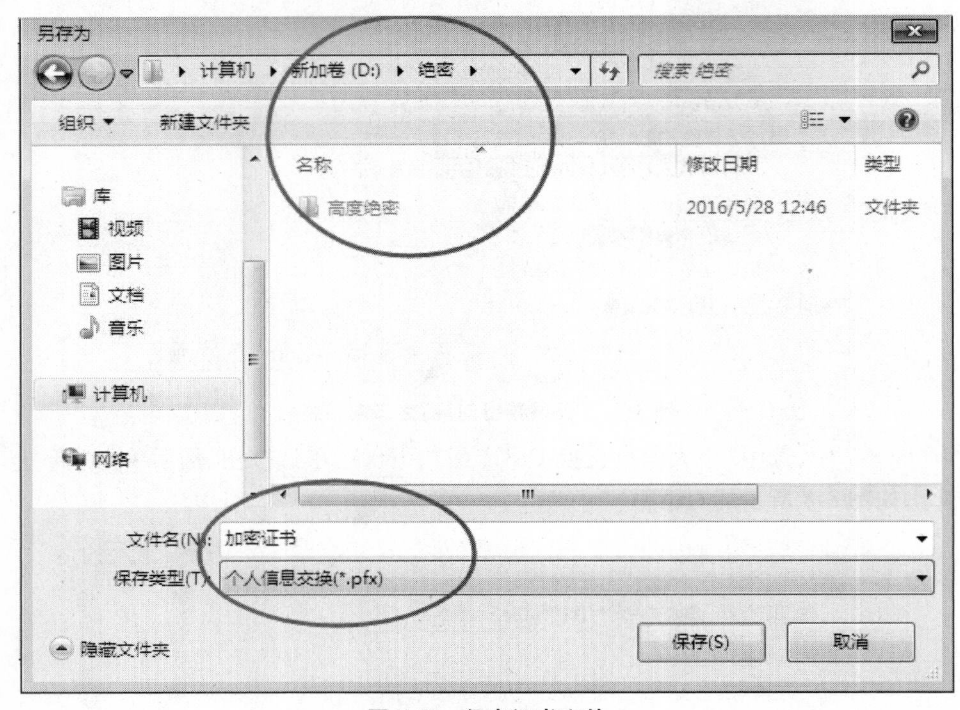

图 8-10　保存证书文件

⑦在图 8-9 中，此时"下一步"按钮恢复正常颜色，单击此按钮，将弹出如图 8-11 所示的对话框。

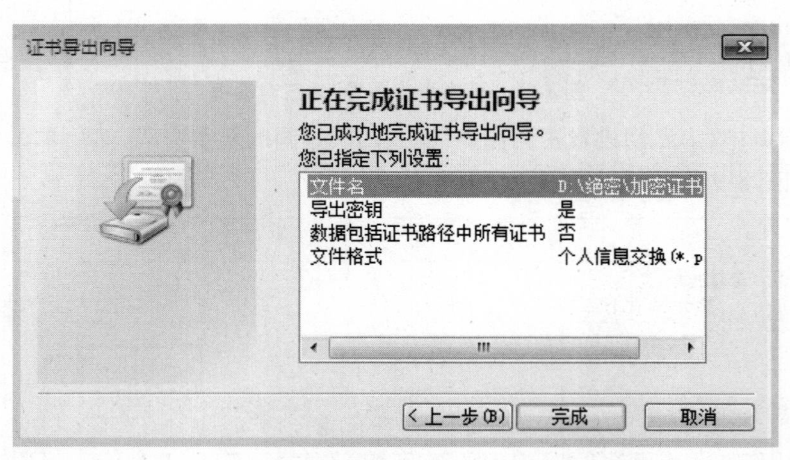

图 8-11　"证书导出向导"之五对话框

⑧在图 8-11 中，单击"完成"按钮，将弹出"证书导出成功"的提示。至此，证书导出完

成，在 D：\绝密\文件夹下就有一个“加密证书. pfx”的证书文件。

如果用户首次加密文件或文件夹时，忘记了备份证书或没有来得及单击黄色感叹号图标（后来也没有找到），可按照以下方法进行证书的备份：

a. 按组合键“Win+R”，在“运行”对话框中输入命令“certmgr. msc”（不包括双引号），如图 8-12 所示。

图 8-12　打开证书管理器命令

b. 在图 8-12 中，单击“确定”按钮，将弹出如图 8-13 所示的“证书管理器”窗口。

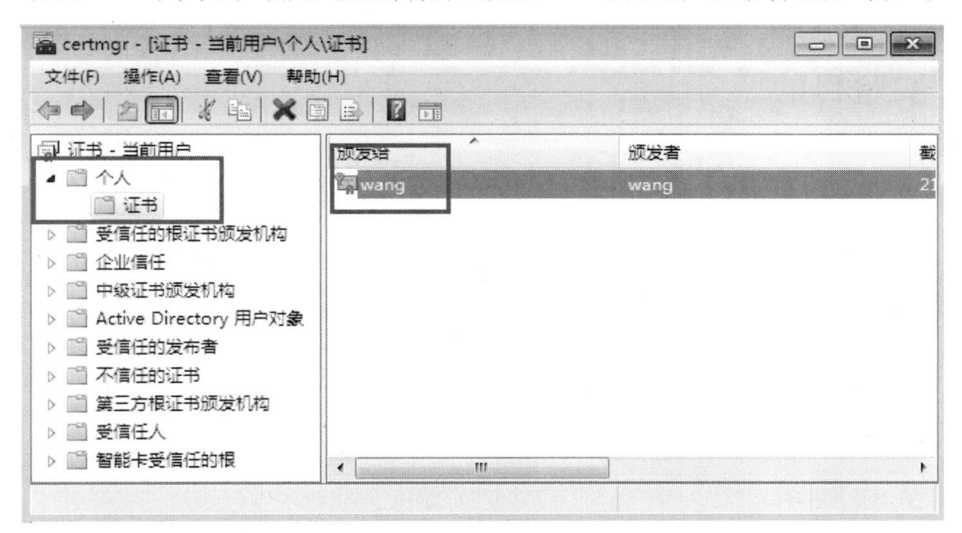

图 8-13　“证书管理器”窗口

c. 在图 8-13 中，依次展开左边导航栏的“个人-证书”，并用鼠标选中“证书”项，此时在右边栏将显示目前的所有的个人证书。

d. 选中当前用户（执行加密操作的用户）的证书，单击鼠标右键，在弹出的快捷菜单中选择“所有任务命令”，在其子菜单中选择“导出”命令，此时将弹出如图 8-14 所示的“证书导出向导”对话框。

e. 在图 8-14 中，选中“是，导出私钥”单选按钮，再单击“下一步”按钮，接下来的操作同步骤③，请参考图 8-7 及其以后的操作。

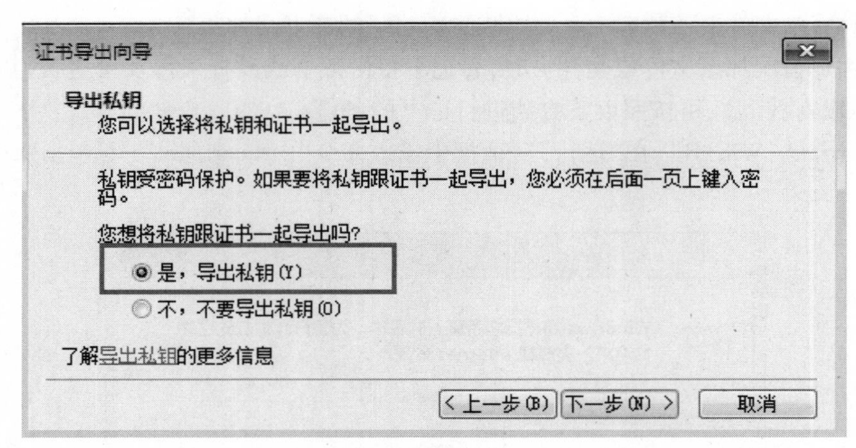

图 8-14 “证书导出向导”之六对话框

至于导入备份证书的操作，只要双击证书文件按向导操作即可，不妨一试。

实验 8.2 设置 Windows 7 防火墙

1. 实验目的

熟悉 Windows 7 系统下防火墙的简单设置。

2. 实验内容

(1)打开 Windows 7 防火墙。
(2)设置程序通过 Windows 7 防火墙进行通信。

3. 实验要求

(1)打开 Windows 7 防火墙。
(2)允许 Word 程序通过 Windows 防火墙进行通信。

4. 实验步骤

(1)打开 Windows 7 防火墙。
①单击任务栏左边的“开始”按钮。

②在打开的“开始”菜单中单击“控制面板”命令，打开控制面板。

③在控制面板中，按照“大图标”来显示，单击“Windows 防火墙”选项，将打开“Windows 防火墙”窗口，如图 8-15 所示。

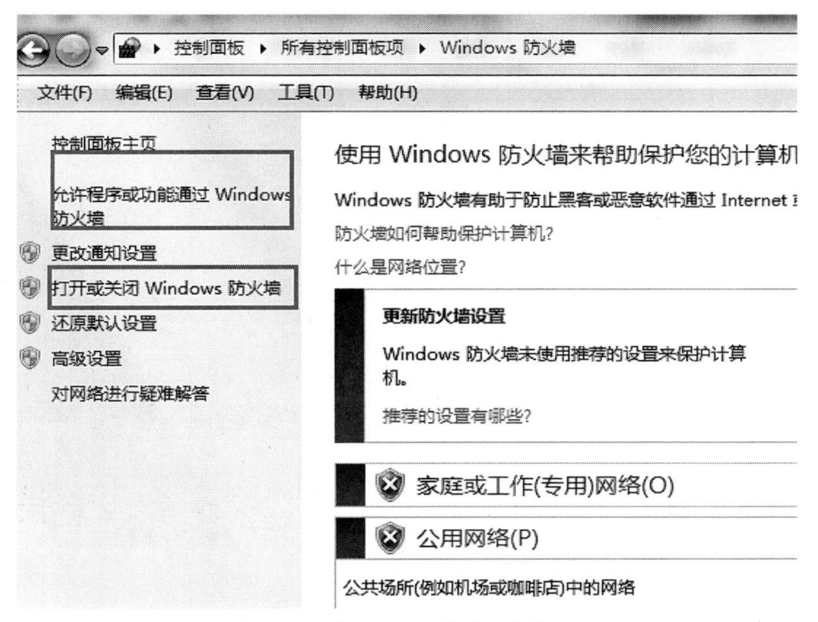

图 8-15　“Windows 防火墙”窗口

④在图 8-15 中，单击左边的“打开或关闭 Windows 防火墙”选项，将弹出如图 8-16 所示的防火墙“自定义设置”窗口。

图 8-16　Windows 防火墙“自定义设置”窗口

⑤在图 8-16 中,选中“启用 Windows 防火墙”单选按钮,可以打开公用网络位置的 Windows 防火墙,当然也可以在特殊情况下关闭 Windows 防火墙,但不推荐这样做。

(2)允许 Word 程序通过 Windows 防火墙进行通信。

①在如图 8-15 所示的窗口中,单击“允许程序或功能通过 Windows 防火墙”选项,打开如图 8-17 所示的 Windows 防火墙“允许的程序”窗口。

图 8-17　Windows 防火墙“允许的程序”窗口

②在图 8-17 中,单击“允许运行另一程序”按钮,打开如图 8-18 所示的“添加程序”对话框。在该对话框中,拖动滚动条并选择 Word 程序,再按“添加”按钮即可允许 Word 程序通过 Windows 防火墙进行通信;如果没有找到 Word 程序,可单击“浏览”按钮来手动添加一个程序,如图 8-19 所示(Word 2010 程序的大致位置为:“C:\Program Files (x86)\Microsoft Office\Office 14\WINWORD. EXE,”不同系统可能会有差别)。

③在图 8-18 中,选择好程序并单击“添加”按钮,将会看到如图 8-20 所示的情况(可能需要拖动滚动条)。

图 8-18　“添加程序”对话框

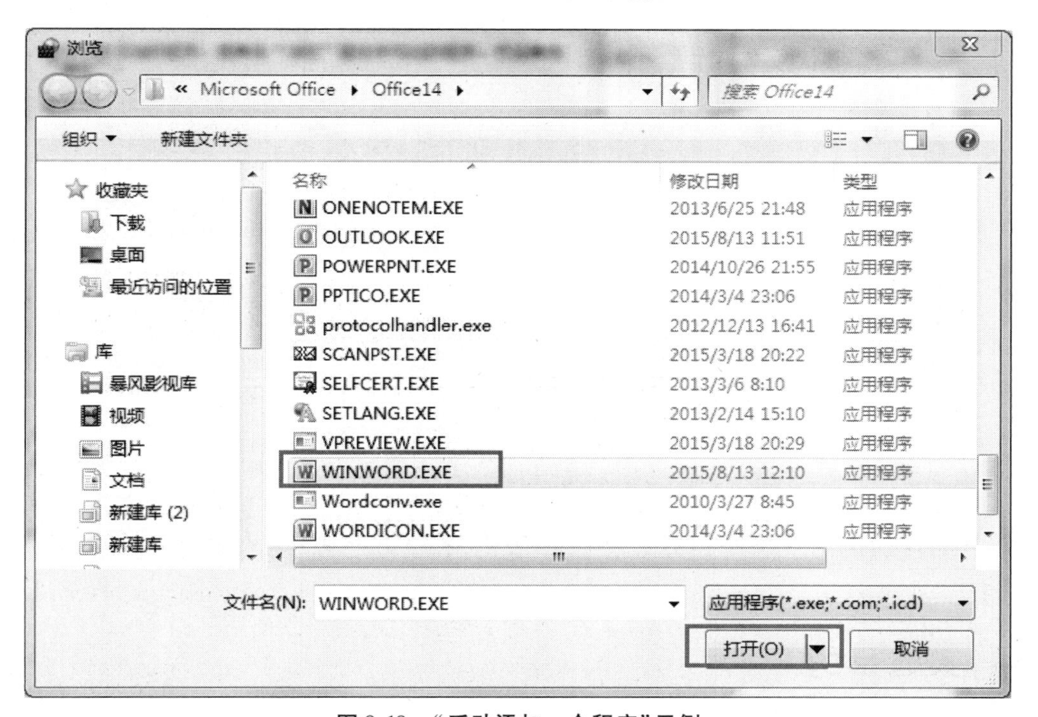

图 8-19　“手动添加一个程序”示例

④在图 8-20 中，可以勾选允许通信的网络，图中勾选了“公用”网络，然后单击“确定”按钮即可（注意：本实验对象为 Word 程序，在实际应用中作用不大，这里只是为了演示实验方便而已）。

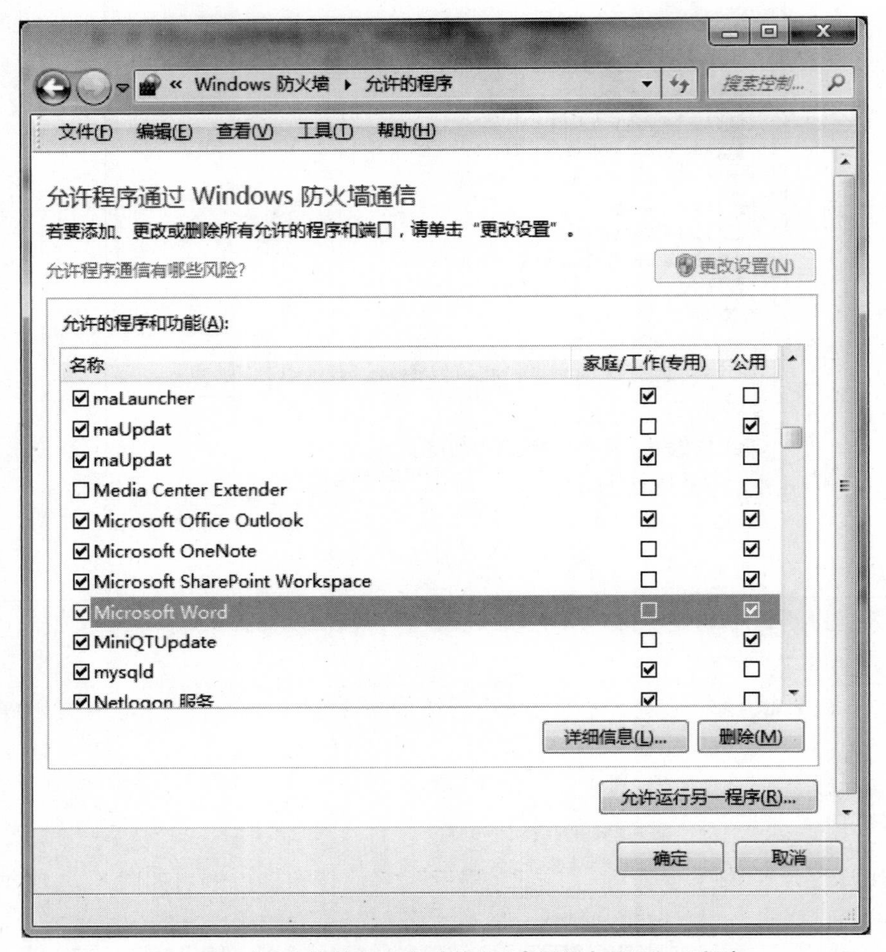

图 8-20 在“允许的程序和功能”列表里添加了 Word 程序

实验 8.3 杀毒软件的使用

1. 实验目的

（1）掌握杀毒软件的安装。

（2）熟练进行病毒扫描。

（3）熟悉杀毒软件的设置。

2. 实验内容

(1)下载并安装杀毒软件。
(2)扫描病毒。
(3)设置定期扫描病毒。

3. 实验要求

(1)下载杀毒软件。
(2)安装杀毒软件。
(3)对所有磁盘进行病毒扫描(全盘扫描)。
(4)对文件或文件夹进行病毒扫描。
(5)设置杀毒软件为每月第 1 天 12:00 准时进行全盘扫描。

4. 实验步骤

(1)下载杀毒软件。

下载地址:毒霸官网,单击“免费下载”按钮即可下载,也可直接运行或另外保存到其他地方。

(2)安装杀毒软件。

①双击所下载的文件(一般是以“duba”开头的文件)安装金山毒霸软件,弹出如图 8-21 所示的“打开文件-安全警告”对话框,单击“运行”按钮即可弹出如图 8-22 所示的金山毒霸安装界面。

图 8-21　“打开文件-安全警告”对话框

②在图 8-22 中,单击“安装路径”可设置软件的安装路径,但一般为默认设置。

③安装程序将会很快安装好并启动金山毒霸软件,图 8-23 是启动后的软件界面。

图 8-22　金山毒霸安装界面

图 8-23　金山毒霸安装好后的界面

(3)对所有磁盘进行病毒扫描(全盘扫描)。

全盘扫描:单击图 8-23 中的“一键云查杀”按钮旁边的向下小三角按钮,选择“全盘扫描”即可对计算机进行全盘扫描。

(4)对文件或文件夹进行病毒扫描。

指定位置扫描:单击图 8-23 中的“一键云查杀”按钮旁边的向下小三角按钮,选择“指定位置扫描”,将弹出如图 8-24 所示的对话框,展开并勾选需要扫描的文件夹即可对特定文件夹进行病毒扫描。

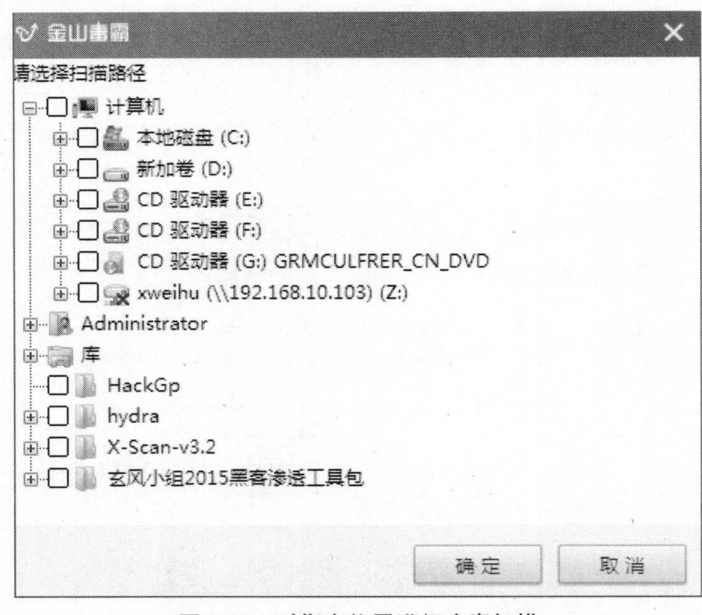

图 8-24　对指定位置进行病毒扫描

特定文件或文件夹扫描：选择好需要扫描的文件或文件夹，单击鼠标右键，在弹出的快捷菜单中选择"使用金山毒霸进行扫描"命令即可对选择的对象进行自定义扫描。

(5)设置杀毒软件为每月第1天12:00准时进行全盘扫描。

①在图8-23中，单击"更多"按钮，将弹出如图8-25所示的窗口。

图8-25　金山毒霸工具窗口

②在图8-25中，单击"电脑安全"，再单击"定时查杀"图标，将弹出如图8-26所示的"定时查杀小助手"对话框。

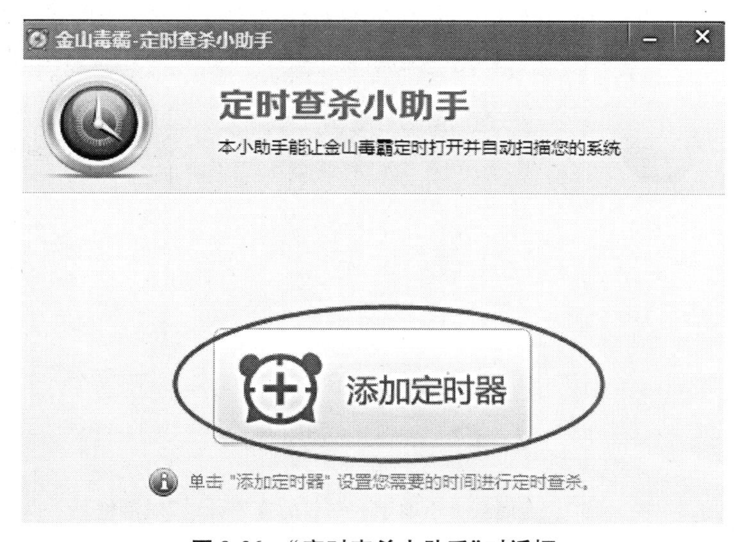

图8-26　"定时查杀小助手"对话框

③在图8-26中，单击"添加定时器"按钮，将弹出如图8-27所示的"定时查杀小助手"对话框。

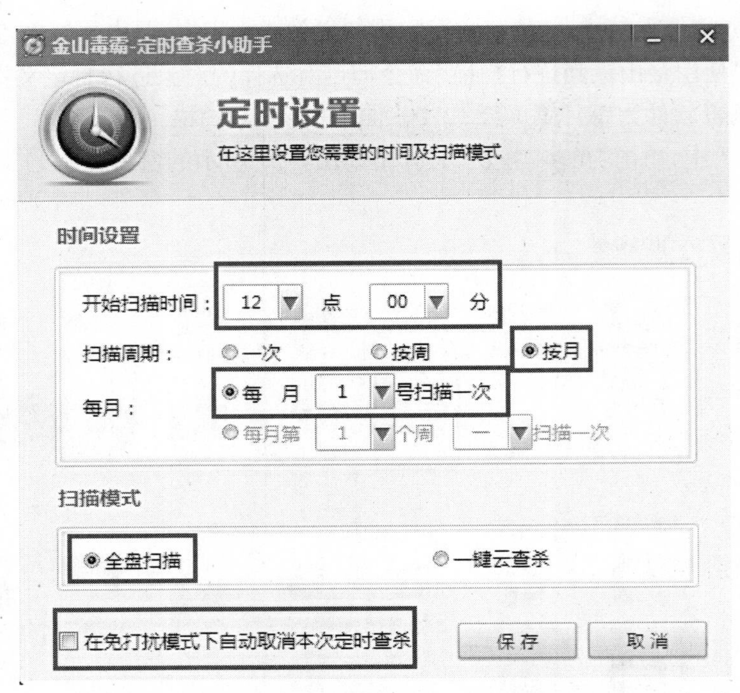

图 8-27 “定时查杀小助手——定时设置”对话框

④在图 8-27 中，依次设置“开始扫描时间”为 12:00，“扫描周期”为按月，“每月”设置为 1 号扫描一次，扫描模式为“全盘扫描”，取消勾选“在免打扰模式下自动取消本次定时查杀”，最后单击“保存”按钮保存定时扫描设置。设置好的定时器如图 8-28 所示，届时每月的第 1 天 12:00，只要计算机是开启的，将会启动定时全盘扫描。

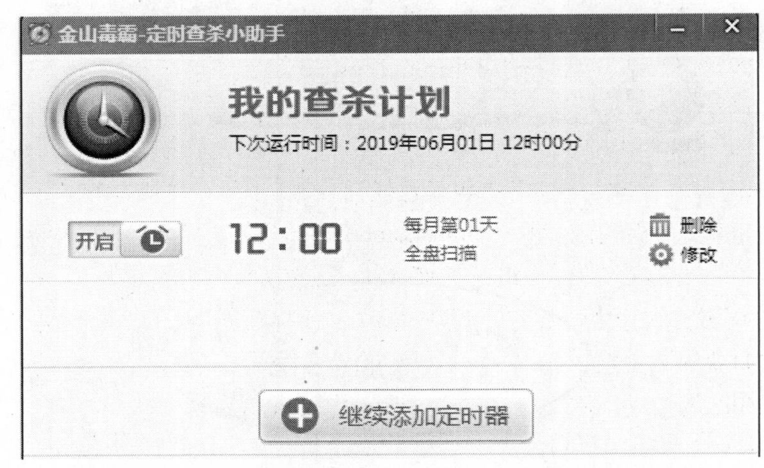

图 8-28 “定时查杀小助手——我的查杀计划”对话框

实验 8.4 设置文件夹权限

1. 实验目的

掌握文件或文件夹权限的设置。

2. 实验内容

(1)搭建实验环境。
(2)设置文件夹权限。
(3)验证权限。

3. 实验要求

(1)创建用户和组:创建两个普通组“sales”和“hr”,均属于 Users 组;创建两个用户“peng”和“yu”,“peng”属于“sales”组,“yu”属于“hr”组,密码均为 123456A。

(2)创建文件夹和文件:在 D 盘或其他地方(示例图中为 H 盘)创建两个文件夹“ss”和“hh”,在“ss”文件夹下创建“pp”文件夹,并在“pp”文件夹下创建一个内容为“这是 peng 的文档!”,名为“peng. docx”的文件;在“hh”文件下创建“yy”文件夹,并在“yy”文件夹下创建一个内容为“这是‘yu’的文档!”,名为“yu. docx”的文件。

(3)设置“ss”文件夹权限:组“administrators”,“sales”完全控制,用户“peng”读取和执行、列出文件夹内容和读取,其他用户和组无任何权限,不继承任何权限。

(4)设置“hh”文件夹权限:组“administrators”,“hr”完全控制,组 sales 读取和执行、列出文件夹内容和读取,其他用户和组无任何权限,不继承任何权限。

(5)对于“ss”文件夹,用户“peng”能否修改或重命名“peng. docx”文件? 用户“yu”能否查看“pp”文件夹下的内容?

(6)对于“hh”文件夹,用户“peng”“yu”能否修改或重命名“peng. docx”文件?

4. 实验步骤

(1)创建用户和组。

①选中桌面上的“计算机”图标,单击鼠标右键,在弹出的快捷菜单中选择“管理”命

令，此时将弹出“计算机管理”窗口，如图 8-29 所示。

图 8-29 “计算机管理”窗口

②展开左边导航栏中的“本地用户和组”，选中“用户”，在右边空白处单击鼠标右键，在弹出的快捷菜单中选择“新建用户”命令，弹出如图 8-30 所示的“新用户”对话框。

新用户
用户名(U): peng
全名(F):
描述(D):
密码(P):
确认密码(C):
用户下次登录时须更改密码(M)
用户不能更改密码(S)
密码永不过期(W)
账户已禁用(B)
帮助(H) 创建(E) 关闭(O)

图 8-30 “新用户”对话框

③在图 8-30 中，输入用户名，输入两次相同的密码，取消勾选“用户下次登录时须更改密码”复选框，最后单击“创建”按钮可创建一个新用户。一般新用户创建好后默认就属于“Users”组。另一个用户的创建过程与此类似。

④选择左边导航部分的“组”，在右边空白处单击鼠标右键，在弹出的快捷菜单中选择

"新建组"命令,弹出如图 8-31 所示的"新建组"对话框。

图 8-31　"新建组"对话框

⑤在图 8-31 中,在"组名"文本框中输入组名"sales",单击"添加"按钮为该组添加一个用户,在图 8-32 中,输入"peng"用户并单击"确定"按钮;单击图 8-31 中的"创建"按钮可创建"sales"组,另一个"hr"组的创建方法与此类似。

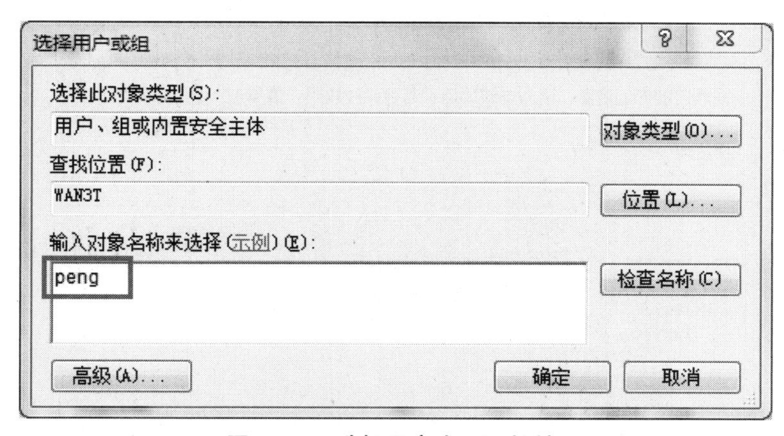

图 8-32　"选择用户或组"对话框

(2)创建文件夹和文件。(略)

(3)设置文件夹权限。

①选中"ss"文件夹,单击鼠标右键,在弹出的快捷菜单中选择"属性"命令,弹出如图 8-33 所示的"ss 属性"对话框。

②在图 8-33 中,单击"安全"选项卡,再单击下方的"高级"按钮,弹出如图 8-34 所示的"ss 的高级安全设置"对话框。

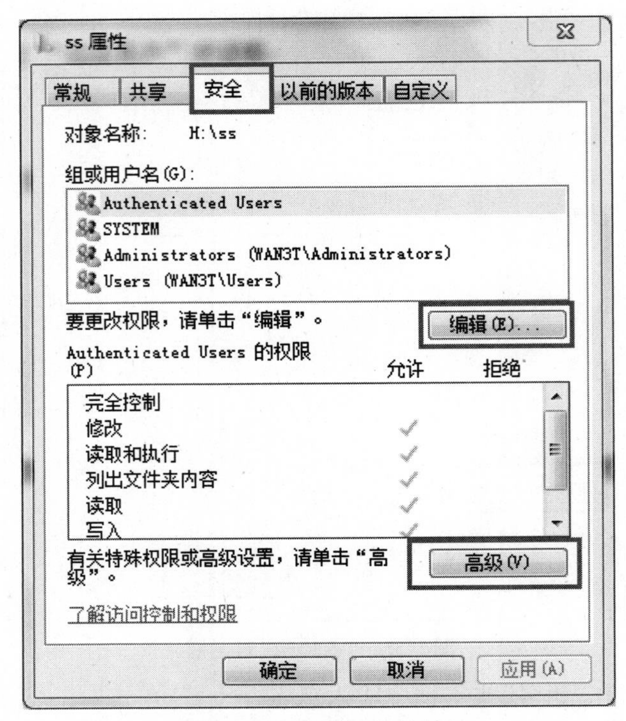

图 8-33 “ss 属性”对话框

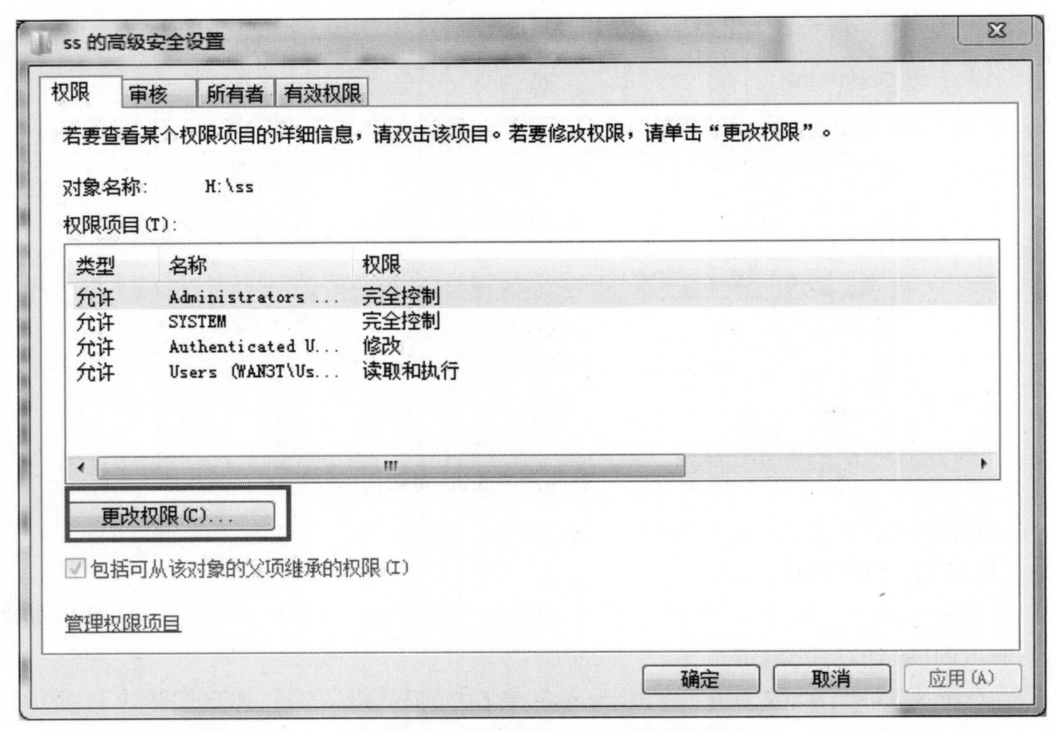

图 8-34 “ss 的高级安全设置”对话框

③在图 8-34 中,单击“更改权限”按钮,弹出如图 8-35 所示的“ss 的高级安全设置”对话框。

图 8-35　“ss 的高级安全设置”对话框

④在图 8-35 中,取消勾选“包括可从该对象的父项继承的权限”复选框,此时将弹出如图 8-36 所示的“Windows 安全”警告对话框。

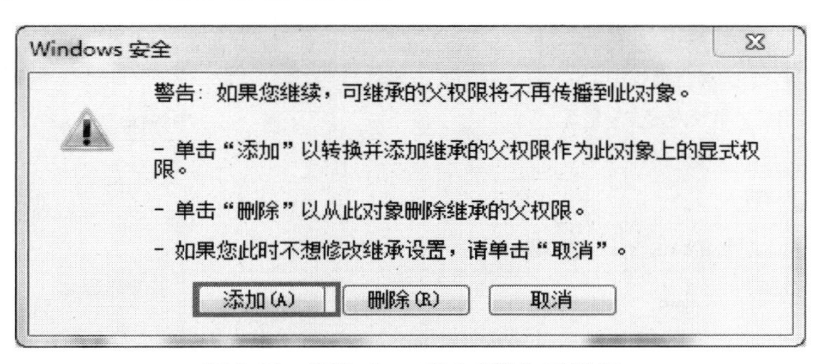

图 8-36　“Windows 安全”警告对话框

⑤在图 8-36 中,单击“添加”按钮,以便把从父项继承的权限作为显示权限添加进来,此时已经是不继承父项权限了。

⑥在图 8-35 中,分别选中“Authenticated Users”项和“Users”项,然后单击“删除”按钮可删除这两个组的权限,最后单击两次“确定”按钮将退回到如图 8-33 所示的对话框。

⑦在图 8-33 中,单击“编辑”按钮,弹出如图 8-37 所示的对话框。

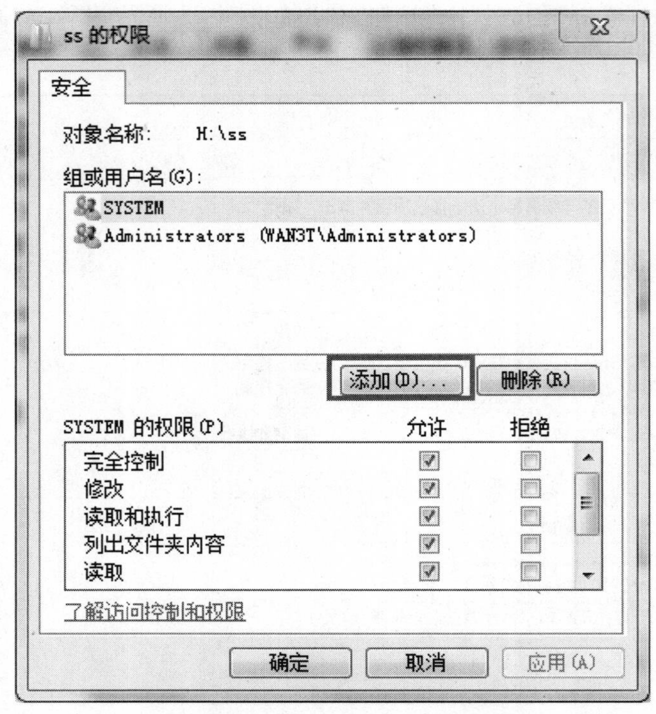

图 8-37 “ss 的权限”对话框

⑧在图 8-37 中,单击“添加”按钮,弹出如图 8-38 所示的“选择用户或组”对话框,输入图中所示的用户或组(中间用分号分隔),然后单击“确定”按钮,将弹出如图 8-39 所示的对话框。

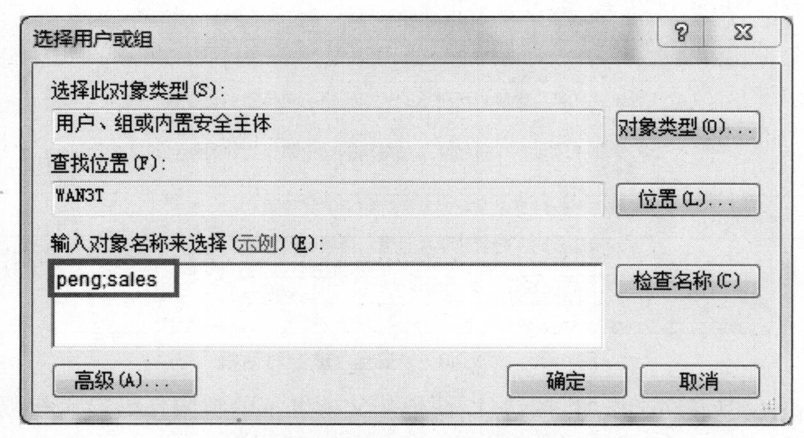

图 8-38 “选择用户或组”对话框

⑨在图 8-39 中,分别选中“peng”和“sales”,在下方权限框中为其勾选对应权限(组“administrators”“sales”完全控制,用户“peng”读取和执行、列出文件夹内容和读取),最后单击“确定”按钮设置好权限。

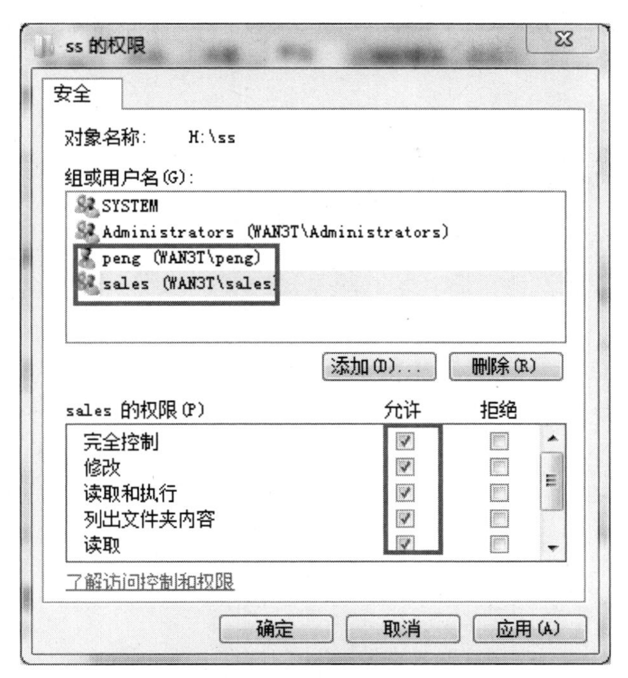

图 8-39　设置“组或用户名”

(4)“hh”文件夹权限设置。

“hh”文件夹权限设置与“ss”文件夹权限设置类似,在此不再赘述。

(5)验证权限。

分别用用户“peng”和“yu”登录 Windows 系统,访问对应文件夹和文件,以验证权限设置。

①对于“ss”文件夹,用户“peng”能否修改或重命名“peng. docx”文件? ____________
用户“yu”能否查看“pp”文件夹下的内容? ____________

②对于“hh”文件夹,用户“peng”和“yu”能否修改或重命名“peng. docx”文件? ______
____
____

项目九　图形图像处理

实验 9.1　创建选区与图像裁剪

1. 实验目的

学习使用 Photoshop CS5 软件，在图像上创建选区以及图像裁剪的操作。

2. 实验内容

（1）图像选区的创建。
（2）图形图像剪裁。

3. 实验要求

（1）初步熟悉 Photoshop CS5 软件的界面组成、常用菜单功能。
（2）学会选区的创建与图片裁剪方法。

4. 实验步骤

（1）启动 Photoshop CS5，打开需要编辑的图像文件，在工具箱中选择“矩形选框工具” ，如图 9-1 所示。
（2）在图像文件上单击鼠标左键并移动鼠标即可创建一个矩形选框，如图 9-2 所示。

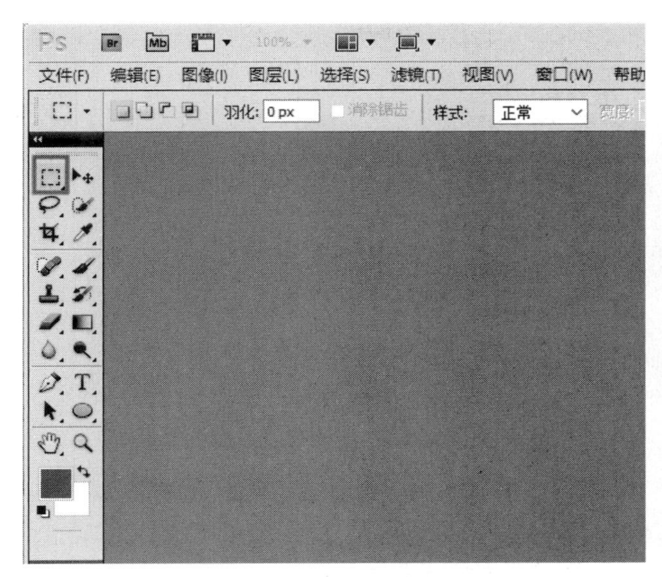

图 9-1　选择“矩形选框工具”

图 9-2　创建矩形选框

(3)启动 Photoshop CS5,打开需要编辑的图像文件,在工具箱中选择“裁剪工具”,如图 9-3 所示。

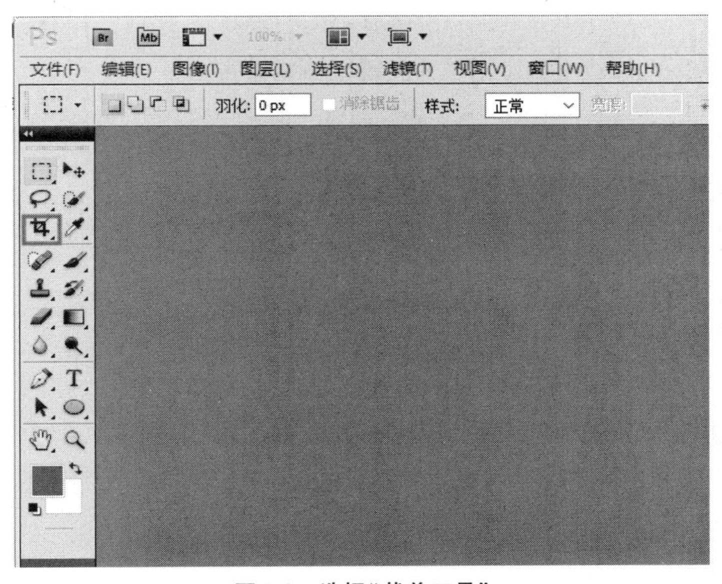

图 9-3　选择“裁剪工具”

(4)在图像文件上单击鼠标左键并移动鼠标,即可创建一个矩形裁剪区域,如图 9-4 所示。

(5)创建好裁剪区域后,在裁剪区域双击鼠标左键(或按“Enter”键)结束裁剪,如图 9-5 所示。

图 9-4　创建裁剪区域

图 9-5　裁剪后的图像

实验 9.2　图像颜色调整

1. 实验目的

学会使用 Photoshop CS5 软件对图像文件的色彩进行调整。

2. 实验内容

(1)将图像调整成黑白色。
(2)将图像调整为复古色。
(3)替换局部色彩。

3. 实验要求

掌握图片色彩处理方法。

4. 实验步骤

(1)启动 Photoshop CS5,打开需要编辑的图像文件,在菜单栏中依次选择"图像"→"调整"→"去色"命令,如图 9-6 所示。

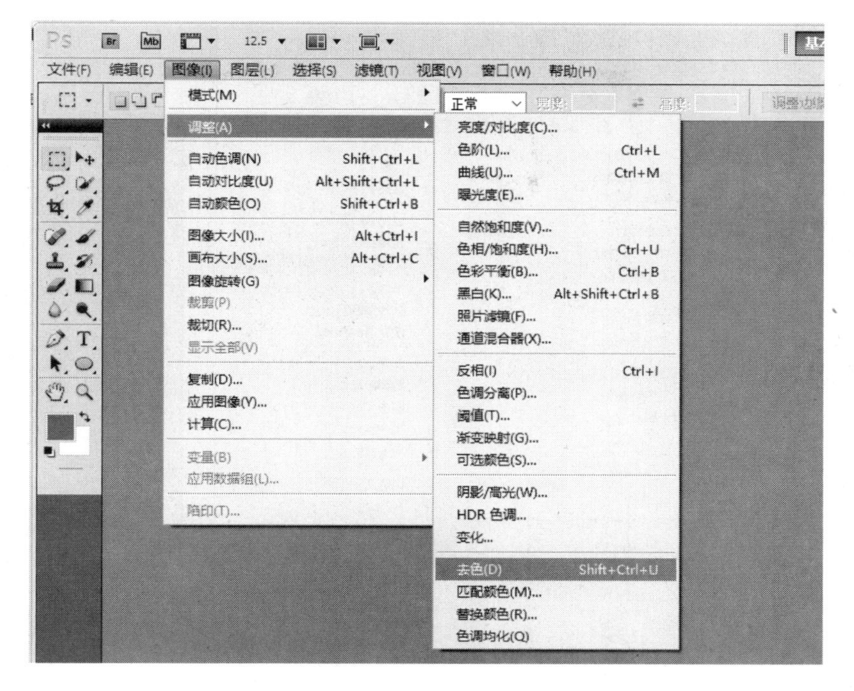

图 9-6　选择“去色”

（2）执行“去色”命令后，即可将彩色图像的颜色去掉，变成黑白图像，如图 9-7 所示。

图 9-7　去色后的效果

（3）启动 Photoshop CS5，打开需要编辑的图像文件，在菜单栏中依次选择“图像”→“调整”→“色彩平衡”命令，如图 9-8 所示。

（4）打开“色彩平衡”对话框，在“色彩平衡”组中通过滑动“青色”“洋红”“黄色”3 个色彩条（或者直接在“色阶”文本框中输入数值）来调整图像颜色，如图 9-9 所示。

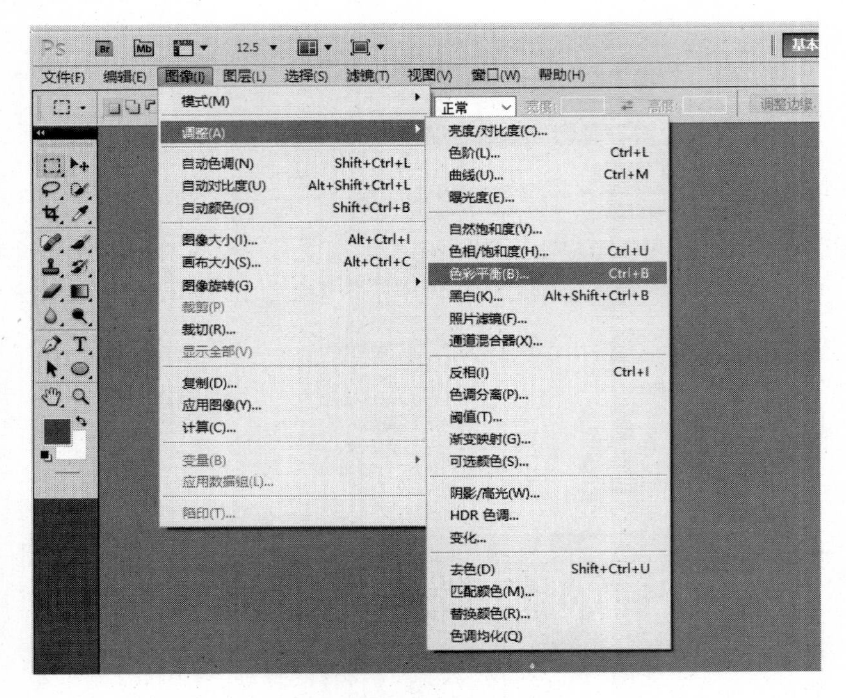

图 9-8 选择“色彩平衡”

(5)设置完成后,单击“确定”按钮,即可调整图像颜色,将图像调整为褐色复古感,如图 9-10 所示。

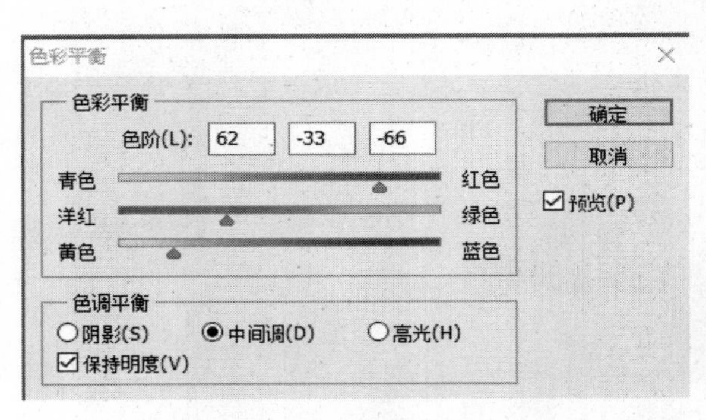

图 9-9 设置“色彩平衡”值

图 9-10 色彩调整后的效果

(6)在处理图像时,往往会遇到一种情况,就是需要更改图像上某一局部的颜色。下面的实例介绍如何将图像上的蓝色宝石变成红色宝石,具体操作步骤如下:

①启动 Photoshop CS5,打开需要编辑的图像文件,在菜单栏中依次选择“图像”→“调整”→“替换颜色”命令,如图 9-11 所示。

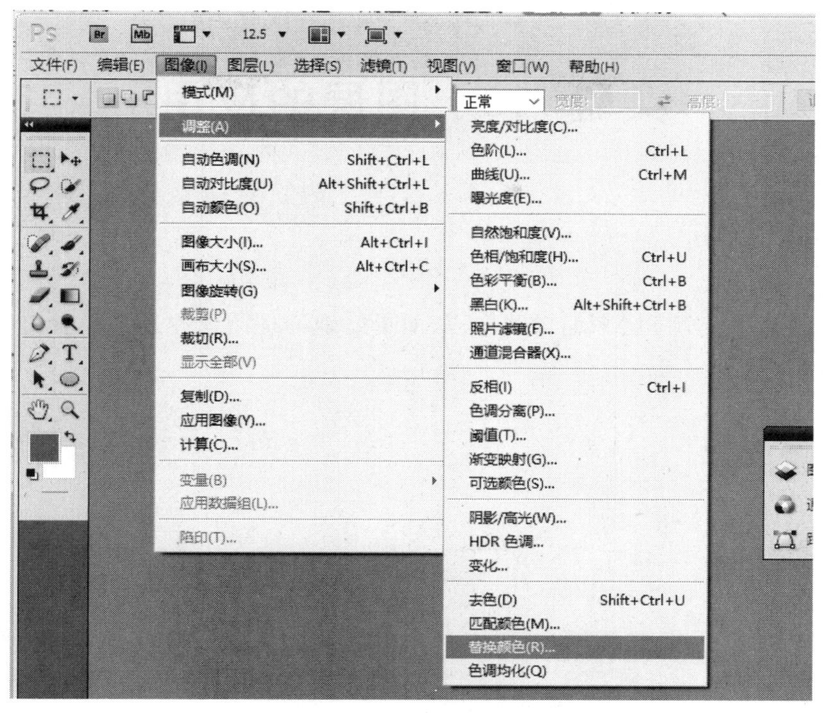

图 9-11　选择“替换颜色”

②打开“替换颜色”对话框，在“选区”组中选择需要替换的颜色，在“替换”组中设置更换的颜色，如图 9-12 所示。

③设置完成后，单击“确定”按钮，即可替换图像上宝石的颜色，效果如图 9-13 所示。

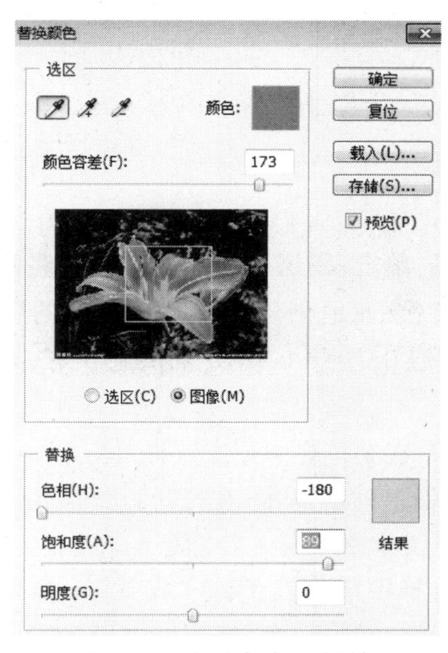

图 9-12　“替换颜色”对话框

图 9-13　完成色彩替换

实验 9.3　图层的应用

1. 实验目的

掌握通过创建多个图层来编辑图像,从而更好地处理图像并且又不会由失误而造成损失。

2. 实验内容

(1)创建图层。
(2)复制图层。
(3)删除图层。
(4)移动图层。
(5)合并图层。

3. 实验要求

学会图层的基本操作。

4. 实验步骤

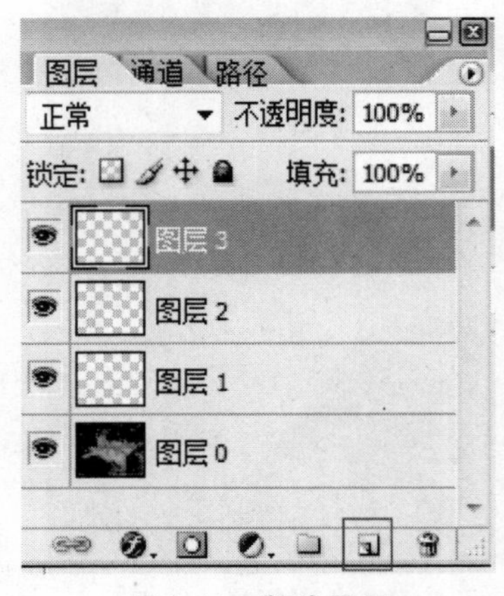

图 9-14　新建图层

(1)创建图层。

创建图层方法 1:单击“图层”调板底部的“创建新的图层”按钮 ,可以快速地创建具有默认名称的新图层,图层名依次为图层 0、图层 1、图层 2、图层 3 等,如图 9-14 所示。

创建图层方法 2:在菜单栏中依次选择“图层”→“新建”→“图层”命令,如图 9-15 所示;在打开的“新建图层”对话框中,在“名称”文本框中输入新图层的名称,在“颜色”下拉列表框中选择图层的颜色,在“模式”下拉列表框中设置图层样式,在“不透明度”数值框中设置图层透明度,以及进行是否建立图组的设置,如图 9-16 所示;单击“确定”按钮，完成新图层的创建。

图层(L)
选择(S)
滤镜(T)
视图(V)
窗口(W)
帮助(H)
100%
新建(N)
复制图层(D)...
删除
图层属性(P)...
图层样式(Y)
智能滤镜
图层(L)...　Shift+Ctrl+N
图层背景(B)
组(G)...
从图层建立组(A)...
通过拷贝的图层(C)　Ctrl+J
通过剪切的图层(T)　Shift+Ctrl+J

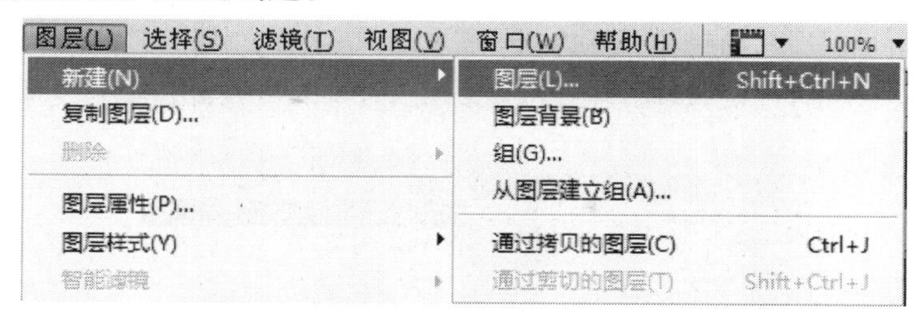

图 9-15　选择菜单命令

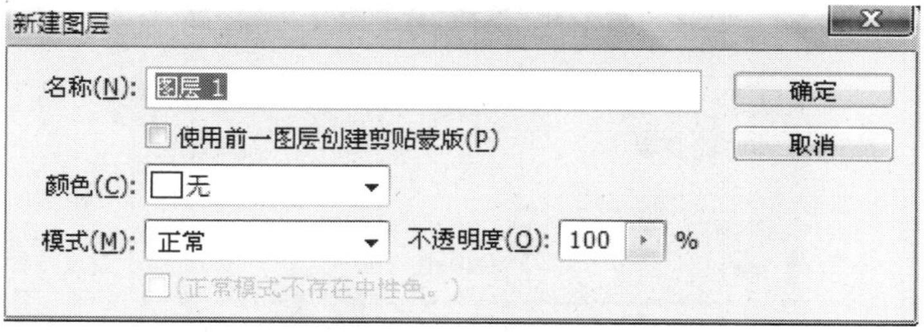

新建图层
名称(N): 图层 1
确定
使用前一图层创建剪贴蒙版(P)
取消
颜色(C): 无
模式(M): 正常
不透明度(O): 100 %
(正常模式不存在中性色。)

图 9-16　“新建图层”对话框

创建图层方法 3：打开一个图像文件，在图像文件中创建一个选区，如图 9-17 所示；依次选择“图层”→“新建”→“通过拷贝的图层”(或“通过剪切的图层”)命令，如图 9-18 所示；操作之后，即可创建通过拷贝的图层，如图 9-19 所示。

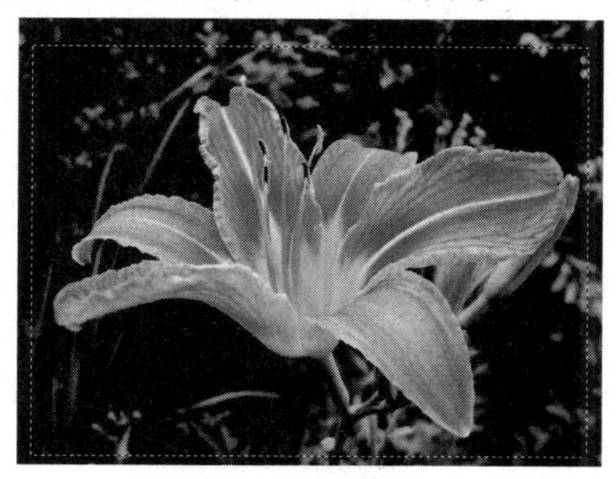

图 9-17　创建选区

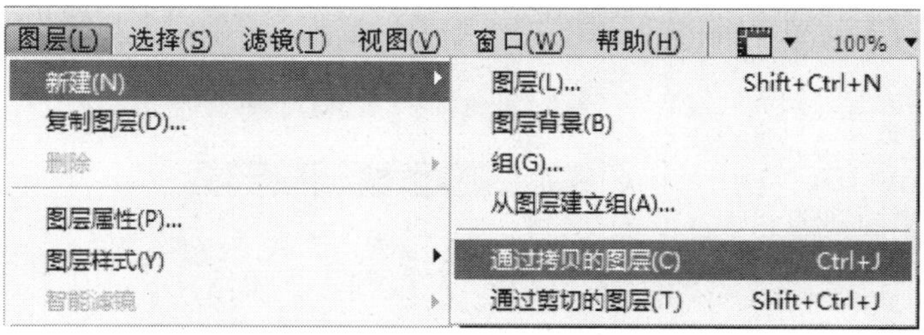

图层(L)
选择(S)
滤镜(T)
视图(V)
窗口(W)
帮助(H)
100%
新建(N)
复制图层(D)...
删除
图层属性(P)...
图层样式(Y)
智能滤镜
图层(L)...　Shift+Ctrl+N
图层背景(B)
组(G)...
从图层建立组(A)...
通过拷贝的图层(C)　Ctrl+J
通过剪切的图层(T)　Shift+Ctrl+J

图 9-18　选择“通过拷贝的图层”

图层
通道
路径
正常
不透明度: 100%
锁定:
填充: 100%
图层1
图层 0

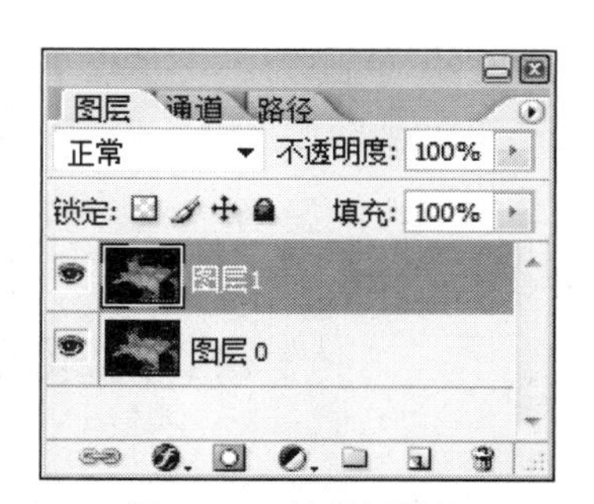

图 9-19　创建新图层

创建图层方法4:打开一个图像文件,在菜单栏中依次选择"图层"→"新建"→"背景图层"命令,如图9-20所示;打开"新建图层"对话框,在对话框中设置图层的名称、颜色、模式和不透明度,如图9-21所示;单击"确定"按钮,即可将背景图层转换为一般图层,如图9-22所示。

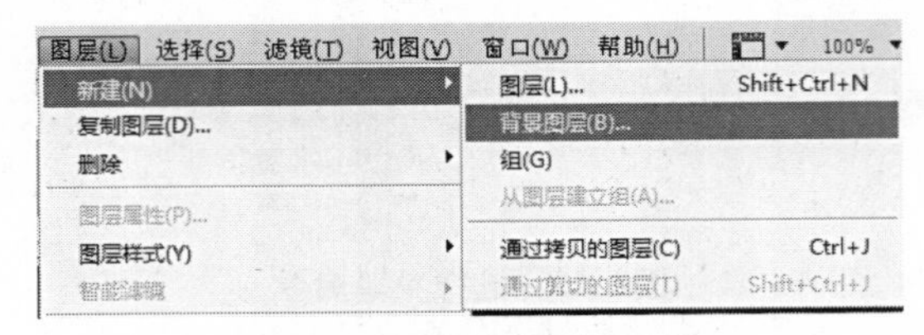

图9-20 选择"背景图层"

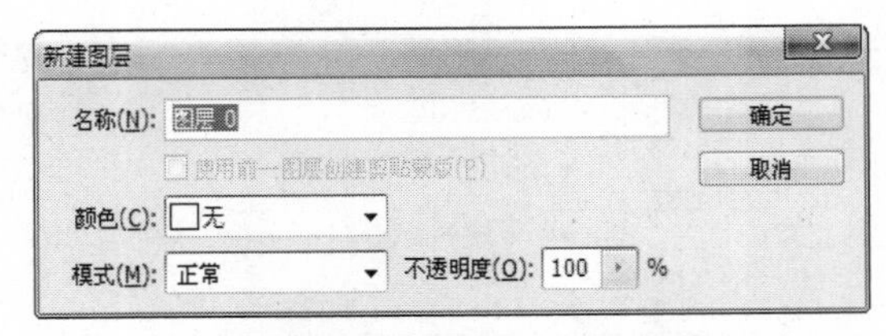

图9-21 设置"新建图层"对话框

创建图层方法5:新建文本图层,直接在图像中输入文字,Photoshop CS5将会自动在当前图层之上创建一个文本图层,如图9-23所示。

图9-22 将背景转换为图层

图9-23 新建图层

(2)复制图层。

复制图层方法1:将要复制的图层拖曳到"图层"调板底部的"创建新的图层"按钮上,复制的图层以原有的图层副本形式出现,如图9-24所示。

复制图层方法2:打开一个图像文件,依次选择"图层"→"复制图层"命令,如图9-25所示;在打开的"复制图层"对话框中的"为"文本框中输入图层的名称,在"文档"下拉列表框中选择新图层要放置的图层文档,如图9-26所示;单击"确定"按钮,完成图层的复制,如图9-27所示。

图9-24 复制图层

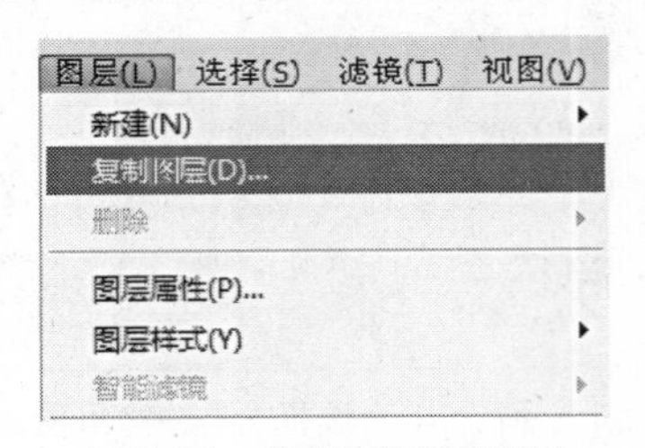

图9-25 选择"复制图层"

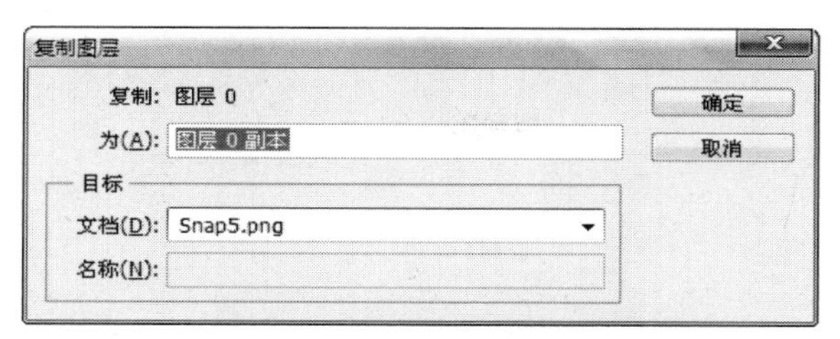

图 9-26　“复制图层”对话框

图 9-27　创建新图层

(3)删除图层。

删除图层方法 1:将要删除的图层拖曳到“图层”调板底部的“删除图层”按钮 上,即可删除图层。

删除图层方法 2:在“图层”调板中选择要删除的图层,依次选择“图层”→“删除图层”命令,如图 9-28 所示;在打开的提示框中单击“是”按钮,即可删除图层,如图 9-29 所示。

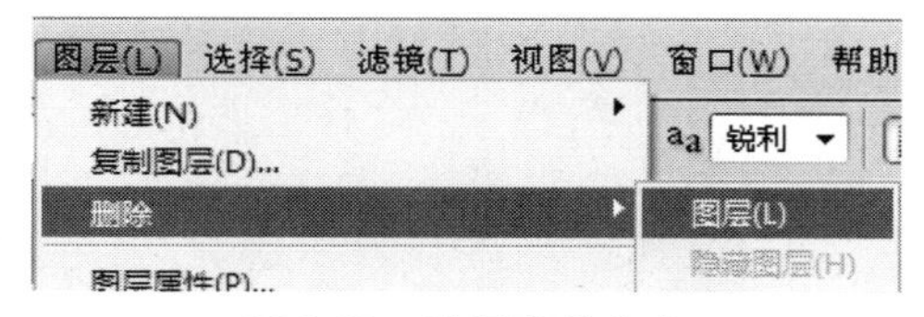

图 9-28　选择菜单命令

图 9-29　“删除图层”提示框

(4)移动图层。

在“图层”调板中按住鼠标左键拖动到目标图层位置释放即可。如果是移动图层中的图像,在工具箱中选择“移动”工具,拖动图像或按键盘上的方向键即可。

(5)合并图层。

合并图层方法 1:在“图层”调板中单击一个图层,在菜单栏中依次选择“图层”→“向下合并”命令,将当前图层中的内容合并到它下面的第 1 个图层中。

合并图层方法 2:选择“图层”→“合并可见图层”命令。

合并图层方法 3:选择“图层”→“合并图层”命令。

实验 9.4　图像特效处理

1. 实验目的

学会在 Photoshop CS5 中使用“滤镜”功能对图像进行特效处理。

2. 实验内容

(1)模糊处理。

(2)扭曲处理。

3. 实验要求

掌握简单特效处理的方法。

4. 实验步骤

(1)启动 Photoshop CS5,打开需要编辑的图像文件,在菜单栏中依次选择“滤镜”→“模糊”→“动感模糊”命令,如图 9-30 所示。

(2)在打开的“动感模糊”对话框中设置模糊的具体数值,然后单击“确定”按钮,如图 9-31 所示。

(3)单击“确定”按钮后,即可对图像进行模糊处理,如图 9-32 所示。

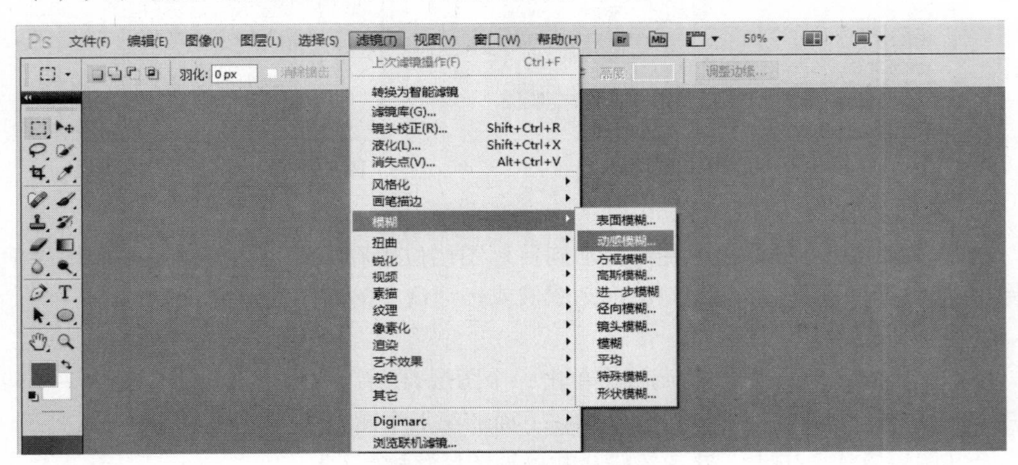

图 9-30　选择菜单命令

图 9-31　“动感模糊”对话框

图 9-32　模糊图像文件

（4）除了上述的“动感模糊”选项外，在“模糊”菜单中还有其他一些模糊选项，如图 9-33 所示，不同的模糊选项可以制作不同的模糊效果。

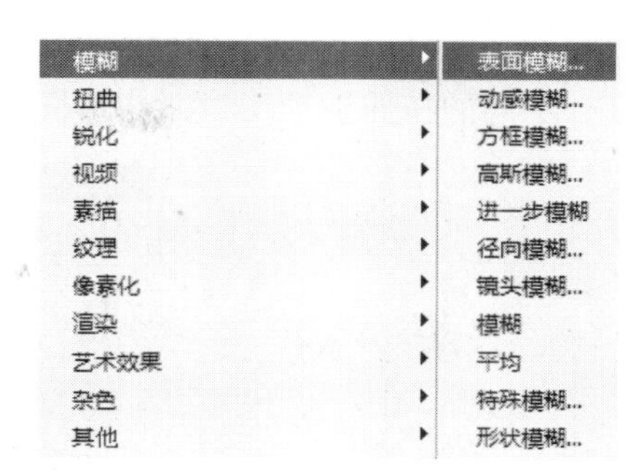

图 9-33　“模糊”菜单选项

（5）启动 Photoshop CS5，打开需要编辑的图像文件，在菜单栏中依次选择“滤镜”→“扭曲”→“极坐标”命令，如图 9-34 所示。

（6）在打开的“极坐标”对话框中，选择“平面坐标到极坐标”单选按钮，再单击“确定”按钮，如图 9-35 所示。

（7）单击“确定”按钮后，即可对图像进行模糊处理，如图 9-36 所示。

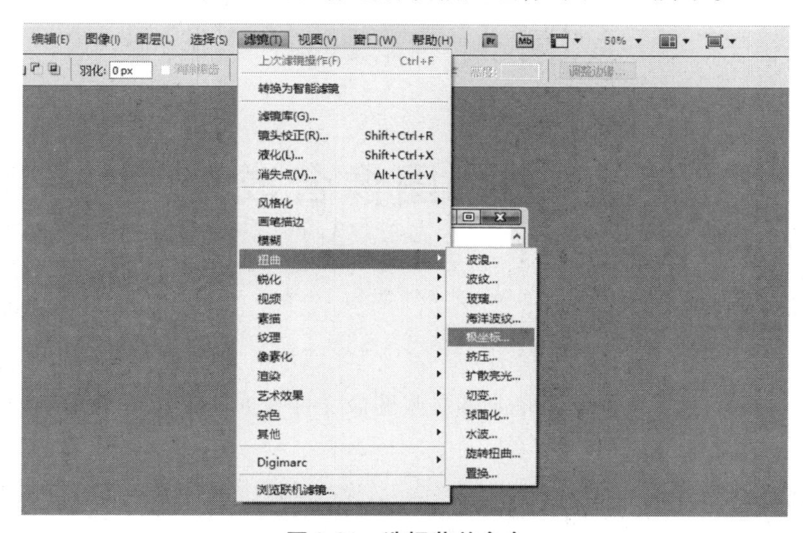

图 9-34　选择菜单命令

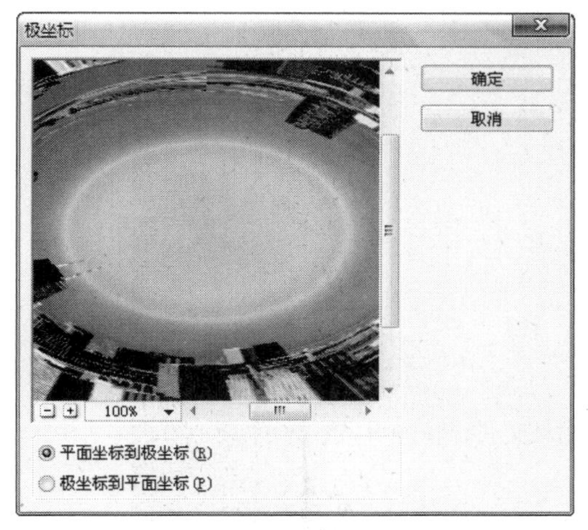

图 9-35　设置“极坐标”对话框

图 9-36　极坐标扭曲图像

(8)除了上述的“极坐标扭曲”选项外,在“扭曲”菜单中还有其他扭曲选项,如图9-37所示,不同的扭曲选项可以制作不同的扭曲效果。

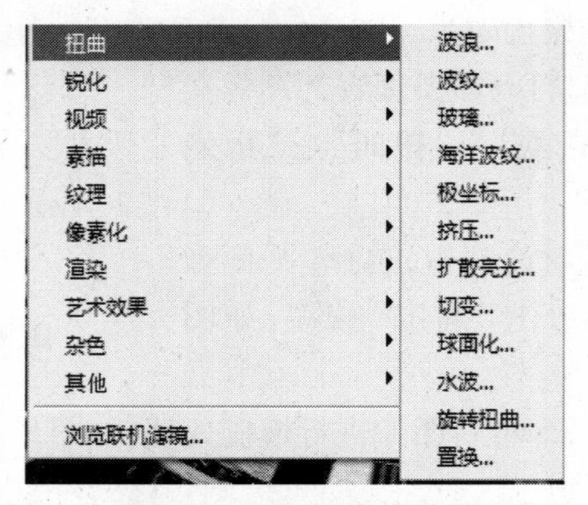

图9-37 “扭曲”菜单选项

实验9.5 图像合成处理

1. 实验目的

使用Photoshop CS5软件将两张或者多张图像文件合成一张精美的图片。

2. 实验内容

将风景图像与雷电图像进行合成,制作带闪电的风景图。

3. 实验要求

掌握Photoshop的图像合成技术。

4. 实验步骤

(1)启动Photoshop CS5,打开两张带合成的图像文件,如图9-38所示。

图 9-38　打开素材图像

(2)选择工具箱中“移动工具”按钮 ，将闪电图像移至风景图像窗口中，按“Ctrl+T”组合键，打开自由变换调整框，适当调整其大小和位置，如图 9-39 所示。

图 9-39　移动素材图像

(3)设置“图层 1”的“混合模式”为“滤色”，如图 9-40 所示。

(4)在自由变换框内单击鼠标右键，在弹出的快捷菜单中选择“水平翻转”命令，如图 9-41 所示。在“图层”面板中设置“图层 1”的“不透明度”为“80%”，如图 9-42 所示。

图 9-40 设置图层混合模式

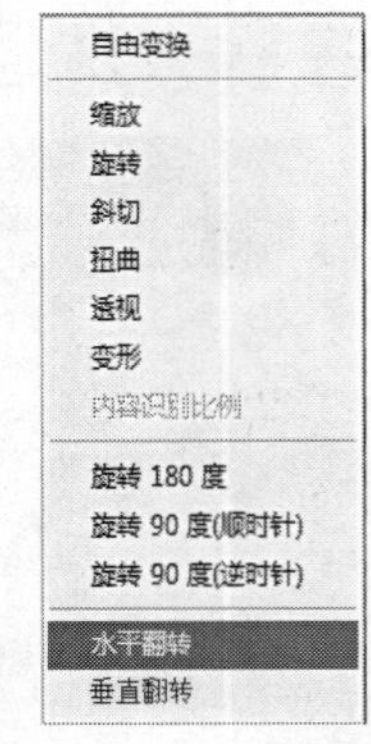

图 9-41 选择“水平翻转”

(5)在工具箱中选择“移动工具”按钮 ，调整闪电图像的位置，完成操作后的合成效果如图 9-43 所示。

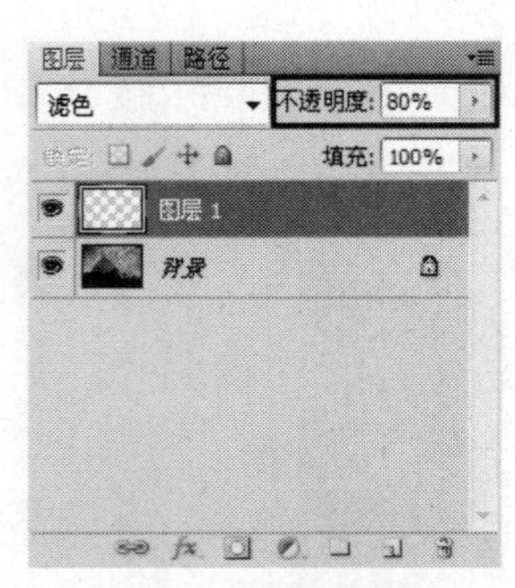

图 9-42 设置“不透明度”

图 9-43 图像的合成效果

实验 9.6 图像美化处理

1. 实验目的

运用所学内容，对生活或学习中的图片进行各种艺术效果的美化处理。

2. 实验内容

将一张积雪的风景画处理成大雪正在漫天飞舞的效果。

3. 实验要求

能够对图片进行艺术效果处理。

4. 实验步骤

(1)启动 Photoshop CS5,打开需要处理的图像,如图 9-44 所示。

图 9-44　打开素材图像

(2)在"图层"面板的下方单击"创建新图层"按钮 ,新建图层,如图 9-45 所示。

(3)依次选择"编辑"→"填充"命令,在打开的"填充"对话框中选择"50% 灰色"选项,如图 9-46 所示。

图 9-45　新建图层

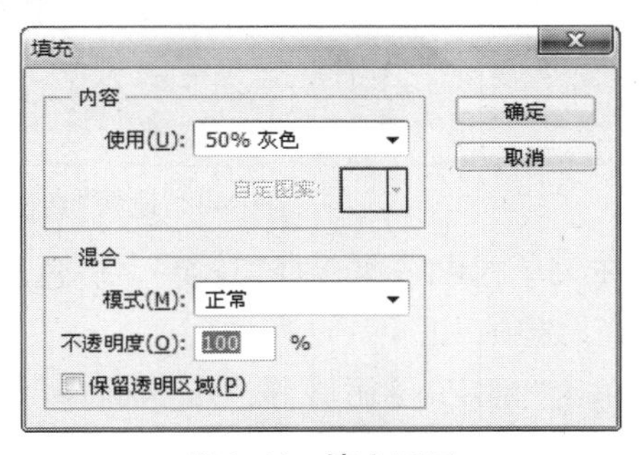

图 9-46　填充图层

(4)单击“确定”按钮,填充当前图层,如图 9-47 所示。

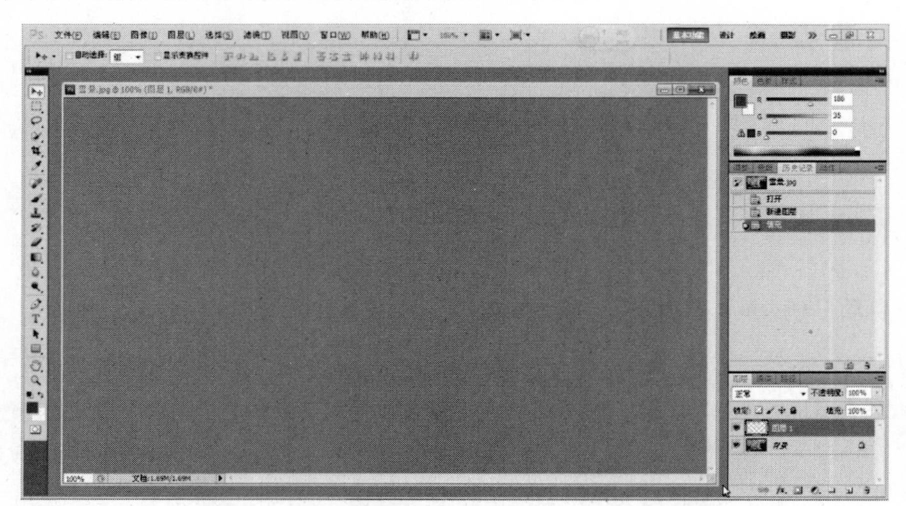

图 9-47　填充图层

(5)在菜单栏中依次选择“滤镜”→“素描”→“绘图笔”命令,在打开的“绘图笔”对话框中设置各选项值,如图 9-48 所示。

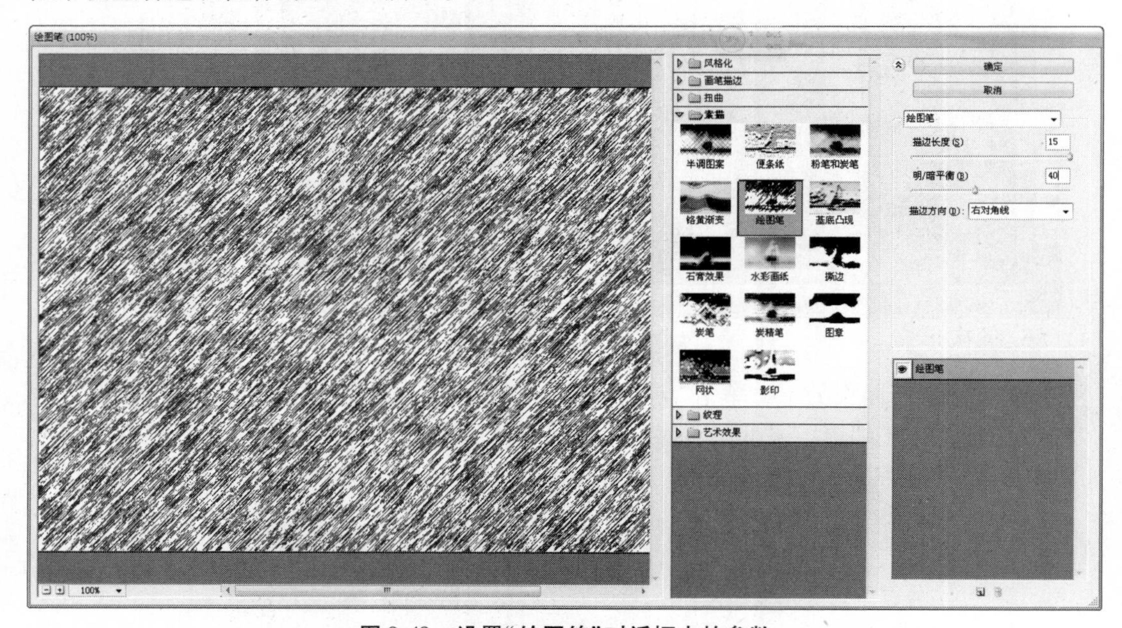

图 9-48　设置“绘图笔”对话框中的参数

(6)在菜单栏中依次选择“选择”→“色彩范围”命令,在打开的“色彩范围”对话框中选择“高光”选项,如图 9-49 所示。

(7)单击“确定”按钮后,按“Backspace”键清除选区内容,如图 9-50 所示。

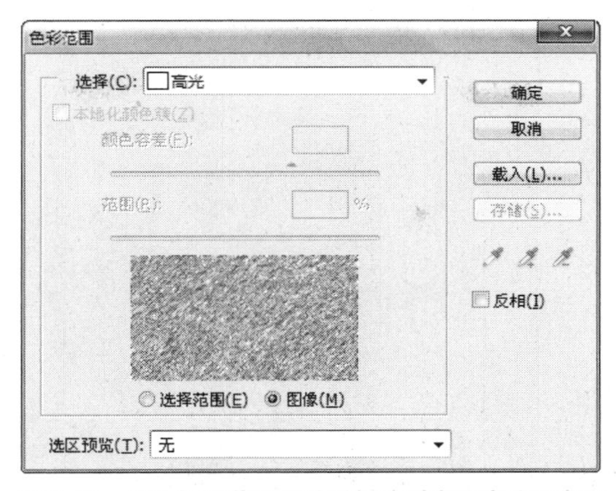

图 9-49　在“色彩范围”对话框中选择“高光”选项

图 9-50　清除选区内容

(8)依次选择“选择”→“反向”命令,选择图像中相反的像素;然后依次选择“编辑”→“填充”命令,在打开的“填充”对话框中选择填充“白色”选项,单击“确定”按钮填充选区,如图 9-51 所示。

图 9-51　填充反向选区

(9)按“Ctrl+D”组合键取消选区,在“图层”面板中设置“不透明度”为“60%”,效果如图9-52所示。

图9-52　处理效果

实验9.7　制作照片相框

1. 实验目的

学会为人物或风景类的图像添加相框效果。

2. 实验内容

为人物照片添加一个相框。

3. 实验要求

能够将照片处理成相框效果。

4. 实验步骤

(1)启动Photoshop CS5,打开一张人物照片,在工具箱中选择“椭圆选框工具”按钮 ,为人物图像添加一个椭圆形选框,如图9-53所示。

图 9-53　创建椭圆选区

（2）按"Ctrl+Shift+I"组合键执行"反选"命令，依次选择"选择"→"修改"→"羽化"命令，在打开的"羽化选区"对话框中设置"羽化半径"为"5 像素"，如图 9-54 所示。

（3）单击"确定"按钮，按"Ctrl+Delete"组合键为选区填充背景色，如图 9-55 所示。

图 9-54　反选并羽化操作

图 9-55　填充选区

(4)依次选择“编辑”→“描边”命令,在打开的“描边”对话框中设置各选项参数,如图9-56所示。

(5)单击“确定”按钮,按“Ctrl+D”组合键取消选区,如图9-57所示。

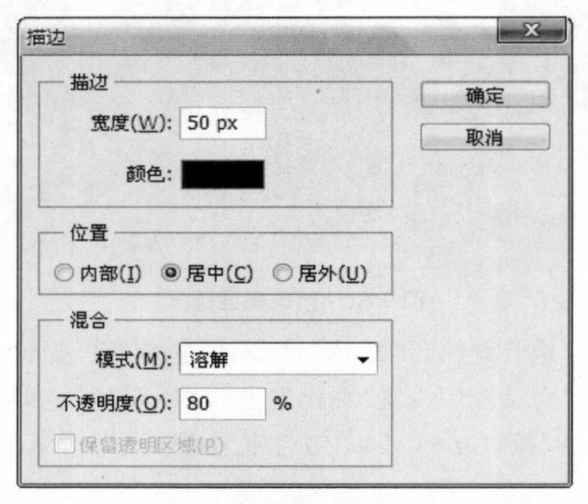

图9-56 设置“描边”参数

图9-57 为照片添加相框

附　录

附录 1　全国计算机等级一级考试大纲及模拟题

全国计算机等级一级考试大纲

一、基本要求

1. 具有微型计算机的基础知识(包括计算机病毒的防治常识)。
2. 了解微型计算机系统的组成和各部分的功能。
3. 了解操作系统的基本功能和作用,掌握 Windows 的基本操作和应用。
4. 了解文字处理的基本知识,熟练掌握文字处理 MS Word 的基本操作和应用,熟练掌握一种汉字(键盘)输入方法。
5. 了解电子表格软件的基本知识,掌握电子表格软件 Excel 的基本操作和应用。
6. 了解多媒体演示软件的基本知识,掌握演示文稿制作软件 PowerPoint 的基本操作和应用。
7. 了解计算机网络的基本概念和因特网(Internet)的初步知识,掌握 IE 浏览器软件和 Outlook Express 软件的基本操作和使用。

二、计算机基础知识

1. 计算机的发展、类型及其应用领域。
2. 计算机中数据的表示、存储与处理。
3. 多媒体技术的概念与应用。
4. 计算机病毒的概念、特征、分类与防治。
5. 计算机网络的概念、组成和分类;计算机与网络信息安全的概念和防控。
6. 因特网网络服务的概念、原理和应用。

三、操作系统的功能和使用

1. 计算机软、硬件系统的组成及主要技术指标。

2. 操作系统基本概念、功能、组成及分类。

3. Windows 操作系统的基本概念和常用术语,文件、文件夹和库。

4. Windows 操作系统的基本操作和应用:

(1)桌面外观的设置,基本的网络配置。

(2)熟练掌握资源管理器的操作与应用。

(3)掌握文件、磁盘、显示属性的查看、设置等操作。

(4)中文输入法的安装、删除和选用。

(5)掌握检索文件、查询程序的方法。

(6)了解软、硬件的基本系统工具。

四、文字处理软件的功能和使用

1. Word 的基本概念,Word 的基本功能和运行环境,Word 的启运和退出。

2. 文档的创建、打开、输入、保持等基本操作。

3. 文本的选定、插入与删除、复制与移动、查找与替换等基本编辑技术;多窗口和多文档的编辑。

4. 字体格式设置、段落格式设置、文档页面设置、文档背景设置和文档分栏等基本排版技术。

5. 表格的创建、修改;表格的修饰;表格中数据的输入与编辑;数据的排序和计算。

6. 图形和图片的插入;图形的建立和编辑;文本框、艺术字的使用和编辑。

7. 文档的保护和打印。

五、电子表格软件的功能和使用

1. 电子表格的基本概念和基本功能,Excel 的功能、运用环境、启动和退出。

2. 工作簿和工作表的基本概念和基本操作,工作簿和工作表的建立、保存和退出;数据的输入和编辑;工作表和单元格的选定、插入、删除、复制、移动;工作表的重命名和工作表窗口的拆分和冻结。

3. 工作表的格式化,包括设置单元格格式、设置列宽和行高、设置条件格式、使用样式、自动套用模式和使用模板等。

4. 单元格绝对地址和相对地址的概念,工作表中公式的输入和复制,常用函数的使用。

5. 图表的创建、编辑和修改以及修饰。

6. 数据清单的概念,数据清单的建立,数据清单内容的排序、筛选、分类汇总,数据透视表的建立。

7. 工作表的页面设置、打印预览和打印,工作表中链接的建立。

8. 保护和隐藏工作簿和工作表。

六、演示文稿的功能和使用

1. 中文 PowerPoint 的功能、运行环境、启动和退出。

2. 演示文稿的创建、打开、关闭和保存。

3. 演示文稿视图的使用,幻灯片基本操作(版式、插入、移动、复制和删除)。

4. 幻灯片基本制作(文本、图片、艺术字、形状、表格等插入及其格式化)。

5. 演示文稿主题选用与幻灯片背景设置。

6. 演示文稿放映设计(动画设计、放映方式、切换效果)。

7. 演示文稿的打包和打印。

七、因特网(Internet)的初步知识和应用

1. 了解计算机网络的基本概念和因特网的基础知识,主要包括网络硬件和软件,TCP/IP 协议的工作原理,以及网络应用中常见的概念,如域名、IP 地址、DNS 服务等。

2. 能熟练掌握浏览器、电子邮件的使用和操作。

八、考试方式

1. 采用无纸化考试,上机操作。考试时间:一级　90 分钟。

2. 软件环境:Windows 7 操作系统,Microsoft Office 2010 办公软件。

3. 在指定时间内,完成下列各项操作:

(1)选择题。(20 分)

(2)基本操作题。(10 分)

(3)字处理题。(25 分)

(4)电子表格题。(20 分)

(5)演示文稿题。(15 分)

(6)上网题。(10 分)

全国计算机等级一级考试模拟题 I

一、选择题(20 分)

略。

二、基本操作题(10 分)

1. 将考生文件夹下 LI\QIAN 文件夹中的文件夹 YANG 复制到考生文件夹下 WANG 文件夹中。

2. 将考生文件夹下 TIAN 文件夹中的文件 ARJ. EXP 设置成只读属性。

3. 在考生文件夹下 ZHAO 文件夹中建立一个名为 GIRL 的新文件夹。

4. 将考生文件夹下 SHEN\KANG 文件夹中的文件 BIAN. ARJ 移动到考生文件夹下

HAN 文件夹中,并改名为 QULIU. ARJ。

5. 将考生文件夹下 FANG 文件夹删除。

三、上网题(10 分)

接收并阅读由 xuexq@ mail. neea. edu. cn 发来的 E-mail,并将随信发来的附件以文件名 dqsj. txt 保存到考生文件夹下。

四、字处理题(25 分)

在考生文件夹下打开文档 WORD. DOCX, 按照要求完成下列操作并以该文件(WORD. DOCX)保存文档。

(1)将文中所有错词“严肃”替换为“压缩”;将页面颜色设置为黄色(标准色)。

(2)将标题段(“WinImp 压缩工具简介”)设置为小三号宋体、居中,并为标题段文字添加蓝色(标准色)阴影边框。

(3)设置正文(“特点……如表一所示”)各段落中的所有中文文字为小四号楷体,西文文字为小四号 Arial 字体;各段落悬挂缩进 2 字符,段前间距 0. 5 行。

(4)将文中最后 3 行统计数字转换成一个 3 行 4 列的表格,表格样式采用内置样式“浅色底纹-强调文字颜色 2”。

(5)设置表格居中、表格列宽为 3 厘米、表格所有内容水平居中、并设置表格底纹为“白色,背景 1,深色 25%”。

五、电子表格题(20 分)

1. 在考生文件夹下打开 EXCEL. XLSX 文件。

(1)将 Sheet1 工作表命名为“销售情况统计表”,然后将工作表的 A1:G1 单元格合并为一个单元格,内容水平居中;计算“上月销售额”和“本月销售额”列的内容(销售额=单价×数量,数值型,保留小数点后 0 位);计算“销售额同比增长”列的内容(同比增长=(本月销售额-上月销售额)/本月销售额,百分比型,保留小数点后 1 位)。

(2)选取“产品型号”列、“上月销售量”列和“本月销售量”列内容,建立“簇状柱形图”,图表标题为“销售情况统计图”,图例置底部;将图表插入表的 A14:E27 单元格区域内,保存 EXCEL. XLSX 文件。

2. 打开工作簿文件 EXC. XLSX,对工作表“产品销售情况表”内数据清单的内容按主要关键字“产品名称”的降序次序和次要关键字“分公司”的降序次序进行排序;完成对各产品销售额总和的分类汇总,汇总结果显示在数据下方,工作表名不变,保存 EXC. XLSX 工作簿。

六、演示文稿题(15 分)

打开考生文件夹下的演示文稿 yswg. pptx,按照下列要求完成对此文稿的修饰并保存。

1. 使用“穿越”主题修饰全文,全部幻灯片切换方案为“擦除”,效果选项为“自左侧”。

2. 将第 2 张幻灯片版式改为“两栏内容”,将第 3 张幻灯片的图片移到第 2 张幻灯片右侧内容区,图片动画效果设置为“轮子”,效果选项为“3 轮辐图案”。

将第 3 张幻灯片版式改为“标题和内容”,标题为“公司联系方式”,标题设置为黑体、加粗、59 磅字。内容部分插入 3 行 4 列表格,表格的第 1 行 1 ~ 4 列单元格依次输入“部门”“地址”“电话”和“传真”,第 1 列的 2、3 行单元格内容分别是“总部”和“中国分部”。其他单元格按第 1 张幻灯片的相应内容填写。

删除第 1 张幻灯片,并将第 2 张幻灯片移为第 3 张幻灯片。

全国计算机等级一级考试模拟题Ⅱ

一、选择题(20 分)

略。

二、基本操作题(10 分)

1. 将考生文件夹下 FENG\WANG 文件夹中的文件 BOOK. PRG 移动到考生文件夹下 CHANG 文件夹中,并将该文件改名为 TEXT. PRG。

2. 将考生文件夹下 CHU 文件夹中的文件 JIANG. TMP 删除。

3. 将考生文件夹下 REI 文件夹中的文件 SONG. FOR 复制到考生文件夹下 CHENG 文件夹中。

4. 在考生文件夹下 MAO 文件夹中建立一个新文件夹 YANG。

5. 将考生文件夹下 ZHOU\DENG 文件夹中的文件 OWER. DBF 设置为隐藏属性。

三、上网题(10 分)

接收并阅读由 xuexq@ mail. neea. edu. cn 发来的 E-mail,并按 E-mail 中的指令完成操作。

四、字处理题(25 分)

在考生文件夹下打开文档 WORD. docx,按照要求完成下列操作并以该文件名(WORD. docx)保存文档。

(1)将文中所有错词“偏食”替换为“片式”;设置页面纸张大小为“16K(18. 4 厘米×26 厘米)”。

(2)将标题段文字(“中国片式元器件市场发展态势”)设置为三号红色黑体、居中、段后间距 0. 8 行。

(3)将正文第1段("90年代中期以来……片式二极管。")移至第2段("我国……新的增长点。")之后;设置正文各段落("我国……片式化率达80%。")右缩进2字符。设置正文第一段("我国……新的增长点。")首字下沉2行(距正文0.2厘米);设置正文其余段落("90年代中期以来……片式化率达80%。")首行缩进2字符。

(4)将文中最后9行文字转换成一个9行4列的表格,设置表格居中,并按"2000年"列升序排序表格内容。

(5)设置表格第1列列宽为4厘米、其余列列宽为1.6厘米、表格行高为0.5厘米;设置表格外框线为1.5磅蓝色(标准色)双窄线,内框线为1磅蓝色(标准色)单实线。

五、电子表格题(20分)

1. 打开工作簿文件EXCEL.XLSX。

(1)将Sheet1工作表命名为"回县比率表",然后将工作表的A1:D1单元格合并为一个单元格,内容水平居中;计算"分配回县/考取比率"列内容(分配回县/考取比率=分配回县人数/考取人数,百分比,保留小数点后面两位);使用条件格式将"分配回县/考取比率"列内大于或等于50%的值设置为红色、加粗。

(2)选取"时间"和"分配回县/考取比率"两列数据,建立"带平滑线和数据标记的散点图"图表,设置图表样式为"样式4",图例位置靠上,图表标题为"分配回县/考取散点图",将图表插入表的A12:D27单元格区域内。

2. 打开工作簿文件EXC.XLSX,对工作表"产品销售情况表"内数据清单的内容按主要关键字"分公司"的升序次序和次要关键字"产品类别"的降序次序进行排序,完成对各分公司销售量平均值的分类汇总,各平均值保留小数点后0位,汇总结果显示在数据下方,工作表名不变,保存EXC.XLSX工作簿。

六、演示文稿题(15分)

打开考生文件夹下的演示文稿yswg.pptx,按照下列要求完成对此文稿的修饰并保存。

1. 在最后一张幻灯片前插入一张版式为"仅标题"的新幻灯片,标题为"领先同行业的技术",在位置(水平:3.6厘米,自:左上角,垂直:10.7厘米,自:左上角)插入样式为"填充-蓝色,强调文字颜色2,暖色粗糙棱台"的艺术字"Maxtor Storage for the world",且文字均居中对齐。艺术字文字效果为"转换-跟随路径-上弯弧",艺术字宽度为18厘米。将该幻灯片向前移动,作为演示文稿的第1张幻灯片,并删除第5张幻灯片。将最后一张幻灯片的版式更换为"垂直排列标题与文本"。第2张幻灯片的内容区文本动画设置为"进入""飞入",效果选项为"自右侧"。

2. 将第1张幻灯片的背景设置为"水滴"纹理,且隐藏背景图形;将全文幻灯片切换方案设置为"棋盘",效果选项为"自顶部"。放映方式为"观众自行浏览"。

全国计算机等级一级考试模拟题Ⅲ

一、选择题(20分)

略。

二、基本操作题(10分)

1. 将考生文件夹下INTERDEV文件夹中的文件JIMING.MAP删除。

2. 在考生文件夹下JOSEF文件夹中建立一个名为MYPROG的新文件夹。

3. 将考生文件夹下WARM文件夹中的文件ZOOM.PRG复制到考生文件夹下BUMP文件夹中。

4. 将考生文件夹下SEED文件夹中的文件CHIRIST.AVE设置为隐藏和只读属性。

5. 将考生文件夹下KENT文件夹中的文件MONITOR.CDX移动到考生文件夹下KUNTER文件夹中,并改名为CONSOLE.CDX。

三、上网题(10分)

略。

四、字处理题(25分)

请在“答题”菜单下选择“字处理”命令,然后按照题目要求再打开相应的命令,完成下面的内容,具体要求如下:

1. 在考生文件夹下,打开文档WORD 1.DOCX,按照要求完成下列操作并以该文件名(WORD 1.DOCX)保存文档。

(1)将文中所有错词“网罗”替换为“网络”;将标题段文字(“首届中国网络媒体论坛在青岛开幕”)设置为三号黑体、红色、加粗、居中,文本效果设为映像,预设映像变体为“全映像,4pt偏移量”。

(2)将正文各段文字(“6月22日,……评选办法等。”)设置为12磅宋体;第1段首字下沉,下沉行数为2,距正文0.2厘米;除第1段外的其余各段落左、右各缩进1.5字符,首行缩进2字符,段前间距1行。

(3)将正文第3段(“论坛的主题是……管理和自律。”)分为等宽3栏,其栏宽10字符,栏间加分隔线。

2. 在考生文件夹下,打开文档WORD 2.DOCX,按照要求完成下列操作并以该文件名(WORD 2.DOCX)保存文档。

(1)在表格顶端添加标题“利民连锁店集团销售统计表”,并设置为小二号华文彩云、加粗,居中。为表格的第 1 行加茶色,背景 2,深色 25%底纹。

(2)在表格底部插入一空行,在该行第 1 列的单元格中输入行标题“小计”,其余各单元格中填入该列各单元格中数据的总和。

五、电子表格题(20 分)

请在“答题”菜单下选择“电子表格”命令,然后按照题目要求再打开相应的命令,完成下面的内容,具体要求如下:

1. 在考生文件夹下打开 EXCEL. XLSX 文件。

(1)将 Sheet1 工作表的 A1:G1 单元格合并为一个单元格,文字居中对齐;计算 3 年各月气温的平均值(数值型,保留小数点后两位)、最高值和最低值置“平均值”行、“最高值”行和“最低值”行内;将 A2:G8 数据区域设置为自动套用格式“表样式浅色 19”,取消筛选。

(2)选取“月份”行和“平均值”行数据区域的内容建立“簇状柱形图”,标题在图表上方。标题为“平均气温统计图”,在左侧显示图例;将图插入表 A10:G23 单元格区域,将工作表命名为“平均气温统计表”,保存 EXCEL. XLSX 文件。

2. 打开工作簿文件 EXC. XLSX,对工作表“图书销售情况表”内数据清单的内容按主要关键字“图书类别”的降序次序和次要关键字“经销部门”的降序次序进行排序,完成对各类图书销售数量(册)总计的分类汇总(分类字段为“图书类别”,汇总方式为“求和”,选定汇总项为“数量(册)”),汇总结果显示在数据上方,工作表名不变,保存 EXC. XLSX 工作簿。

六、演示文稿题(15 分)

请在“答题”菜单下选择“演示文稿”命令,然后按照题目要求再打开相应的命令,完成下面的内容,具体要求如下:

打开考生文件夹下的演示文稿 yswg. pptx,按照下列要求完成对此文稿的修饰并保存。

1. 使用“华丽”主题修饰全文,设置放映方式为“观众自行浏览”。

2. 在第 1 张幻灯片前插入一张版式为“标题幻灯片”的新幻灯片,主标题为“北京、河北、山东、陕西等地,7 月 6 日最高气温将达 40 ℃”,副标题为“高温预警”。第 2 张幻灯片版式改为“两栏内容”;标题为“高温黄色预警”;将考生文件夹下图片 PPT1. PNG 移到右侧内容区;左侧文本设置为黑体、23 磅字;图片动画设置为“强调”“陀螺旋”,效果选项为“数量-半旋转”。第 3 张幻灯片前插入版式为“标题和内容”的新幻灯片,标题为“高温防御指南”;在内容区插入 5 行 2 列的表格,表格样式为“中度样式 2”。第 1 行的 1、2 列内容依次为“有关单位和人员”和“高温防御措施”,其他单元格的内容根据第 4 张幻灯片的内容按顺序依次从上到下填写,例如:第 2 行的 1、2 列内容依次为“媒体”和“应加强防暑降温保健知识的宣传”。表格内文字均设置为 22 磅字,并在备注区插入文本“全社会动员起来防御高温”。删除第 4 张幻灯片。

全国计算机等级一级考试模拟题Ⅳ

一、选择题(20 分)

略。

二、基本操作题(10 分)

1. 将考生文件夹下的 BROWN 文件夹设置为隐藏属性。

2. 将考生文件夹下的 BRUST 文件夹移动到考生文件夹下 TURN 文件夹中，并改名为 FENG。

3. 将考生文件夹下 FTP 文件夹中的文件 BEER. DOC 复制到同一文件夹下，并命名为 BEER2. DOC。

4. 将考生文件夹下 DSK 文件夹中的文件 BRAND. BPF 删除。

5. 在考生文件夹下 LUY 文件夹中建立一个名为 BRAIN 的文件夹。

三、上网题(10 分)

略。

四、字处理题(25 分)

请在“答题”菜单下选择“字处理”命令，然后按照题目要求再打开相应的命令，完成下面的内容，具体要求如下：

1. 在考生文件夹下，打开文档 WORD 1. DOCX，按照要求完成下列操作并以该文件名(WORD 1. DOCX)保存文档。

(1)将标题段文字(“我国实行渔业污染调查鉴定资格制度”)设置为三号黑体、红色、加粗、居中，文字效果格式设为渐变线边框：预设颜色为漫漫黄沙、类型为线性、方向为线性向右；段后间距设置为 1 行。

(2)将正文各段文字(“农业部今天向……技术途径。”)设置为四号隶书，首行缩进 2 字符，行距为 1. 5 倍行距。

(3)将正文第 3 段(“农业部副部长……技术途径。”)分为等宽的两栏，栏宽为 16 字符，栏间加分隔线。

2. 在考生文件夹下，打开文档 WORD 2. DOCX，按照要求完成下列操作并以该文件名(WORD 2. DOCX)保存文档。

(1)删除表格的第 3 列(“单位”)，在表格最后一行之下增添 3 个空行。在表格的上方添加表题“通信录”，并设为四号、居中、加粗，字符间距设为加宽、0. 9 磅，位置为提升，

4 磅。

(2)设置表格列宽:第1列和第2列为2厘米,第3、4列为3.2厘米,将表格外部框线设置成蓝色(标准色),3磅,表格内部框线设置成蓝色(标准色),1磅;为表格第1行添加"深蓝,文字2,淡色60%"底纹。

五、电子表格题(20分)

请在"答题"菜单下选择"电子表格"命令,然后按照题目要求再打开相应的命令,完成下面的内容,具体要求如下:

1. 在考生文件夹下打开EXCEL.XLSX文件:将工作表Sheet1的A1:D1单元格合并为一个单元格,文字居中对齐;计算"销售额"列的内容(销售额=单价×销售数量),选取"图书编号"和"销售额",建立"饼图",图表标题为"销售额情况",移动到工作表的A7:F20单元格区域内。将工作表命名为"图书销售情况表"。

2. 打开工作簿文件EXC.XLSX,对工作表"选修课程成绩单"内的数据清单的内容进行筛选,条件为"成绩大于或等于60并且小于或等于80",对筛选后的工作表按关键字为"成绩"的降序排序,排序后还保存在EXC.XLS工作簿文件中,工作表名不变。

六、演示文稿题(15分)

请在"答题"菜单下选择"演示文稿"命令,然后按照题目要求再打开相应的命令,完成下面的内容,具体要求如下:

打开考生文件夹下的演示文稿yswg.pptx,按照下列要求完成对此文稿的修饰并保存。

1. 为整个演示文稿应用"角度"主题,全部幻灯片切换方案为"华丽型""闪耀",效果选项为"从右侧闪耀的菱形"。

2. 第3张幻灯片的版式改为"两栏内容",标题为"轨道交通房山线",将考生文件夹下图片PPT1.PNG插到右侧内容区,图片动画效果设置为"进入""缩放",效果选项为"幻灯片中心",左侧文本设置为仿宋、17磅字。第1张幻灯片的版式改为"比较",主标题为"一体化设计的长阳站",将考生文件夹下图片PPT2.PNG移到右侧内容区,左侧文本设置为16磅字。在第1张幻灯片之前插入版式为"空白"的新幻灯片,在位置(水平:5.5厘米,自:左上角,垂直:5.3厘米,自:左上角)插入样式为"填充-橙色,强调文字颜色2,粗糙棱台"的艺术字"轨道交通房山线",艺术字文字效果为"转换-弯曲-倒V形",艺术字高为4厘米。将第4张幻灯片移为第2张幻灯片。删除第4张幻灯片。

附录2 全国计算机等级二级考试大纲及模拟题

全国计算机等级二级考试大纲

一、基本要求

1. 掌握计算机基础知识及计算机系统组成。
2. 了解信息安全的基本知识，掌握计算机病毒及防治的基本概念。
3. 掌握多媒体技术的基本概念和基本应用。
4. 了解计算机网络的基本概念和基本原理，掌握因特网网络服务和应用。
5. 正确采集信息并能在文字处理软件 Word、电子表格软件 Excel、演示文稿制作软件 PowerPoint 中熟练应用。
6. 掌握 Word 的操作技能，并熟练应用编制文档。
7. 掌握 Excel 的操作技能，并熟练应用进行数据计算及分析。
8. 掌握 PowerPoint 的操作技能，并熟练应用制作演示文稿。

二、计算机基础知识

1. 计算机的发展、类型及其应用领域。
2. 计算机软硬件系统的组成及主要技术指标。
3. 计算机中数据的表示与存储。
4. 多媒体技术的概念与应用。
5. 计算机病毒的特征、分类与防治。
6. 计算机网络的概念、组成和分类；计算机与网络信息安全的概念和防控。
7. 因特网网络服务的概念、原理和应用。

三、Word 的功能和使用

1. Microsoft Office 应用界面使用和功能设置。

2. Word 的基本功能,文档的创建、编辑、保存、打印和保护等基本操作。

3. 设置字体和段落格式、应用文档样式和主题、调整页面布局等排版操作。

4. 文档中表格的制作与编辑。

5. 文档中图形、图像(片)对象的编辑和处理,文本框和文档部件的使用,符号与数学公式的输入与编辑。

6. 文档的分栏、分页和分节操作,文档页眉、页脚的设置,文档内容引用操作。

7. 文档审阅和修订。

8. 利用邮件合并功能批量制作和处理文档。

9. 多窗口和多文档的编辑,文档视图的使用。

10. 分析图文素材,并根据需求提取相关信息引用到 Word 文档中。

四、Excel 的功能和使用

1. Excel 的基本功能,工作簿和工作表的基本操作,工作视图的控制。

2. 工作表数据的输入、编辑和修改。

3. 单元格格式化操作、数据格式的设置。

4. 工作簿和工作表的保护、共享及修订。

5. 单元格的引用、公式和函数的使用。

6. 多个工作表的联动操作。

7. 迷你图和图表的创建、编辑与修饰。

8. 数据的排序、筛选、分类汇总、分组显示和合并计算。

9. 数据透视表和数据透视图的使用。

10. 数据模拟分析和运算。

11. 宏功能的简单使用。

12. 获取外部数据并分析处理。

13. 分析数据素材,并根据需求提取相关信息引用到 Excel 文档中。

五、PowerPoint 的功能和使用

1. PowerPoint 的基本功能和基本操作,演示文稿的视图模式和使用。

2. 演示文稿中幻灯片的主题设置、背景设置、母版制作和使用。

3. 幻灯片中文本、图形、SmartArt、图像(片)、图表、音频、视频、艺术字等对象的编辑和应用。

4. 幻灯片中对象动画、幻灯片切换效果、链接操作等交互设置。

5. 幻灯片放映设置,演示文稿的打包和输出。

6. 分析图文素材,并根据需求提取相关信息引用到 PowerPoint 文档中。

六、考试方式

1. 采用无纸化考试,上机操作。考试时间:二级　120 分钟。

2. 软件环境:Windows 7 操作系统,Microsoft Office 2010 办公软件。

3. 在指定时间内,完成下列各项操作:

(1)选择题。(20 分)

(2)字处理题。(30 分)

(3)电子表格题。(30 分)

(4)演示文稿题。(20 分)

全国计算机等级二级考试模拟题 I

一、选择题(20 分)

略。

二、字处理题(30 分)

请在“答题”菜单下选择“进入考生文件夹”命令,并按照题目要求完成下面的操作。

注意:以下的文件必须都保存在考生文件夹下。在考生文件夹下打开文档 WORD.DOCX。

某高校学生会计划举办一场“大学生网络创业交流会”的活动,拟邀请部分专家和老师给在校学生进行演讲。因此,校学生会外联部需制作一批邀请函,并分别递送给相关的专家和老师。

请按如下要求,完成邀请函的制作:

1. 调整文档版面,要求页面高度为 18 厘米、宽度为 30 厘米,页边距(上、下)为 2 厘米,页边距(左、右)为 3 厘米。

2. 将考生文件夹下的图片“背景图片.jpg”设置为邀请函背景。

3. 根据“Word-邀请函参考样式.docx”文件,调整邀请函中内容文字的字体、字号和颜色。

4. 调整邀请函中内容文字段落对齐方式。

5. 根据页面布局需要,调整邀请函中“大学生网络创业交流会”和“邀请函”两个段落的间距。

6. 在“尊敬的”和“(老师)”文字之间,插入拟邀请的专家和老师姓名,拟邀请的专家和老师姓名在考生文件夹下的“通信录.xlsx”文件中。每页邀请函中只能包含 1 位专家或老师的姓名,所有的邀请函页面请另外保存在一个名为“Word-邀请函.docx”文件中。

7. 邀请函文档制作完成后,请保存“Word.docx”文件。

三、电子表格题(30 分)

请在“答题”菜单下选择“进入考生文件夹”命令,并按照题目要求完成下面的操作。

注意:以下的文件必须都保存在考生文件夹下。在考生文件夹下打开文档 EXCEL. XLSX。

小李今年毕业后,在一家计算机图书销售公司担任市场部助理,主要的工作职责是为部门经理提供销售信息的分析和汇总。

请你根据销售数据报表("Excel. xlsx"文件),按照如下要求完成统计和分析工作。

1. 请对"订单明细"工作表进行格式调整,通过套用表格格式方法将所有的销售记录调整为一致的外观格式,并将"单价"列和"小计"列所包含的单元格调整为"会计专用"(人民币)数字格式。

2. 根据图书编号,请在"订单明细"工作表的"图书名称"列中,使用 VLOOKUP 函数完成图书名称的自动填充。"图书名称"和"图书编号"的对应关系在"编号对照"工作表中。

3. 根据图书编号,请在"订单明细"工作表的"单价"列中,使用 VLOOKUP 函数完成图书单价的自动填充。"单价"和"图书编号"的对应关系在"编号对照"工作表中。

4. 在"订单明细"工作表的"小计"列中,计算每笔订单的销售额。

5. 根据"订单明细"工作表中的销售数据,统计所有订单的总销售金额,并将其填写在"统计报告"工作表的 B3 单元格中。

6. 根据"订单明细"工作表中的销售数据,统计《MS Office 高级应用》图书在 2019 年的总销售额,并将其填写在"统计报告"工作表的 B4 单元格中。

7. 根据"订单明细"工作表中的销售数据,统计隆华书店在 2018 年第 3 季度的总销售额,并将其填写在"统计报告"工作表的 B5 单元格中。

8. 根据"订单明细"工作表中的销售数据,统计隆华书店在 2018 年的每月平均销售额(保留两位小数),并将其填写在"统计报告"工作表的 B6 单元格中。

9. 保存"Excel. xlsx"文件。

四、演示文稿题(20 分)

请在"答题"菜单下选择"进入考生文件夹"命令,并按照题目要求完成下面的操作。

注意:以下的文件必须都保存在考生文件夹[%USER%]下。

为了更好地控制教材编写的内容、质量和流程,小李负责起草了图书策划方案(请参考"图书策划方案. docx"文件)。他需要将图书策划方案 Word 文档中的内容制作为可以向教材编委会进行展示的 PowerPoint 演示文稿。

现在,请你根据图书策划方案(请参考"图书策划方案. docx"文件)中的内容,按照如下要求完成演示文稿的制作。

1. 创建一个新演示文稿,内容需要包含"图书策划方案. docx"文件中所有讲解的要点,具体如下:

(1)演示文稿中的内容编排,需要严格遵循 Word 文档中的内容顺序,并仅需要包含 Word 文档中应用了"标题 1""标题 2""标题 3"样式的文字内容。

(2)Word 文档中应用了"标题 1"样式的文字,需要成为演示文稿中每页幻灯片的标题文字。

(3) Word 文档中应用了“标题 2”样式的文字,需要成为演示文稿中每页幻灯片的第 1 级文本内容。

(4) Word 文档中应用了“标题 3”样式的文字,需要成为演示文稿中每页幻灯片的第 2 级文本内容。

2. 将演示文稿中的第 1 页幻灯片,调整为“标题幻灯片”版式。

3. 为演示文稿应用一个美观的主题样式。

4. 在标题为“2012 年同类图书销量统计”的幻灯片页中,插入一个 6 行、5 列的表格,列标题分别为“图书名称”“出版社”“作者”“定价”“销量”。

5. 在标题为“新版图书创作流程示意”的幻灯片页中,将文本框中包含的流程文字利用 SmartArt 图形展现。

6. 在该演示文稿中创建一个演示方案,该演示方案包含第 1、2、4、7 页幻灯片,并将该演示方案命名为“放映方案 1”。

7. 在该演示文稿中创建一个演示方案,该演示方案包含第 1、2、3、5、6 页幻灯片,并将该演示方案命名为“放映方案 2”。

8. 保存制作完成的演示文稿,并将其命名为“PowerPoint. pptx”。

全国计算机等级二级考试模拟题 Ⅱ

一、选择题(20 分)

略。

二、字处理题(30 分)

请在“答题”菜单下选择“进入考生文件夹”命令,并按照题目要求完成下面的操作。

注意:以下的文件必须都保存在考生文件夹下。在考生文件夹下打开文档 WORD. DOCX。

某高校为了使学生更好地进行职场定位和职业准备,提高就业能力,该校学工处将于 2013 年 4 月 29 日(星期五)19:30—21:30 在校国际会议中心举办题为“领慧讲堂——大学生人生规划”就业讲座,特别邀请资深媒体人、著名艺术评论家赵蕈先生担任演讲嘉宾。

请根据上述活动的描述,利用 Microsoft Word 制作一份宣传海报(宣传海报的参考样式请参考“Word-海报参考样式. docx”文件),要求如下:

1. 调整文档版面,要求页面高度为 35 厘米,页面宽度为 27 厘米,页边距(上、下)为 5 厘米,页边距(左、右)为 3 厘米,并将考生文件夹下的图片“Word-海报背景图片. jpg”设置为海报背景。

2. 根据“Word-海报参考样式. docx”文件,调整海报内容文字的字号、字体和颜色。

3. 根据页面布局需要,调整海报内容中的“报告题目”“报告人”“报告日期”“报告时间”“报告地点”信息的段落间距。

4. 在“报告人:”位置后面输入报告人姓名(赵蕈)。

5. 在“主办:校学工处”位置后另起一页,并设置第2页的页面纸张大小为A4篇幅,纸张方向设置为“横向”,页边距为“普通”页边距定义。

6. 在新页面的“日程安排”段落下面,复制本次活动的日程安排表(请参考“Word-活动日程安排. xlsx”文件),要求表格内容引用Excel文件中的内容,如若Excel文件中的内容发生变化,Word文档中的日程安排信息将随之发生变化。

7. 在新页面的“报名流程”段落下面,利用SmartArt,制作本次活动的报名流程(学工处报名、确认座席、领取资料、领取门票)。

8. 设置“报告人介绍”段落下面的文字排版布局为参考示例文件中所示的样式。

9. 更换报告人照片为考生文件夹下的“Pic2. jpg”照片,将该照片调整到适当位置,不要遮挡文档中的文字内容。

10. 保存本次活动的宣传海报设计为WORD. DOCX。

三、电子表格题(30分)

请在“答题”菜单下选择“进入考生文件夹”命令,并按照题目要求完成下面的操作。

注意:以下的文件必须都保存在考生文件夹下。在考生文件夹下打开文档EXCEL. XLSX。

小蒋是一位中学教师,在教务处负责初一年级学生的成绩管理。由于学校地处偏远地区,缺乏必要的教学设施,只有一台配置不太高的PC可以使用。他在这台计算机中安装了Microsoft Office,决定通过Excel来管理学生成绩,以弥补学校缺少数据库管理系统的不足。现在,第一学期期末考试刚刚结束,小蒋将初一年级3个班的成绩均录入了文件名为“学生成绩单. xlsx”的Excel工作簿文档中。

请你根据下列要求帮助小蒋老师对该成绩单进行整理和分析:

1. 对工作表“第一学期期末成绩”中的数据列表进行格式化操作:将第1列“学号”列设为文本,将所有成绩列设为保留两位小数的数值;适当加大行高列宽,改变字体、字号,设置对齐方式,增加适当的边框和底纹以使工作表更加美观。

2. 利用“条件格式”功能进行下列设置:将语文、数学、英语3科中不低于110分的成绩所在的单元格以一种颜色填充,其他4科中高于95分的成绩以另一种字体颜色标出,所用颜色深浅以不遮挡数据为宜。

3. 利用SUM和AVERAGE函数计算每一个学生的总分及平均成绩。

4. 学号第3、4位代表学生所在的班级,例如:“120105”代表12级1班5号。请通过函数提取每个学生所在的班级并按下列对应关系填写在“班级”列中。

“学号”的3、4位对应班级

01　1班

02　2班

03　3班

5. 复制工作表“第一学期期末成绩”，将副本放置到原表之后；改变该副本表标签的颜色，并重新命名，新表名需包含“分类汇总”字样。

6. 通过分类汇总功能求出每个班各科的平均成绩，并将每组结果分页显示。

7. 以分类汇总结果为基础，创建一个簇状柱形图，对每个班各科平均成绩进行比较，并将该图表放置在一个名为“柱状分析图”新工作表中。

四、演示文稿题(20分)

请在“答题”菜单下选择“进入考生文件夹”命令，并按照题目要求完成下面的操作。

注意：以下的文件必须都保存在考生文件夹下。

文某是新东方学校的人力资源培训讲师，负责对新入职的教师进行入职培训，其PowerPoint演示文稿的制作水平广受好评。最近，她应北京节水展馆的邀请，为展馆制作一份宣传水知识及节水工作重要性的演示文稿。

节水展馆提供的文字资料及素材参见“水资源利用与节水(素材).docx”，制作要求如下：

1. 标题页包含演示主题、制作单位(北京节水展馆)和日期(××××年××月××日)。

2. 演示文稿须指定一个主题，幻灯片不少于5页，且版式不少于3种。

3. 演示文稿中除文字外要有2张以上的图片，并有2个以上的超链接进行幻灯片之间的跳转。

4. 动画效果要丰富，幻灯片切换效果要多样。

5. 演示文稿播放的全程需要有背景音乐。

6. 将制作完成的演示文稿以“水资源利用与节水.pptx”为文件名进行保存。

全国计算机等级二级考试模拟题Ⅲ

一、选择题(20分)

略。

二、字处理题(30分)

在考生文件夹下打开文档WORD.DOCX。按照要求完成下列操作并以该文件名(word.docx)保存文件。

按照参考样式“word 参考样式.gif”完成设置和制作。

具体要求如下：

1. 设置页边距为上下左右各2.7厘米，装订线在左侧；设置文字水印页面背景，文字为“中国互联网信息中心”，水印版式为斜式。

2. 设置第1段落文字“中国网民规模达5.64亿”为标题；设置第2段落文字“互联网普及率为42.1%”为副标题；改变段间距和行间距（间距单位为行），使用“独特”样式修饰页面；在页面顶端插入“边线型提要栏”文本框，将第3段文字“中国经济网北京1月15日讯 中国互联网信息中心今日发布《第31展状况统计报告》”。移入文本框内，设置字体、字号、颜色等；在该文本的最前面插入类别为“文档信息”、名称为“新闻提要”域。

3. 设置第4至第6段文字，要求首行缩进2个字符。将第4至第6段的段首“《报告》显示”和“《报告》表示”设置为斜体、加粗、红色、双下画线。

4. 将文档“附：统计数据”后面的内容转换成2列9行的表格，为表格设置样式；将表格的数据转换成簇状柱形图，插入文档中“附：统计数据”的前面，保存文档。

三、电子表格题（30分）

税务员小刘接到上级指派的整理有关减免税政策的任务，按照下列要求帮助小刘完成相关的整理、统计和分析工作：

1. 在考生文件夹下，将“Excel素材.xlsx”文件另存为“Excel.xlsx”（“.xlsx”为扩展名），后续操作均基于此文件，否则不得分。操作过程中，不可随意改变工作表中数据的顺序。

2. 将考生文件夹下“代码对应.xlsx”工作簿中的Sheet1工作表插入“Excel.xlsx”工作簿“政策目录”工作表的右侧，重命名工作表Sheet1为“代码”，并将其标签颜色设为标准蓝色，不显示工作表网格线。

3. 将工作表“代码”中第2行的标题格式应用到工作表“政策目录”单元格A1中的标题，并令其在整个数据列表上方合并居中。为整个数据列表区域A3:I641套用一个表格格式，将其字号设为9磅，其中的F:I列设为自动换行、A:E列数据垂直水平均居中对齐。

4. 在“序号”列中输入顺序号“1,2,3,…”，并通过设置数字格式使其显示为数值型的“001,002,003,…”。

5. 参照工作表“代码”中的代码与分类的对应关系，获取相关分类信息并填入工作表“政策目录”的C、D、E 3列中。其中“减免性质代码”从左往右其位数与分类项目的对应关系如下：

减免性质代码　项目名称
第1、2位　收入种类
第3、4位　减免政策大类
第5、6位　减免政策小类

6. 在F和G列之间插入一个空白列，列标题输入“年份”。F列的“政策名称”中大都在括号“〔 〕”内包含年份信息，如“财税〔2012〕75号”中的“2012”即为年份。通过F列中的年份信息获取年份并将其填到新插入的“年份”列中，显示为“2012 年”形式，如果政策中没有年份则显示为空。最后自动调整“年份”列至合适的列宽。

7. 显示隐藏的工作表“说明”，将其中的全部内容作为标题“减免税政策目录及代码”的批注、将批注字体颜色设为绿色，并隐藏该批注。设置窗口视图，保持第 1 ~3 行、第 A:E 列总是可见。

8. 如工作表“示例图 1”中所示，为每类“减免政策大类”生成结构相同的数据透视表，每张表的数据均自 A3 单元格开始，要求如下：

(1)分别以减免政策大类的各个类名作为工作表的表名。

(2)表中包含 2006—2015(含)10 年间每类“收入种类”下按“减免政策小类”细分的减免政策数量，将其中的“增值税”下细类折叠。

(3)按工作表“代码”中“对应的收入种类”所示顺序对透视表进行排序。按示例图 1 中所示，分别修改行列标签名称。

9. 自 A3 单元格开始，单独生成一个名为“数据透视总表”的数据透视表，显示 2006—2015(含)10 年间按“收入种类”划分的减免政策数量，年份自左向右从高到低排序，政策数量按“总计”列自上而下由高到低排序，且只显示数量总计前 10 的收入种类。在此透视表基础上生成数据透视图，比较各类收入的政策数量，如工作表“示例图 2”中所示。

四、演示文稿题(20 分)

打开考生文件夹下的演示文稿 yswg. pptx，根据考生文件夹下的文件“PPT-素材. docx”，按照下列要求完善此文稿并保存。

1. 使文稿包含 7 张幻灯片，设计第 1 张为“标题幻灯片”版式，第 2 张为“仅标题”版式，第 3 张到第 6 张为“两栏内容”版式，第 7 张为“空白”版式；所有幻灯片统一设置背景样式，要求有预设颜色。

2. 第 1 张幻灯片标题为“计算机发展简史”，副标题为“计算机发展的 4 个阶段”；第 2 张幻灯片标题为“计算机发展的 4 个阶段”；在标题下面空白处插入 SmartArt 图形，要求含有 4 个文本框，在每个文本框中依次输入“第一代计算机”……“第四代计算机”，更改图形颜色，适当调整字体字号。

3. 第 3 张至第 6 张幻灯片，标题内容分别为素材中各段的标题；左侧内容为各段的文字介绍，加项目符号，右侧为考生文件夹下存放相对应的图片，第 6 张幻灯片需插入两张图片(“第四代计算机-1. JPG”在上，“第四代计算机-2. JPG”在下)；在第 7 张幻灯片中插入艺术字，内容为“谢谢!”。

4. 为第 1 张幻灯片的副标题、第 3 张到第 6 张幻灯片的图片设置动画效果，第 2 张幻灯片的 4 个文本框超链接到相应内容幻灯片；为所有幻灯片设置切换效果。

全国计算机等级二级考试模拟题Ⅳ

一、选择题(20 分)

略。

二、文字处理题(30 分)

文档“北京政府统计工作年报.docx”是一篇从互联网上获取的文字资料,请打开该文档并按下列要求进行排版及保存操作:

1.将文档中的西文空格全部删除。

2.将纸张大小设为 16 开,上边距设为 3.2 厘米,下边距设为 3 厘米,左右页边距均设为 2.5 厘米。

3.利用素材前三行内容为文档制作一个封面页,令其独占一页(参考样例见文件“封面样例.png”)。

4.将标题“(三)咨询情况”下用蓝色标出的段落部分转换为表格,为表格套用一种表格样式使其更加美观。基于该表格数据,在表格下方插入一个饼图,用于反映各种咨询形式所占比例,要求在饼图中仅显示百分比。

5.将文档中以“一、”“二、”……开头的段落设为“标题 1”样式;以“(一)”“(二)”……开头的段落设为“标题 2”样式;以“1.”“2.”……开头的段落设为“标题 3”样式。

6.为正文第 3 段中用红色标出的文字“统计局队政府网站”添加超链接,同时在“统计局队政府网站”后添加脚注。

7.将除封面页外的所有内容分为两栏显示,但是前述表格及相关图表仍需跨栏居中显示,无须分栏。

8.在封面页与正文之间插入目录,目录要求包含标题第 1—3 级及对应页号。目录单独占用一页,且无须分栏。

9.除封面页和目录页外,在正文页上添加页眉,内容为文档标题“北京市政府信息公开工作年度报告”和页码,要求正文页码从第 1 页开始,其中奇数页眉居右显示,页码在标题右侧,偶数页眉居左显示,页码在标题左侧。

10.将完成排版的文档先以原 Word 格式即文件名“北京政府统计工作年报.docx”进行保存,再另行生成一份同名的 PDF 文档进行保存。

三、电子表格题(30 分)

中国的人口发展形势非常严峻,为此国家统计局每 10 年进行一次全国人口普查,以掌握全国人口的增长速度及规模。按照下列要求完成对第五次、第六次人口普查数据的统计分析：

1. 新建一个空白 Excel 文档，将工作表 Sheet1 更名为"第五次普查数据"，将 Sheet2 更名为"第六次普查数据"，将该文档以"全国人口普查数据分析. xlsx"为文件名进行保存。

2. 浏览网页"第五次全国人口普查公报. htm"，将其中的"2000 年第五次全国人口普查主要数据"表格导入工作表"第五次普查数据"中；浏览网页"第六次全国人口普查公报. htm"，将其中的"2010 年第六次全国人口普查主要数据"表格导入工作表"第六次普查数据"中（要求均从 A1 单元格开始导入，不得对两个工作表中的数据进行排序）。

3. 对两个工作表中的数据区域套用合适的表格样式，要求至少四周有边框且偶数行有底纹，并将所有人口数列的数字格式设为带千分位分隔符的整数。

4. 将两个工作表内容合并，合并后的工作表放置在新工作表"比较数据"中（自 A1 单元格开始），且保持最左列仍为地区名称、A1 单元格中的列标题为"地区"，对合并后的工作表适当的调整行高列宽、字体字号、边框底纹等，使其便于阅读。以"地区"为关键字对工作表"比较数据"进行升序排列。

5. 在合并后的工作表"比较数据"中的数据区域最右边依次增加"人口增长数"和"比重变化"两列，计算这两列的值，并设置合适的格式。其中，人口增长数 = 2010 年人口数 − 2000 年人口数；比重变化 = 2010 年比重 − 2000 年比重。

6. 打开工作簿"统计指标. xlsx"，将工作表"统计数据"插入正在编辑的文档"全国人口普查数据分析. xlsx"中工作表"比较数据"的右侧。

7. 在工作簿"全国人口普查数据分析. xlsx"的工作表"比较数据"中的相应单元格内填入统计结果。

8. 基于工作表"比较数据"创建一个数据透视表，将其单独存放在一个名为"透视分析"的工作表中。透视表中要求筛选出 2010 年人口数超过 5 000 万的地区及其人口数、2010 年所占比重、人口增长数，并按人口数从多到少排序；最后适当调整透视表中的数字格式（提示：行标签为"地区"，数值项依次为 2010 年人口数、2010 年比重、人口增长数）。

四、演示文稿题（20 分）

某学校初中二年级五班的物理老师要求学生两人一组制作一份物理课件。小曾与小张自愿组合，他们制作完成的第 1 章后 3 节内容见文档"第 3—5 节. pptx"，前两节内容存放在文本文件"第 1—2 节. pptx"中。小张需要按照下列要求完成课件的整合制作：

1. 为演示文稿"第 1—2 节. pptx"指定一个合适的设计主题；为演示文稿"第 3—5 节. pptx"指定另一个设计主题，两个主题应不同。

2. 将演示文稿"第 3—5 节. pptx"和"第 1—2 节. pptx"中的所有幻灯片合并到"物理课件. pptx"中，要求所有幻灯片保留原来的格式。以后的操作均在文档"物理课件. pptx"中进行。

3. 在"物理课件. pptx"的第 3 张幻灯片之后插入一张版式为"仅标题"的幻灯片，输入标题文字"物质的状态"，在标题下方制作一张射线列表式关系图，样例参考"关系图素材及样例.docx”，所需图片在考生文件夹中。为该关系图添加适当的动画效果，要求同一级别的内容同时出现、不同级别的内容先后出现。

4. 在第 6 张幻灯片后插入一张版式为“标题和内容”的幻灯片，在该张幻灯片中插入与素材“蒸发和沸腾的异同点.docx”文档中所示相同的表格，并为该表格添加适当的动画效果。

5. 将第 4 张、第 7 张幻灯片分别链接到第 3 张、第 6 张幻灯片的相关文字上。

6. 除标题页外，为幻灯片添加编号及页脚，页脚内容为“第 1 章　物态及其变化”。

7. 为幻灯片设置适当的切换方式，以丰富放映效果。